Discovering Wine

Discovering Wine

Yusen
訪味集
03

葡萄酒全書

林裕森　著
Yu Sen LIN

Discovering Wine

知性與感官的享樂飲料

學習葡萄酒的方式並非用讀的,而是用喝的。 J. Durac.

　　十多年來,我一直都沒有忘記葡萄酒是用喝的道理,但是閱讀葡萄酒的知識卻和透過感官品嘗葡萄酒一樣,共同成為引領我進入葡萄酒世界的兩道門。跟大部分的人一樣,投身進入葡萄酒的國度,直接來一場充滿未知的味覺冒險,是我與葡萄酒初遇的第一步。然後慢慢地,我發現當我學到越多關於葡萄酒的知識之後,我越能從葡萄酒的品嘗中得到更多的樂趣,或者說,更能輕易領悟葡萄酒透過顏色、香氣和口感所要訴說和傳遞的意義。那樣的感覺好比逐漸學會了一個新的語言,可以跟一個更廣闊的,屬於美味的世界進行溝通。

　　巴斯德說:「在一瓶葡萄酒中蘊含著比所有書籍更多的哲理。」他是一個微生物學家,看到了我們肉眼看不到的葡萄酒世界,但是,葡萄酒單單做為一個同時兼具著知性與感官享樂的飲料,卻是有著最多論述的飲品,複雜多變又經常蘊藏著土地的精神,被封存在葡萄酒裡的,不單單只是以葡萄發酵而成,含有酒精的飲料,它們常常傳遞來自原產故鄉的動人故事,化身為可以品嘗的文化產物。甚至,還有許多葡萄酒彷彿有著生命般地隨著時間緩緩地變化熟成,而且有著各自的情感與個性。也因此,葡萄酒雖然可以帶來醺醺然的愉悅,但它最吸引人的卻是酒本身的風格和味覺的表現,以及隱藏其後的地理與人文。葡萄酒的品嘗不僅只是喝,反而更像是透過嗅覺與味覺所進行的審美經驗,一種用感官閱覽世界的巧妙途徑。沒有任何其他的飲料可以在止渴與美味之外還同時給我們這麼多的東西。

　　涵蘊著如此多的意義,有著如此繁複多樣的風格變化,雖是葡萄酒最迷人的特性,但往往卻又像是重重的荊棘,阻隔在初探葡萄酒世界的人面前,讓人不得其門而入。搭起一個容易跨入的橋一直是許多葡萄酒書的宗旨,一九九六年出版的《葡萄酒全書》曾經為許多人扮演了這樣的角色。十多年過去了,葡萄酒的版圖變得比以前更加的廣闊多樣,有更多的人加入葡萄酒迷的行列;而我,幾乎沒有片刻停歇地在為數越來越龐大的葡萄酒產區之間探尋更貼近葡萄酒的鎖鑰。親身探訪的旅程似乎永無止息,但這本《葡萄酒全書》在新的世紀裡正該要有它應有的全新樣

子，以反映現今葡萄酒世界的全新版圖。

極度講究在地精神的葡萄酒在全球化的時代由歐洲的傳統飲料成為地球住民的共同飲品，但是，就在全球主流葡萄酒口味越來越同一化的同時，卻意外地激起了在地特色的強烈需求，越來越多的新葡萄酒風格在全球各地不斷地建立起來，這些新產區不再一味地生產一成不變的主流風格葡萄酒，反而致力於尋求得以和傳統名酒區隔的獨特性，這些新興的產區甚至擴及西班牙與義大利這些原本被視為傳統保守的歐洲古老產國。它們不再需要模仿，而是充滿自信地用自己的土地與葡萄品種，在新的葡萄酒世界裡標誌出無可取代的新典範。現在，葡萄酒應該是回應Globally local的最佳實踐者。

延續一九九六年的版本，全新改寫的《葡萄酒全書》分為兩個部分，在第一部分「認識葡萄酒」的九個章節中，分別討論了葡萄酒關於歷史、品種與種植、釀造與培養、品嘗方法、保存條件、餐酒搭配以及年份等關鍵主題，都是通往葡萄酒世界最方便的橋樑。在第二部分「全球葡萄酒產區」中，則介紹了全世界最重要的15個葡萄酒產國以及他們最著名的產區。葡萄酒版圖的擴張讓新版的篇幅被迫加大，特別是歐洲以外的產國擴增更多。但是，相較於葡萄酒世界的廣闊無涯，篇幅再多，都僅能及於大概，而無詳盡之可能，書名稱為全書也只能算是自己帶著一些無知的天真想望。

葡萄酒可以帶給我們的總遠比我們想像的還要多，這是為何葡萄酒一直讓我樂此不疲的最重要原因，透過葡萄酒，我望見了一個更廣闊的世界，一種不用出遠門就可以用鼻子和舌頭遊賞領會的感官旅程。雖然這本《葡萄酒全書》只是一本認識葡萄酒的工具書，但在我的夢想中卻期盼可以幻化成一本前往葡萄酒世界的旅遊指南。請不要誤會了，這絕對不是一本談酒鄉之旅的書，但是，我總相信，當學會了從葡萄酒裡探看世界，再遙遠難及的酒鄉自然都會來到你的面前。

致謝

從一九九四年開始第一版的寫作計畫至今，曾經得到無數來自酒莊、葡萄酒推廣單位、釀酒師、進口商以及熱心朋友們的協助；現在，他們雖然身處全球各處，但是曾經和我一起分享的珍貴葡萄酒以及他們對於葡萄酒的熱情、知識與智慧，都成為這本書的一部分。雖然無法一一列出，但在此表達對他們最衷心的感謝。特別是協助校訂跟撰寫法國隆河、西南區和阿爾薩斯部分內容的溫唯恩先生，以及本書的編輯陳嘉芬小姐。

contents

002 序：知性與感官的享樂飲料

Part1 認 識 葡 萄 酒

010 **第1章 葡萄酒的歷史**

014 **第2章 釀酒葡萄**
014 釀酒葡萄的地理分布
016 釀酒葡萄的種植條件
018 葡萄的種植和生長過程
022 葡萄的成分
023 全球主要釀酒葡萄品種

032 **第3章 葡萄酒的釀造**
036 白葡萄酒的釀造過程
038 紅葡萄酒的釀造過程
040 氣泡酒的釀造過程
042 加烈葡萄酒的釀造過程

044 **第4章 橡木桶中的培養**

047 **第5章 如何保存葡萄酒**
047 瓶中的成熟與儲存條件
049 葡萄酒在瓶中的成熟變化

050 **第6章 葡萄酒的年份**

051 **第7章 品嘗葡萄酒的方法**
052 視覺的觀察
054 嗅覺的觀察
057 味覺的觀察

059 **第8章 葡萄酒與食物的搭配**
059 搭配原則
062 各類葡萄酒與食物的搭配

065 **第9章 葡萄酒的侍酒法**

Part2 全 球 葡 萄 酒 產 區

070 **法國 France**
073 波爾多 Bordeaux
087 布根地 Bourgogne
100 薄酒來 Beaujolais
102 香檳 Champagne
107 阿爾薩斯 Alsace
110 隆河谷地 Vallée du Rhône
116 羅亞爾河谷地 Vallée de la Loir
121 普羅旺斯 Provence
124 西南區 Sud-Ouest
128 侏羅與薩瓦 Jura & Savoie
130 隆格多克與胡西雍 Languedoc & Roussillon

134　義大利 Italia
137　義大利北部 Italia del Nord / 皮蒙 Piemonte
146　義大利中部 Italia Centrale / 托斯卡納 Toscana
154　義大利南部及島嶼 Italia del Sud e Isole

158　西班牙 España
168　利奧哈 Rioja
170　卡斯提亞-萊昂 Castilla y Léon
173　加泰隆尼亞 Cataluña
175　雪莉酒 Jerez/Sherry

178　葡萄牙 Portugal
183　波特酒 Port

186　德國 Deutschland
190　摩塞爾 Mosel
192　萊茵高 Rheingau
194　萊茵黑森與法茲 Rheinhessen & Pfalz
195　巴登與弗蘭肯 Baden & Franken

196　瑞士 La Suisse
198　奧地利 Österreich
200　東歐、巴爾幹半島、黑海與裏海沿岸 Southeast Europe

204　美國 United States
207　加州 California / 索諾瑪郡 Sonoma County / 那帕谷 Napa Valley
216　西北部 Northwest

218　加拿大 Canada
220　智利 Chile
223　阿根廷 Argentina
225　南非 South Africa
228　澳洲 Australia
234　南澳大利亞 South Australia
236　紐西蘭 New Zealand

238　附錄一　梅多克列級酒莊
　　　附錄二　索甸與巴薩克列級酒莊
239　附錄三　格拉夫列級酒莊
　　　附錄四　聖愛美濃列級酒莊
240　附錄五　布根地村莊級法定產區與特級葡萄園
　　　附錄六　義大利DOCG產區
241　附錄七　年份表
242　參考書目
243　照片出處 / 各國葡萄酒在台推廣單位 / 台灣葡萄酒進口商
244　索引
251　譯名對照

Part 1
認識葡萄酒

沒有其他飲料比葡萄酒更複雜難解，但也沒有其他飲料可以像葡萄酒這般為我們帶來如此多樣的樂趣。可以僅只是大口暢飲，但也可以從酒裡喝出一個廣闊的美味世界，無論是歷史、品種、土壤、種植、釀造、培養、品嘗和年份等等這些看似枯燥的主題，卻可能讓你往後在品嘗每一杯葡萄酒時，都像是經歷一趟味覺的冒險，那般充滿驚奇，而且趣味盎然。

| 第1章 |

葡萄酒的歷史

葡萄酒和地理的結合相當的深，透過酒的風味展露產區的風土環境。在另一方面，葡萄酒和歷史也有非常緊密的連繫，伴隨人類的歷史變遷，葡萄酒的風味也跟隨著改變，而且在不同的文化與時代間轉換過不同的角色和象徵意涵。在釀酒技術日新月異的今日，又遭逢全球化的影響，葡萄酒的世界在不斷地向外擴張之際，也產生了前所未有的快速改變：傳統與新潮，地區風味與國際風同時在每一瓶葡萄酒中拉鋸著，讓我們這個時代的葡萄酒成為一個既古老又當代，既浪漫又古典的獨特飲品。也因為承載著這樣的特性，讓葡萄酒足以成為連結歷史與地理的最佳文本，引領我們透過嗅覺和味覺去探尋用美味所描繪成的土地與歷史。

葡萄酒可以自然產生，不一定要人工釀造，所以葡萄酒的歷史相當久遠，推估在史前時代就已經存在。因為當野生葡萄熟透落地後，只要葡萄汁和葡萄皮接觸，附在葡萄皮上的天然酵母，便會自動開始將葡萄汁中的糖分發酵成葡萄酒。不過，釀造原理雖然簡單，葡萄酒在伴隨著人類歷經了數千年的歷史之後，發展成全世界最複雜的飲料。葡萄酒的歷史幾乎和歐洲文明的歷史發展緊密地連結在一起，

直到現代成為全球性的飲料。

葡萄酒的起源

人類採摘野生葡萄釀酒的歷史可以上溯到史前時代，年代幾已不可考。在距今至少六千年前，黑海與裡海間的外高加索地區，人類開始種植葡萄，釀製葡萄酒，而且，最關鍵的是，當時採用的葡萄屬於Vitis Vinifera種，和目前全球數以千計的釀酒葡萄品種相同，推斷是所有釀酒葡萄的祖先。這個品種果粒大、糖分高，特別美味，也適合釀酒，於是由外高加索先傳到土耳其，在五千多年前傳到兩河流域和埃及，並在西元前二千五百年傳到了愛琴海，然後再由腓尼基人與希臘人將葡萄帶往地中海沿岸及西歐。

蘇美人是最早開始釀造葡萄酒的古文明之一，西元前三千多年前，他們用人工灌溉的方式開闢葡萄園、釀造葡萄酒。在埃及更發展出繁複的葡萄酒釀造技術，葡萄用棚架種植，集中在尼羅河三角洲，採收的葡萄用腳踩出果肉後榨汁，在酒槽或陶瓶中發酵。當時葡萄酒相當稀有珍貴，屬於神、國王和貴族的飲料，具有濃厚的宗教與政治意義，蘊含著死亡與再

上：有五百年歷史的伯恩濟貧醫院擁有六十多公頃的葡萄園，每年十一月舉行葡萄酒拍賣。
中：熙篤會在布根地的梧玖莊園，已有近千年的歷史。
下：十五世紀創立的奇揚替酒莊Castello di Fonterutoli。

七世紀時貝里農發明香檳氣泡酒的奧特維雷修道院酒窖。

生、接近神性以及生殖等多重的意義，並常被作為祭神的用品，而且只能為社會的精英在餐會中獨享。

希臘羅馬時代

距今四千多年前，透過克里特島上的邁諾安人，葡萄及葡萄酒的釀造技術自埃及傳入希臘。葡萄酒逐漸成為希臘文化中相當重要的元素，在希臘以及愛琴海的島嶼上到處都有種植葡萄。而且當時葡萄酒已經成為相當重要的貿易商品，除了本地自用外，也用雙耳尖底陶瓶運銷到沿地中海岸各地。建基黎巴嫩一帶的腓尼基人和希臘人一樣，不僅向外拓展貿易，也沿著地中海岸建立許多海外殖民地，葡萄迅速地傳到黑海沿岸以及地中海的西部，包括北非、西西里、義大利南部、法國南部等地都開始種植葡萄釀酒。希臘之後的羅馬帝國更藉著兵團勢力將葡萄的種植傳播到歐洲各地，幾乎現在歐洲主要的葡萄園在羅馬時期就已建立。

在希臘時期，葡萄酒雖然還是被用來作為祭祀的用品，但已經成為一般人的飲品，而且在希臘酒宴以及春天連續三天的酒節中扮演主角。葡萄酒在當時也被賦予醫藥的功能。在希臘和羅馬時期，葡萄酒都有一個直接相關的神。希臘時期的酒神戴奧尼索斯(Dionysus)具有瘋狂的象徵，暗示著對理性和文明的威脅，同時也表誌享樂以及人類本性中屬於動物性的一面。羅馬的酒神名為巴庫斯(Bacchus)，所代表的象徵變得比較狹隘，只直接和葡萄酒連結起來。

中世紀的發展

　　對基督教徒而言，葡萄酒是耶穌聖血的象徵，在基督教的宗教儀式中，葡萄酒具有不可或缺的地位。在西羅馬帝國爲北方民族所滅之後，基督教會的力量維繫了葡萄園的建立和葡萄酒的發展。由於教會儀式需要使用葡萄酒，許多教會都擁有葡萄園，葡萄的種植與釀造便成爲教會的工作之一。教會組織龐大，有各類的專門人才，有眾多的修士投入葡萄的種植和釀造的研究，對日後葡萄酒的科學研究奠立了基礎。而基督教的北傳，也讓葡萄被帶往天氣寒冷、生長困難的歐洲北部，意外地促成了歐洲寒冷氣候區葡萄酒業的發展。

　　本篤會(Benedictine)和熙篤會(Cistercian)是中世紀葡萄酒發展史中最著名的兩個天主教修會，在歐洲各地分別擁有許多葡萄園，除了提供教會的需要外，也對外銷售。這些爲教會所有的葡萄園，有些至今依舊非常著名，如本篤會在法國波爾多(Bordeaux)所擁有的Château Carbonnieux和德國萊茵高(Rheingau)

的Schloss Johannisberg等；以及熙篤會在布根地(Bourgogne)的梧玖莊園(Clos de Vougeot)及在萊茵高的Steinberg。

十七、十八世紀的革新

　　歐洲的葡萄酒文化伴隨著新大陸的發現傳布到各地。歐洲移民引進歐洲種葡萄，開始葡萄的種植和釀造。十六世紀中在墨西哥以及南美阿根廷等地就已有葡萄酒的生產。美國加州以及澳洲等地則直到十八世紀末才開始葡萄酒的釀製。

　　文藝復興在思想藝術方面的改革，一直要到十七世紀才慢慢地在飲食文化上產生影響，平衡、協調與精緻等古典觀念，開始被用到飲食的價值評斷上。隨著廚藝越來越精緻化，加上布爾喬亞階級的興起，提供了精緻葡萄酒的發展空間和市場。波爾多、布根地以及香檳(Champagne)等高級葡萄酒產區，都在這樣的背景下發展起來。在十八世紀之前，葡萄酒都裝在橡木桶中運送，不易保存，必須在一年內

▌左：十九世紀的木造榨汁機。
▌右：羅馬的酒神巴庫斯。
▌下：義大利麼典那主教教堂十二世紀的石雕，描述九月份踩踏葡萄釀酒的情景。

喝完，玻璃瓶以及軟木塞等的普遍使用，讓葡萄酒的品質得以提升，也更耐久存。

十七、十八世紀英國和荷蘭兩個海上的經濟強權，因為國內不產葡萄酒，兩國的商人於是在海外建立許多據點，生產銷往北方的葡萄酒。由於加烈酒(fortified wine)比較經得起長程的海運，特別受到英國市場的喜好，西班牙的雪莉酒(Sherry)和馬拉加(Málaga)、葡萄牙的波特酒(Port)、馬得拉酒(Madeira)，以及西西里的馬沙拉(Marsala)等加烈酒於是興起。

蚜蟲病的摧毀與重建

自十九世紀中開始，從新大陸傳進歐洲的各種葡萄樹的病蟲害，如粉孢菌(Oïdium)、霜黴病(Mildiou)以及根瘤蚜蟲病(Phylloxera)等等，對歐洲種葡萄造成很大的傷害。其中以根瘤蚜蟲病最為嚴重，這些寄生在葡萄樹根的蚜蟲會咬食樹根使葡萄致死，在十九世紀後半，幾乎完全摧毀了所有歐洲種的葡萄，在法國就有250萬公頃的葡萄園受到殃及。直到一八八〇年代，才找到使用不受根瘤蚜蟲侵擾的美洲種葡萄當砧木嫁接歐洲種葡萄來做為克制的方法，並且沿用至今。

一八五七年法國細菌學家巴斯德(L. Pasteur)發現葡萄酒製造的原理在於酵母菌將葡萄汁裡的糖轉化成酒精。巴斯德還完成了葡萄酒的成分與葡萄酒的老化等研究，使得葡萄酒的釀造技術得以大幅的提升，並且成為專門的學科。

法定產區制度的建立

二十世紀在葡萄酒的釀造技術上有長足的進步，不僅釀造的過程更能精確控制，而

且發展出各種新式的釀造方法。不過這些技術的改進卻不能取代葡萄園天然環境的重要性，今天要製造美味可口的葡萄酒已不是難事，但是要釀出有特色和風格的葡萄酒，則還是要靠葡萄園所擁有的優異天然環境。法國從一九三六年開始建立的AOC(Appellation d'Origne Contrôlée)法定產區管制系統，不僅管制葡萄酒的品質，同時也規定各地葡萄酒的特色和傳統，透過葡萄園的劃分、生產條件的規定以及品嘗管制，讓許多產區的葡萄酒得以維持當地特色。這樣的理念和制度也移植到西班牙與義大利等歐洲國家。

歐洲以外的許多新興葡萄酒產國被稱為新世界葡萄酒，在近二十年來不論品質以及產量都有驚人的成長，成為歐洲葡萄酒的主要對手。這些新的葡萄酒產區一開始以國際葡萄酒市場上流行的葡萄品種為主要生產方向，與歐洲較保守傳統的方式成為明顯的對比，但近年來也逐漸發展出各地的特色與新經典產區。

| 第2章 |

釀酒葡萄

全世界有近800萬公頃的葡萄園，其中釀酒葡萄的種植面積超過600萬公頃，每年生產290億公升的葡萄酒。由於歷史因素，葡萄酒的生產和消費主要集中於歐洲，特別是在西歐，葡萄酒的生產和消費占了全球的三分之二。其中前三大產國——義大利、法國和西班牙的產量就已經超過全球產量的半數。九○年代中開始的全球性葡萄酒流行風潮，已經將葡萄酒擴展成全球性的飲品，越來越普及。

葡萄酒的生產，因為需要適當的自然條件，主要產區集中在溫帶氣候區。不過，全世界喝葡萄酒的人口雖然不斷擴增，許多歐洲傳統產國每人每年平均飲用葡萄酒的數量卻日漸減少，加上許多新興產區葡萄園的擴增以及葡萄園單位產量的提高，讓葡萄酒市場仍然長年處於供過於求的情況。

釀酒葡萄的地理分布

雖然新興產區的種植面積越來越多，但歐洲仍擁有全球三分之二的葡萄園，依舊是全世界最重要的葡萄酒生產地。氣候溫和的環地中海區是歐洲葡萄園的主要集中地。在法國東南部、伊比利半島、義大利半島和巴爾幹半島上，葡萄園幾乎隨處可見。同屬地中海沿岸的中東和北非，由於氣候和宗教的因素，並不如北岸普遍，以生產葡萄乾和新鮮葡萄為主。

法國除了沿地中海地區外，南部各省氣候溫和，葡萄園分布普遍，法國北部地區由於氣候較冷，葡萄園較受天候的限制，但仍有不少條件特殊的產地。氣候寒冷的德國，產地完全集中在南部的萊茵河流域。中歐多山地，種植區多限於向陽斜坡，產量不大。東歐各國中，保加利亞、羅馬尼亞和匈牙利是主要生產國。俄羅斯和烏克蘭的葡萄酒產區主要集中在黑海沿岸。

北美的葡萄園幾乎全集中在美國的加州、紐約州以及西北部，墨西哥和加拿大只有比較零星的種植。亞洲葡萄酒的生產以中國最為重要，葡萄最大種植區在新疆吐魯番，但以生產葡萄乾和生食葡萄為主，釀酒葡萄則集中在北部山東、河北兩省。另外日本、土耳其、黎巴嫩和印度也生產少量的葡萄酒。

南半球葡萄的種植全都是歐洲移民抵達之後才開始的，採用的也都是歐洲種的葡萄。在南美洲以安地列斯山脈兩側的智利和阿根廷為主。此外，烏拉圭和巴西南部也產葡萄酒。除了地中海沿岸的北非產區外，非洲大陸的葡萄種植主要集中在南非西南部的開普省。在大洋洲部分以澳洲最為重要，主要位在東南部以及西澳的西南一角。另外在紐西蘭北島和南島也都有葡萄園。

全球葡萄酒產量及消費量

國別	葡萄酒產量（百萬公升）	葡萄園面積（公頃）	葡萄酒消費（百萬公升）
法國	5,739	889,000	3,314
義大利	5,300	849,000	2,830
西班牙	4,299	1,200,000	1,390
美國	2,011	398,000	2,431
阿根廷	1,546	213,000	1,111
澳洲	1,381	164,000	436
中國	1,170	471,000	1,329
德國	1,005	102,000	1,959
南非	928	133,000	351
葡萄牙	748	247,000	483
智利	630	189,000	255
羅馬尼亞	617	222,000	580
匈牙利	424	83,000	308
紐西蘭	119	23,000	77
全球總計	28,917	7,923,000	23,696

資料來源：O.I.V.

全球主要釀酒葡萄分布

釀酒葡萄品種

① 卡本內蘇維濃 Cabernet Sauvignon
② 黑皮諾 Pinot Noir
③ 希哈 Syrah
④ 梅洛 Merlot
⑤ 夏多內 Chardonnay
⑥ 麗絲玲 Riesling
⑦ 蘇維濃 Sauvignon
⑧ 榭密雍 Sémillon
⑨ 卡本內弗朗 Cabernet Franc
⑩ 加美 Gamay
⑪ 內比歐露 Nebbiolo
⑫ 山吉歐維列 Sangiovese
⑬ 卡利濃 Carignan
⑭ 格那希 Grenache
⑮ 馬爾貝克 Malbec
⑯ 田帕尼優 Tempranilio
⑰ 金芬黛 Zinfandel

⑱ 白梢楠 Chenin Blanc
⑲ 維歐尼耶 Viognier
⑳ 格烏茲塔明那 Gewürztraminer
㉑ 希爾瓦那 Sylvaner
㉒ 米勒-土高 Müller-Thurgau
㉓ 小粒種麝思嘉 Muscat à Petits Grains
㉔ 灰皮諾 Pinot Gris
㉕ Melon de Bourgogne

● 黑色葡萄品種
● 白色葡萄品種

釀酒葡萄分布

1. 美國西北部 ①④⑤⑥⑨⑪
2. 美國加州 ①②③④⑤⑥⑦⑨⑫⑭⑰⑱⑲
3. 美國東北部 ①④⑤⑥⑨⑫
4. 智利 ①②④⑤⑥⑦⑫
5. 阿根廷 ①④⑤⑥⑨⑭⑮⑯
6. 北非 ①③④⑭
7. 南非 ①④⑤⑥⑦⑧⑨⑭⑱
8. 澳洲 ①②③④⑤⑥⑧⑬⑭
9. 紐西蘭 ①②④⑤⑥⑦
10. 以色列、黎巴嫩、土耳其 ①③④⑤⑥
11. 葡萄牙 ①③
12. 西班牙 ①④⑭⑯⑰
13. 羅亞爾河谷地 ④⑤⑦⑨⑱⑲㉕
14. 布根地地 ⑤⑩⑭
15. 波爾多 ①④⑤⑦⑧⑨⑮
16. 法國西南部 ①④⑤⑦⑧⑨⑮
17. 隆格多克/胡西雍 ①③④⑤⑪⑫⑬⑭⑮⑯⑰
18. 普羅旺斯 ①③④⑭
19. 隆河谷地 ①③⑤⑭⑲
20. 香檳區 ②⑤⑩
21. 阿爾薩斯 ⑥⑳㉑㉒㉓㉔
22. 羅亞爾 ①②④⑤⑥⑦⑧⑨
23. 瑞士 ⑤⑥⑩⑲⑳㉑㉒
24. 德國 ⑥⑳㉑㉒㉔
25. 奧地利 ②⑥⑩⑳
26. 義大利 ①④⑩⑪⑫

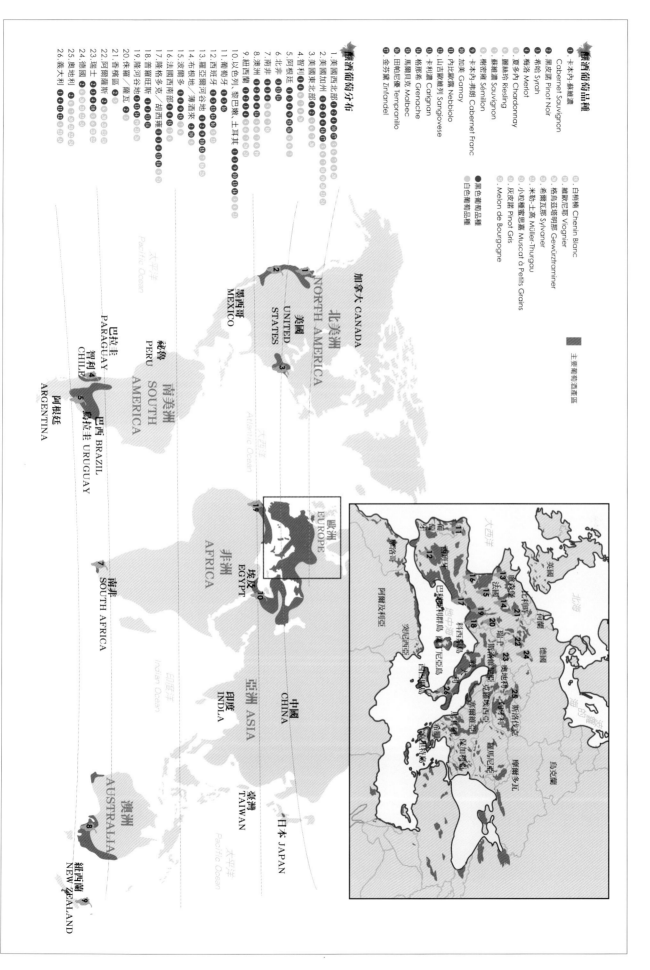

主要葡萄酒產區

加拿大 CANADA
北美洲 NORTH AMERICA
美國 UNITED STATES
墨西哥 MEXICO
祕魯 PERU
巴拉圭 PARAGUAY
智利 CHILE
烏拉圭 URUGUAY
巴西 BRAZIL
南美洲 SOUTH AMERICA
阿根廷 ARGENTINA
歐洲 EUROPE
非洲 AFRICA
埃及 EGYPT
南非 SOUTH AFRICA
印度 INDIA
中國 CHINA
亞洲 ASIA
臺灣 TAIWAN
日本 JAPAN
澳洲 AUSTRALIA
紐西蘭 NEW ZEALAND

太平洋 Pacific Ocean
大西洋 Atlantic Ocean
印度洋 Indian Ocean

釀酒葡萄的種植條件

葡萄樹適應環境的能力很強,生長容易,但是要種出品質佳且有獨特風味的釀酒葡萄,卻需要多種自然條件的配合。葡萄樹有如同時具有觀測氣候和分析地質的機器,收集種植環境的自然條件,然後用釀成的葡萄酒記錄下來,成為獨特的葡萄酒風味。

這些影響葡萄生長的天然條件配合當地的葡萄酒傳統,就形成了所謂的「terroir」。這個源自法文的詞彙,意指一個特定範圍的地區因為其特殊的自然環境和歷史傳統,可以生產出風格獨特的物產(葡萄酒),其特殊的風味是其他地方無法再造模仿的。歐洲「法定產區葡萄酒」(appellation)就是由「terroir」的概念衍生出來的。透過認識葡萄酒產區的「terroir」,就可以掌握一個產區的葡萄酒風味與精神。

氣候的影響

葡萄樹適合溫和的溫帶氣候,寒帶氣候太冷,果實無法成熟,而且葡萄樹在酷寒的嚴冬容易凍死。相反的,熱帶氣候則過於炎熱潮濕,葡萄易遭病害,而且成熟快速,糖分高,釀成的酒平淡無味,另外,葡萄需要低溫多眠才能自然發芽,在熱帶種植不易。因此,全球大部分的葡萄園都集中於南北緯38度到53度之間的溫帶氣候區。影響葡萄成長的氣候因素很多,以陽光、溫度和水最為重要。

陽光

葡萄需要充足的陽光,透過陽光、二氧化碳和水三者的光合作用所產生的碳水化合物,提供了葡萄成長所需要的養分,同時也是葡萄中糖分的來源。不過葡萄樹並不需要強烈的陽光,稍弱的光線更適合光合作用的進行。陽光還可提高葡萄樹和表土的溫度,使葡萄容易成熟。經陽光照射的葡萄可使皮的顏色加深,但陽光太強卻會灼傷葡萄。

溫度

適宜的溫度是葡萄成長的重要因素,從發芽開始,需有10℃以上的氣溫,葡萄樹的葉苞才能發芽,但發芽之後,低於-4℃以下的春霜即可凍死初生的嫩芽。枝葉的成長也需有充足的溫度,以22到25℃之間最佳,過冷或過熱都會讓葡萄成長的速度變慢。在葡萄成熟的季節,適度的高溫會讓葡萄的糖分增加,酸

小區域氣候 microclimat

因為峽谷、斜坡、向陽方位等地形的變化,常會造成一些特別適合葡萄種植的小區域氣候,由於環境特殊,所產葡萄常有特殊風味。例如寒冷的區域向陽坡排水好、日照足且少霜害,葡萄的成熟度比種在谷底或平原區要好。靠近河、湖邊的葡萄園,因水面反射陽光,日照更加充足。許多頂尖的葡萄園都因有特殊的小區域氣候條件,而能生產出獨特的葡萄酒來。

上:西班牙中部高原上的葡萄園氣候乾燥炎熱,常釀成濃厚多酒精、風格粗獷的葡萄酒。

下:紐西蘭的馬爾堡涼爽潮濕,以生產香氣奔放、清爽多酸的白蘇維濃聞名。

左上：花崗岩質土壤。
左下：石灰質黏土。
右上：頁岩。
右下：鵝卵石。

味減少，較高的溫度也有助於紅色素、單寧等酚類物質(phenol)的增加，不過，溫度過高加上乾旱，葡萄反而會完全停止成熟。日夜溫差對葡萄的影響也很重要，溫差越大，會使得葡萄皮內的單寧和紅色素增多。葡萄在冬季需經0℃以下的冬眠期，才能在隔年正常發芽，但是-15℃以下的低溫則會凍死葉苞和樹根。

水分

水對葡萄的影響相當多元，它是光合作用的主要因素，同時也是葡萄根自土中吸取礦物質的媒介。葡萄樹的耐旱性高，在其他作物無法生長的乾燥貧瘠土地都能生長，葡萄枝葉成長的階段需水較多，成熟期則要乾燥，以免吸收太多水分而降低甜度，多雨造成的潮濕環境也會讓葡萄容易感染病菌。水分的多寡和雨量有關，但地下土層的排水性和保水性也會影響葡萄樹對水分的攝取。

土質的影響

葡萄園的土質對葡萄酒的特色及品質有重要的影響。葡萄樹不需太多的養分，貧瘠的土地反而適合葡萄的種植，肥沃的土地徒使葡萄樹枝葉茂盛，無法生產優質葡萄。土質的排水性、酸度，地下土層的深度以及土中所含的礦物質種類，甚至表土顏色等，都會深深地影響葡萄酒的品質和風味。

土質對葡萄酒的影響相當複雜，歐洲的葡萄酒產國格外注意土質的影響，葡萄園的分級都將土質列為重要評選標準。在產區範圍廣闊、土壤同質性高的地區，土質的結構較不受重視，反而較注重區域性氣候的影響。葡萄園中常見的土質如下——

火成岩質土

此種土質含花崗岩和頁岩等，多呈砂粒或細石狀，排水性佳，屬酸性土，非常適合種植加美(Gamay)、麗絲玲(Riesling)和希哈(Syrah)等品種，法國隆河谷地(Vallée du Rhône)北部的羅第丘(Côte Rôtie)和薄酒來(Beaujolais)北部的特級產區等都以火成岩為主。

沉積岩土

各類不同的沉積岩土皆含有大量的石灰質，屬鹼性土，常可讓葡萄保有更多的酸味，特別適合夏多內(Chardonnay)、黑皮諾(Pinot Noir)和內比歐露(Nebbiolo)的生長。例如以侏羅紀泥灰岩與石灰質黏土為主的布根地，以及白堊紀白堊土的香檳區。

沖積岩石地

是晚近形成的土質，養分少、排水性高且容易吸收日光、提高溫度，非常適合葡萄的生長。例如波爾多梅多克(Médoc)的礫石地、隆河谷地教皇新堡(Châteauneuf-du-Pape)的鵝卵石地。

品種的選擇

每一個葡萄品種對自然條件的要求不同，有各自的適應性。在歐洲的產區經常依據自然條件，採用適合當地的傳統葡萄釀造，而且大多是當地原產或引進很久、早已馴化的在地品種。在氣候比較炎熱的地區，單一葡萄品種較難有均衡的風味，所以歐洲南部的產區經常混合多種葡萄品種釀造，例如波爾多、隆河南部和托斯卡納(Toscana)等等。在歐洲北部的產區，像德國、奧地利、法國北部、義大利北部等等，因為氣候涼爽，則沒有這樣的問題，經常採用單一葡萄品種釀酒。各產酒區對品種的選擇絕非偶然，有時亦摻雜著歷史及市場因素。新興產酒區由於葡萄種植歷史短，對市場反應亦較敏感，所以葡萄品種常被視為最重要的訴求，而且主要選擇夏多內和卡本內-蘇維濃(Cabernet Sauvignon)等國際著名的葡萄品種。

葡萄的種植和生長過程

上：發芽。
中：葡萄開花。
下：結果。

　　葡萄是歷史最久遠的作物之一，歷經數千年來的種植經驗，發展出今日繁複精緻的種植技術，而且在經典的產區也發展出適應當地環境的種植方法，讓各地出現不同的葡萄園景致。雖然釀酒師有許多釀造技術可以比過去更精確地釀造出特定風味的葡萄酒，但是，現在的頂尖酒莊卻比過去花費更多的精神在葡萄的種植上，因為唯有以高品質的葡萄為材料，才能釀出真正精采、且具有土地特色的葡萄酒。

葡萄農的一年與葡萄生長周期

　　除了在天氣非常炎熱的地區，葡萄一年可以兩穫之外，大部分的葡萄酒產區一年只採收一次，從發芽、開花、結果、成熟到冬眠，剛好以一年為周期，葡萄農依循四季的變化，伴隨著葡萄成長的韻律，需要進行不同的工作，以種出高品質的葡萄。

發芽 budbreak

　　大約每年三月底、四月初左右，氣溫超過10℃以上之後，北半球的葡萄樹即會開始發芽（南半球則是在九、十月之間）。經過冬季的休養，葡萄藤蔓上的芽眼開始膨漲增大，長出葉芽。在發芽的前後，葡萄農須進行第一次的犁土，一方面使土透氣，方便吸收雨水，另一方面可順便耕除雜草，減少除草劑的使用。犁土大約每兩個月進行一次，直到採收。為了嚴格控制產量，葡萄農必須手工摘除藤蔓上多餘的芽眼。去除病蟲害的工作也開始進行，並一直持續到七月底才停止。剛長成的葡萄芽相當脆弱，若遇到低於-4℃以下的氣溫便很容易凍死，所以春天容易有霜害的地區必須避免種植發芽過早的品種。各地的葡萄農有不同的防霜害方法，例如使用噴水結冰的方法，將葡萄芽保護在冰柱裡面；也有在葡萄園燃燒煤油暖爐防止霜害；或是在葡萄園中裝設巨型風扇吹動空氣防止結霜。

開花 flowering

　　發芽後，葡萄葉和枝蔓也跟著成長起來，稍後在葡萄蔓上將長出花序。大部分的葡萄花都是雌雄同株，開花的時間大約在六月初左右，約維持10到15天的時間。葡萄花非常細小，呈乳白色，藉由風和昆蟲授粉。在花季過後，葡萄農開始綁縛枝蔓和整理葡萄葉，使日照的效果更佳。也要定期進行修葉的工作，剪

有機種植法

為了去除雜草和防止病蟲害對葡萄的侵擾，葡萄農從葡萄葉苞發芽起，就須時常噴灑除草劑和化學農藥，並且施用化學肥料提高產量。為了維持葡萄園生態的平衡和飲者的健康，有些葡萄農採用自然生態防治法，使用天然殺蟲劑以及有機肥料等，盡可能減少農藥的使用，稱為有機種植。用這種種植法釀成的葡萄酒就稱為有機葡萄酒(organic wine)，和葡萄酒的釀造法沒有關聯。

開始成熟轉色的黑皮諾。

掉一部分剛長出來的葉子和藤蔓，讓葡萄的生長更均衡，集中養分讓葡萄成熟。長在葡萄樹幹上的多餘枝蔓也要除去，以免浪費葡萄樹的精力。

結果 fruit set

開花的時刻因枝葉生長太快或日照不足，會使葉子無法提供葡萄花足夠的糖分，造成落花病(coulure)，讓花還未結成葡萄就掉落。至於順利授粉的子房則將在六月底、七月初結成葡萄。這時，如果葡萄枝葉長得太茂盛，就必須修剪，抑止枝葉的生長，保留較多的養分給葡萄的果實。除此之外，葡萄農會整理抬高枝葉，讓葡萄接受較多的陽光，提高通風效果以減少疾病感染。

開始成熟 veraison

到了八月底、九月初，葡萄就將進入成熟期了，枝葉會停止成長、藤蔓開始木化成較硬的葡萄藤，葡萄樹的糖分會輸送到葡萄，使葡萄的糖分含量開始升高，這時，葡萄的酸度也會跟著降低，另外葡萄中的酚類物質和香味物質也跟著增多，黑葡萄品種的外皮也開始由綠色轉成紫紅色。這時如果每株葡萄所結的葡萄串太多，為保品質，必須剪除一部分的葡萄，稱為綠色採收(green harvest)。綠色採收必須在葡萄轉色之前進行，否則效果不大。

採收 harvest

到了九月底、十月初，葡萄的糖分增加、酸味減少，開始進入成熟期。葡萄的成熟度是影響葡萄酒品質的重要因素，常隨著每年的氣

候改變。除了酸味與糖分須均衡外，葡萄皮內
的單寧是否成熟也是採收時的重要考量。葡萄
的採收通常自九月延續至十月中，只有製造貴
腐甜酒的葡萄會延遲至十一月份採收，釀造冰
酒的葡萄則可能晚至十二月或隔年一月。人工
採收比較不會破壞葡萄粒產生氧化的問題，而
且可以經過人工的篩選，避免採收沒有成熟或
腐爛的葡萄，比較能夠維持葡萄的品質，不過
也比較耗時費工，因此許多低價酒產區大多採
用機器採收。

剪枝 pruning

從十一月起，葡萄葉開始變黃掉落，寒冷

地區的葡萄農在多天到來之前必須犁土，將土
蓋於樹根以防葡萄樹凍死。為了使葡萄樹的老
化減慢並控制葡萄產量，每年由多季到三月這
段期間必須進行剪枝的工作，將已經木化的葡
萄蔓依不同的整枝系統(training systems)，去
除多餘的芽並將枝蔓修剪成所需的形狀。年中
死亡的葡萄樹也須在多天的時候補種。

葡萄種植的整枝系統

葡萄種植的最重要精髓，在於平衡葡萄枝
葉的生長與葡萄果實的成長，一方面要有足夠
的樹葉行光合作用製造養分，另一方面樹葉不
可太過茂盛，避免消耗太多葡萄生長所需的養
分。葡萄樹的整枝和剪枝就是用來維持此平衡
的重要方法。為了配合各種不同的葡萄品種和
自然環境，整枝系統發展出許多種不同的樣式
以符合需要。每一種整枝系統都其特有的剪枝
法、枝蔓綁縛法及相對應的各種種植技術。歐
洲的傳統產區都有各自傳統的引枝法，但也有
許多不斷新增的新式引枝法，讓葡萄樹可以更
有效率地吸收陽光與避免病害。

整枝最重要的工作是多季的剪枝工作。由
於葡萄樹在種植後至少要等到第三年才能採
收，前幾年的修剪工作主要在剪出整枝系統的
形狀，到了第三年後才開始葡萄生產的修剪。
由於剪枝的工作複雜，只能人工操作，每年剪
枝前的葡萄樹有數百個以上的葉芽，葡萄農依
據整枝系統和每一棵葡萄樹須保留的芽的數目
進行修剪，以控制產量，因為如果不去除部分
的芽，不僅產出來的葡萄品質不好，也會讓葡
萄樹老化的速度加快。以下是四種主要的傳統
葡萄整枝系統方式。

葡萄的病蟲害

葡萄的病蟲害非常多，除了各種病毒、
蟲害和細菌之外，黴菌對葡萄的危害最
讓葡萄農傷腦筋。其中最常見的粉孢菌
和霜黴病，都是十九世紀從美洲大陸傳
到歐洲的黴菌，從葡萄發芽起就有可能
感染，危害的範圍包括枝葉和果實，炎
熱潮濕的天氣最容易發生，葡萄農常用
含有銅的波爾多液(bouillie bordelaise)
和二氧化硫來防治。由貴腐黴(Botrytis
cinerea)所引起的灰黴病(pourriture
grise)也是經常危害葡萄的黴菌，感染的
範圍以果實為主，不過受到貴腐黴感染
的葡萄，在特殊條件下也有可能意外地
生產稀有且珍貴的貴腐甜白酒。

左：採收。
右：剪枝。

■ 由左至右：杯型式、居由式、高登式、棚架式。

杯型式 Goblet

這是羅馬時期即開始使用的整枝法，適合用在乾燥地區枝葉較不茂盛的葡萄園。在法國南部、西班牙及義大利等環地中海的產區最普遍。杯型式的特徵為無需任何支撐，而任由葡萄樹像一棵小樹般獨立生長，主幹短，樹枝分枝向外分開，每一分枝的頂端都留有一小段的結果母枝(courson)，母枝上通常留兩個芽，發芽後將長出葡萄蔓、葉和花苞。因為葡萄被遮蔽在葡萄葉下，可以防止被曬傷，但也因此無法用機器採收。此種整枝系統在西班牙稱為en vaso，義大利叫作alberelli a vaso。

居由式 Guyot

十九世紀中由Jules Guyot發明的方法，法國波爾多和布根地產區都普遍採用，法國北部各地也相當常見，現在也在世界各地採用。修剪的特色是僅留下一根葡萄藤上的芽，而將其他全部剪掉，只在另一側留一個僅有兩個芽的結果母枝。葡萄藤上所留的芽眼數目因產地而異，約在六到八個左右，留的芽越多，葡萄的產量就越多。居由式有時會在左右各留一條葡萄藤，叫雙居由式(Guyot double)。

高登式 Cordon de Royat

由十九世紀末開始採用的高登式，是法國北部地區主要的整枝系統。修剪的特色是在葡萄樹幹上留數個很短的結果母枝，每個母枝上只留兩個芽，這個方法可避免不發芽的問題，也可以降低葡萄樹的產量。居由式和高登式兩種引枝法都需要配合用鉛線牽成垂直式的葡萄架，讓葡萄枝葉可攀爬成牆狀，不僅可避免潮濕，且受光面較大，適合應用在雨量較多而且涼爽的氣候區。

棚架式 Pergola

在歐洲主要用於義大利和葡萄牙北部，此外在南美洲及亞洲也很普遍。棚架式的整枝法特色在於種植密度很低，種植成本低。不過每一株葡萄樹都留有非常長的母枝，產量高，較難種出高品質的葡萄，但因為葡萄枝葉遠離地面，比較沒有霜害的危險，卻也因此無法運用機器採收。

葡萄的成分

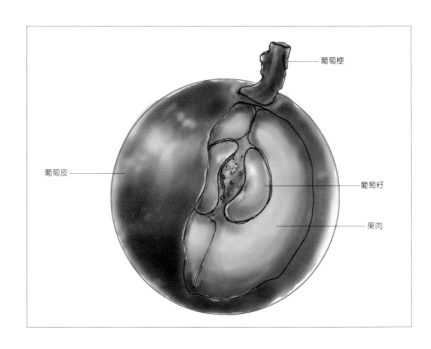

葡萄梗

葡萄皮

葡萄籽

果肉

　　成熟後的葡萄串是葡萄酒的最主要原料，葡萄各部分所含的成分不同，在釀造過程中也將各自扮演不同的角色。一般葡萄在六月結果後約需一百天的時間成熟。在此過程中，葡萄的體積變大，糖分增加，酸味降低，紅色素和單寧等酚類物質增加使葡萄皮變厚，顏色加深。葡萄成熟後，潛在的香味也逐漸形成，經過酒精發酵後即可散發出來。成熟的葡萄其大小、形狀、顏色等皆因品種而不同，此外產量的大小、葡萄園的天然環境、葡萄健康情況、葡萄樹齡以及不同年份等，都會影響葡萄的特性和品質。

葡 萄 梗

　　葡萄梗含有豐富的單寧，但其所含單寧澀味重，較爲粗糙，而且葡萄梗也常帶有刺鼻的草味，通常釀造之前，葡萄會先經過去梗的步驟將梗去掉。部分酒廠爲了保留整串的葡萄或者爲了加強酒的單寧含量，有時也會加進葡萄梗一起發酵，但葡萄梗必須非常成熟，否則釀成的酒會顯得粗糙而帶梗味。

葡 萄 籽

　　葡萄籽內部含有許多單寧和油脂，但是所含的單寧相當粗糙，不夠細膩，而油脂又會破壞酒的品質，所以在釀酒的過程中，必須避免弄破葡萄籽釋出單寧和油，以免影響酒的品質。

葡 萄 皮

　　雖然比例上葡萄皮僅約占葡萄的十分之一，但對品質的影響卻相當大。葡萄皮除了含有豐富的纖維素和果膠外，還含有單寧和香味物質，另外黑葡萄皮還含紅色素，是紅酒顏色的主要來源。葡萄的皮越厚，通常可以釀成越濃郁堅實的葡萄酒。葡萄皮中的單寧不同於梗和籽的粗澀，較爲細膩，在口中所形成的澀味是構成葡萄酒口感結構的主要元素。葡萄的香味物質主要存於皮的下方，分爲揮發性香和非揮發性香，後者要等發酵後才會慢慢散發出來。葡萄外皮上常常覆蓋著一層白色的果粉，其中含有酵母菌，可以讓葡萄不必添加酵母菌就能自然進行酒精發酵。

果 肉

　　果肉占葡萄80%左右的重量，一般食用葡萄的果肉較豐厚，而釀酒葡萄則較多汁，果肉的主要成分爲水分、糖分、有機酸和礦物質。其中的糖分是酒精發酵的主要成分，包括葡萄糖和果糖，有機酸則以酒石酸、乳酸、檸檬酸和蘋果酸爲主，葡萄汁中的礦物質則以鉀最爲重要，含量常超過各種礦物質的50%。

卡本內-蘇維濃。

全球主要釀酒葡萄品種

釀造時所採用的葡萄品種，會對釀成的葡萄酒風味產生關鍵性的影響，雖然來自自然環境的影響很重要，而且也有許多葡萄酒是混合多種葡萄品種釀造，但是，瞭解各主要品種的風格是認識葡萄酒最重要的課題之一，特別是許多葡萄酒都是依據葡萄品種名稱來命名，所以，葡萄品種也成了選擇葡萄酒時最重要的指標。雖然全球有數以千計的葡萄酒產區，但真正常見且出現在標籤上的葡萄品種卻僅有數十種，對初學者來說確實比產區更容易辨識。以下將列舉30種全球最重要的品種，並簡介其特性，全世界大部分的葡萄酒都是由這些品種所釀成的。

黑色釀酒葡萄品種

卡本內-蘇維濃 Cabernet Sauvignon

原產自法國波爾多，是目前全世界最著名的黑色釀酒葡萄，雖然不是特別早熟，但因為枝蔓健壯，生長容易，只要是溫帶氣候又夠溫暖，都能夠適應，所以產區分布非常廣。釀成的葡萄酒風格強烈容易辨認，酚類物質含量高，顏色深紫，單寧澀味重，酒體強勁濃厚，但同時又細緻高雅，是相當優秀的品種。酒香在年輕時以黑色水果，如黑醋栗、李子等為主，略帶一點如青草、青椒和薄荷的植物性香以及甘草的氣味。因為經常放入橡木桶中培養，雪松與菸草、咖啡和煙燻等焙烤香氣也很常見。卡本內-蘇維濃紅酒因為單寧重，非常耐久放，而且常常需要經過數年陳年才能熟成適飲，產自上好年份的特優產區甚至可經數十年以上的陳年。

法國波爾多左岸是卡本內-蘇維濃的原產地，種植相當普遍，以梅多克產區內排水良好的礫石地為最著名的精華產區，由於本區是該品種的極北種植區，口感較緊澀，通常混合梅洛(Merlot)等品種以求葡萄酒的和諧及豐富性。在更溫暖的氣候區，卡本內-蘇維濃則表現出較濃厚可口的風格。除了法國的波爾多及隆格多克(Languedoc)，美國加州、智利、澳洲、南非、羅馬尼亞等地都有非常大規模的種植，加州的那帕谷(Napa Valley)、南澳大利亞與義大利的托斯卡納都是非常著名的產區。

黑皮諾 Pinot Noir

風格特別優雅細緻的黑皮諾葡萄原產自法國布根地，適合較為寒冷的氣候，特別喜愛生

長於石灰質黏土。由於已經有六百年以上的歷史，有許多特性不同的無性繁殖系。黑皮諾比較敏感脆弱，對環境的要求多，而且產量小，雖然非常著名，但種植並不普遍。黑皮諾的皮較薄，含有的紅色素也比較少，釀成的酒顏色比較淡，在口感上，黑皮諾的酸度較高，單寧的質感細緻平滑，以均衡優雅取勝，雖然不及卡本內-蘇維濃，但也有不錯的陳年潛力。

黑皮諾在年輕時有非常迷人的果香，以紅色水果香爲主，如櫻桃、覆盆子等；陳年後的酒香則變化豐富，常有櫻桃酒、酸梅、香料和動物香氣。布根地的金丘區(Côte d'Or)是黑皮諾的最優良產區，通常單獨裝瓶，不混合其他品種。黑皮諾也是德國主要的黑葡萄品種，稱爲Spätburgunder，大多種植於南部產區，風

味較爲清淡。美國奧勒岡州，加州近海岸的Caneros、聖塔巴巴拉(Santa Barbara)，紐西蘭和澳洲維多利亞州也有不錯的表現。除了釀成紅酒，黑皮諾因爲皮的顏色比較淡，直接榨汁後也很適合釀製白色氣泡酒。是香檳區的重要品種之一，通常和夏多內及Pinot Meunier混合，較其他品種強勁濃厚且適合陳年。

希哈 Syrah

法國隆河谷地北部是希哈葡萄的原產地，也是最佳的產區。希哈適合溫和的氣候，於火成岩斜坡的表現最好。希哈葡萄的顏色深，釀成的紅酒顏色深黑，酒香濃郁多變化，年輕時以紫羅蘭花香和黑色漿果爲主，隨著陳年會慢慢發展成胡椒、荔枝乾、焦油及皮革等成熟香味。希哈紅酒喝起來緊密且厚實，相當美味，但單寧含量很高，非常適合釀成耐久存的頂級佳釀。

隆河北部以羅第丘及艾米達吉(Hermitage)最爲著名，可媲美頂尖的波爾多紅酒。希哈在此通常單獨釀造，偶爾添加少量的維歐尼耶(Viognier)白葡萄使口感更圓潤，香味更豐富。法國環地中海產區如普羅旺斯(Provence)和隆河區南部，近年來也普遍種植希哈，經常混合格那希(Grenache)等品種釀造。法國以外的產區以澳洲最爲著名，稱爲Shiraz，是澳洲種植面積最廣的葡萄品種，風格比法國更爲濃厚強勁，是澳洲最具特色的葡萄品種，除了單獨裝瓶，也常混合卡本內-蘇維濃一起釀造。加州中部海岸與西班牙也出產相當具潛力的希哈紅酒。

歐洲種葡萄

在分類學上，葡萄屬於Vitis屬，在其所屬四十多個種中，以原產自高加索山、又稱爲歐洲種的Vitis Vinifera最適合釀酒，在第三紀（七千多萬年前）以前即已存在。現在幾乎所有釀酒葡萄品種都是由此品種往西傳之後，慢慢發展而成的。目前全世界八千多個釀酒品種，有些是源自自然變異的別種，也有的是在自然環境下形成的自然雜交種，也有透過人工交配選育成的雜交種。歐洲大發現時代之後，歐洲種繼續傳到全球各個適合種植葡萄的地方。雖然歐洲種葡萄雖然家族龐大，但是最常使用的卻不到一百種。

左：黑皮諾。
右：希哈。

| 左上：梅洛。
| 左下：卡本內-弗朗。
| 右：加美。

梅洛 Merlot

　　梅洛原產自法國波爾多產區，是當地種植面積最廣的葡萄品種，早熟且產量大，很容易種植。和卡本內-蘇維濃比起來，梅洛葡萄果實較大，釀成的酒以果香著稱，酒精含量高，單寧較少，質地較柔順，口感以圓潤厚實為主，酸度也較低，非常可口，比較快就能達到適飲期。

　　波爾多右岸的玻美侯(Pomerol)產區內的黏土地是梅洛葡萄的最佳產區，隔鄰的聖愛美濃(Saint Emilion)也是名產區，這裡出產的葡萄酒以梅洛為主，混合卡本內-弗朗(Cabernet Franc)和少量的卡本內-蘇維濃以加強平衡感。在波爾多左岸多扮演配角，讓堅硬的卡本內-蘇維濃變得更可口。法國隆格多克產區也有大規模的種植，生產單一品種地區餐酒。法國以外地區也相當受歡迎，種植面積逐年擴充，包括義大利北部、智利、美、澳等國都有，主要釀成圓潤可口的紅酒。

卡本內-弗朗 Cabernet Franc

　　卡本內-弗朗是一個有上千年歷史的葡萄品種，原產自法國波爾多地區，比卡本內-蘇維濃還早熟，適合較冷的氣候，單寧和酸度含量較低。年輕時經常有覆盆子或紫羅蘭的香味，有時亦帶有鉛筆芯的味道。在波爾多各區大多扮演配角，主要用來和卡本內-蘇維濃和梅洛混合。右岸的聖愛美濃產區的石灰岩地是卡本內-弗朗最精采的產區，可以釀成堅實耐久的紅酒，種植的比例較高，主要混合梅洛葡萄釀造。在法國羅亞爾河谷地(Vallée de la Loire)中游地區亦有大量種植，以希儂(Chinon)和布戈憶(Bourgueil)最為著名，通常單獨釀造，不添加其他品種。卡本內-弗朗較少受到新興產區的青睞，僅有小範圍的種植，主要在調配波爾多混合(Bordeaux Blend)時，少量加入卡本內-蘇維濃和梅洛葡萄這兩個品種中當陪襯，較少獨立裝瓶。

加美 Gamay

　　原產自法國布根地的加美葡萄，現在主要種植於薄酒來產區。加美葡萄的果實大，汁多皮少，葡萄酒的顏色較淡，偏藍紫色，單寧含量低，口感清淡，富含新鮮果香。通常加美葡萄釀成的酒都不適久存，簡單易飲，屬於年輕即飲的葡萄酒。不過有些生長在多火成岩土壤的加美葡萄，卻能生產比較豐厚濃郁而且耐久存的紅酒，例如薄酒來的Moulin-à-Vent和Morgon等等。羅亞爾河中游也出產許多清淡的加美紅酒。在法國以外，除了瑞士並不多見，加州產的Gamay Beaujolais是黑皮諾的一種，並非真正的加美葡萄。

無性繁殖系 Clone

由於人工選種或因年代久遠自然演化，同一葡萄品種常會有數個特性不同的無性繁殖系。例如有些較多產，或者較抗寒，或較耐疾病等。即使是同一品種，葡萄農還是可以選擇不同特性的無性繁殖系。

馬爾貝克 Malbec

馬爾貝克原產自法國西南區，在當地稱為Côt，馬爾貝克則是波爾多所採用的名字。因為不是很討人喜歡的品種，大多小量地和卡本內-蘇維濃及梅洛等品種混合，只有在西南部卡歐(Cahors)產區占有較高的比例，在當地又稱為Auxerrois。羅亞爾河谷地亦有種植。馬爾貝克的香味偏黑色漿果以及毛皮的氣味，酸度低，口感較圓潤，但有時顯得細瘦嚴肅。馬爾貝克是阿根廷種植最廣的品種，非常適合門多薩(Mendoza)省的自然條件，不須和其他品種混合，就可以釀成豐厚多酒精、香氣濃郁的美味紅酒。

內比歐露 Nebbiolo

原產自義大利東北皮蒙區(Piemonte)，在當地又稱為Spanna。屬晚熟的品種，適合種植於向陽的斜坡才能成熟。內比歐露是義大利品質最優異的葡萄品種之一，單寧含量以及酸度都非常高，釀成的葡萄酒顏色偏櫻桃紅，香味豐富，常有黑色漿果、紫羅蘭、香料和煤焦香味，口感結構嚴謹濃烈，酸度強，耐久存。巴羅鏤(Barolo)和巴巴瑞斯柯(Barbaresco)是最著名的產區，生產頂級紅酒。主要種植區僅限於義大利西北部皮蒙區和鄰近的產酒區。

巴貝拉 Barbera

原產於義大利皮蒙區的巴貝拉，在義大利的種植面積僅次於山吉歐維列(Sangiovese)。除了義大利西北，義大利南部也有種植巴貝拉，但是水準都遠落後於皮蒙區。巴貝拉容易成熟，但是酸味很重，多果味，口感柔和可

口，相當美味，年輕時就非常好喝，不需久存。新的釀酒技術降低巴貝拉紅酒的酸味後，更是大受歡迎。巴貝拉在加州也有具規模的種植，但是很少獨立裝瓶上市，大多混合成一般餐酒。

山吉歐維列 Sangiovese

原產於義大利中部托斯卡納，字源學上意指丘比特之血，是目前義大利種植最廣的葡萄品種。由於歷史久遠，現存許多特性和品質迥然不同的無性繁殖系，因此很難歸納出其特徵。一般而言，紅色素含量中等，酸度強，不太圓潤，單寧含量高，但是在古典奇揚替(Chianti Classico)和Brunello di Montalchino等產區採用優良的無性繁殖系，可生產出色深濃厚、結構緊密的上等紅酒，通常混合Canaiolo和卡本內-蘇維濃等品種一起釀造。是義大利中南部各產酒區最常見的品種，在加州乾熱的天氣也有很好的表現。

黑格那希 Grenache Noir

黑格那希原產於西班牙東北部，當地稱為Garnacha，是西班牙最重要的黑葡萄品種之一。格那希在法國東南部的地中海沿岸也扮演很重要的角色，是種植最廣的葡萄品種。格那希的成熟期晚，很適合炎熱乾燥的氣候。因為糖分高，釀成的酒酒精含量非常高，但顏色和單寧的含量則相對較低，香味以紅色漿果和香料為主，同時帶有甘蔗的香氣。在大部分的情況，格那希很少單獨裝瓶，經常混合其他品種，如西班牙的田帕尼優(Tempranillo)或法國東南部的希哈和慕維得爾(Mourvèdre)等等，

上：格那希。
中上：馬爾貝克。
中：巴貝拉。
下：山吉歐維列。

以補其不足。當葡萄樹齡超過四、五十年以上之後,能釀出非常精采的濃厚珍釀。除生產干紅酒外,格那希也常用來生產玫瑰紅酒和甜紅酒。利奧哈(Rioja)、普里奧拉(Priorat)和教皇新堡是其最優產地,美國和澳洲的乾熱地帶也有種植。

卡利濃 Carignan

卡利濃是原產於西班牙東北部的Cariñena,但目前最主要的產區在法國南部地中海沿岸,曾是法國最重要的品種,不過近年來已經大量減少。屬晚熟品種,適合乾燥炎熱的天氣及貧瘠的山坡地形。所產的酒顏色深,酒精和單寧含量皆高,通常混合其他品種釀造一般的日常餐酒。但如果是產量低、種植於貧瘠土地的卡利濃老樹,具有生產優質葡萄酒的能力。在西班牙以加泰隆尼亞(Cataluña)的普里奧拉品質最佳,另外也是利奧哈的品種之一,在當地稱為Mazuelo。

田帕尼優 Tempranillo

原產於西班牙北部,在字源學上意指「早熟」,是西班牙最著名的品種。不同於其他西班牙品種喜好乾熱,田帕尼優較適合涼爽溫和的氣候,也特別喜愛貧瘠坡地上的石灰黏土。在西班牙北部相當常見,是利奧哈最重要的品種,經常混合格那希和卡利濃釀造,另外也是斗羅河岸(Ribera del Duero)的重要品種,稱為Tinto del País。在葡萄牙也相當常見,但不及西班牙的細緻。田帕尼優的顏色深,單寧強勁但圓滑細緻,釀成的酒很適合在橡木桶中陳年,可以散發豐富的香氣。

慕維得爾 Mourvèdre

原產自西班牙的慕維得爾在當地稱為Monastrelle,種植面積僅次於格那希。晚熟強健的慕維得爾非常能夠適應乾熱的氣候環境,所以在西班牙和法國的沿地中海地區相當受歡迎。釀成的酒顏色深,且酒精度高,單寧澀味重,常帶有黑色漿果與動物毛皮的香氣。法國普羅旺斯的邦斗爾(Bandol)是以慕維得爾為主所釀成的著名紅酒,西班牙主要種植於東南部的瓦倫西亞(Valencia)、慕爾西亞(Murcia)和Alicante產區,有更濃厚圓熟的表現。慕維得爾通常與格那希及希哈等品種混合,是法國隆格多克與隆河區南部紅酒的三大支柱。在加州及澳洲也有種植。目前加州以Contra Costa所產的最著名。

金芬黛 Zinfandel

金芬黛在十九世紀由歐洲傳入美國,在義大利也有種植,稱為Primitivo。由於容易種植,是加州種植面積最廣的葡萄品種,主要用來生產一般餐酒和半甜型粉紅酒,也用來釀造氣泡酒和波特式的甜紅酒。不過,如果金芬黛種植於較涼爽的礫石坡地、小產量及較長的浸皮過程,亦能生產高品質的紅酒,酒精度高,單寧柔和圓熟,口感特別甜潤濃重,常有甜熟的漿果和香料味。索諾瑪谷(Sonoma Valley)、乾河谷(Dry Creek Valley)、謝拉山

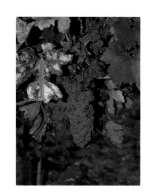

上:卡利濃。
中:田帕尼優。
下:慕維得爾。
右:金芬黛。

麓(Sierra Foothill)和帕索羅布斯(Paso Robles)是最佳產區。

白色釀酒葡萄品種

夏多內 Chardonnay

原產自布根地的夏多內是目前全世界最受歡迎的葡萄品種。夏多內屬早熟型品種，適合溫帶氣候區各類型的氣候，不僅耐冷，容易栽培，而且產量高，品質穩定，種植範圍遍布全球各主要產酒區。和黑皮諾一樣，夏多內喜愛含石灰質的鹼性土，可以保留較多的酸味與細緻的香味。不過，在其他土壤也可以有好的表現。夏多內風格較中性，常隨產區環境以及釀酒法而改變風味。在天氣寒冷的石灰質土產區，如夏布利(Chablis)，酒的酸度高、酒精淡，以礦石和青蘋果香味爲主；在氣候較爲溫和的產區，如那帕谷和馬貢(Mâcon)，則又變得圓潤而豐腴，充滿甜熟的熱帶水果與哈密瓜等濃重香味。夏多內是最適合在橡木桶中進行發酵與培養的品種，和來自橡木桶的香草、奶油等味道可以有相當好的結合，橡木桶也能讓夏多內白酒變得更圓潤醇厚。

除了釀成干白酒，夏多內葡萄也很適合釀製成氣泡酒，是法國香檳區的主要品種之一，全球主要氣泡酒產區也常採用，以香檳區的白丘(Côte des Blancs)最著名。釀成干白酒的夏多內以布根地的伯恩丘(Côte de Beaune)最均衡細緻。美國加州和澳洲則以出產口味甜潤、橡木桶香氣濃重的夏多內白酒聞名。

麗絲玲 Riesling

原產德國萊茵河流域的麗絲玲是德國、甚至全世界最優良細緻的品種。雖然因耐冷，適合種植於大陸性氣候，但是麗絲玲卻是比較晚熟的葡萄品種，所以在德國大多種植於向陽斜坡地上，才能趕在冬季來臨前成熟。麗絲玲白酒常有明顯的品種特性，香味濃，以淡雅的花香混合著水果與礦物香氣爲主，也常有火石與汽油的氣味，因爲不適合在橡木桶中釀造，很少帶有木香。酸度強，但常能與酒中的甘甜口感相平衡，豐富、細緻、均衡而且耐久存。除了生產干白酒，麗絲玲也非常適合釀造貴腐甜白酒，香濃甜膩，有非常優異的品質，即使甜度高也能以高酸度保持均衡，最濃甜者可經數十年的陳年。

麗絲玲在世界各地的種植相當普遍，以萊茵河谷所產最爲著名，如德國的萊茵高和摩塞爾(Mosel)以及法國的阿爾薩斯(Alsace)。另外奧地利的品質也相當高。在東歐與烏克蘭也有大面積的種植。新世界產區以澳洲的克雷兒谷(Clare Valley)和紐西蘭南島最著名。在德國，爲了和麗絲玲的高酸味均衡，除了干白酒外也常釀成帶甜味的半甜型白酒。

Riesling Italico又稱爲Welschriesling，在東歐常被誤稱爲麗絲玲，其實是另一品質普通的品種。

白蘇維濃 Sauvignon Blanc

白蘇維濃原產自波爾多產區，適合溫和的氣候，特別喜歡生長在石灰質土。主要用來製造多果味、早熟、簡單易飲的干白酒。白蘇維濃的酸味重，香味非常濃，常有一股青草味，接近黑醋栗的葉芽或鼠尾草的味道，也常會出現貓尿和百香果香味，偶而會出現花香與火藥

上：夏多內。
中：麗絲玲。
下：白蘇維濃。

味。白蘇維濃適合採用低溫浸皮法釀造，常出現芒果與鳳梨果香。在法國，羅亞爾河上游的松塞爾(Sancerre)和普依-芙美(Pouilly-Fumé)是最著名的產區，不混其他品種。波爾多以及西南部也很多，但常混合榭密雍(Sémillon)釀造，貝沙克-雷奧良(Pessac-Léognan)是最著名的產區，多經橡木桶發酵培養，圓潤細緻且耐久存。偶而也釀造貴腐甜酒，但因香味太濃，只少量混合。

白蘇維濃在其他產國也很常見，以紐西蘭南島的馬爾堡(Marlborough)產區最著名，有非常清新多酸多果味的表現。在澳洲與加州則表現白蘇維濃較為濃膩的一面，常被稱為 Fumé Blanc。

榭密雍 Sémillon

原產於波爾多，是當地主要的白葡萄品種。榭密雍雖非流行品種，也很少單獨裝瓶，但在智利和澳洲等地都有大規模種植。榭密雍適合溫和的氣候，產量大，葡萄皮薄，糖分高，但容易氧化。釀成干白酒時品種特性不是很特別，酒香淡，口感厚實，酸度經常不足，所以大多混合白蘇維濃補其不足。在波爾多的貝沙克-雷奧良產區以橡木桶發酵培養，可豐富其酒香且較耐久存。澳洲獵人谷(Hunter Valley)出產的榭密雍也很特別，提早採收，酸味高、酒精低，經多年瓶中培養後，有獨特的蜂蠟與檸檬香氣。

榭密雍的專長在於生產貴腐甜酒，因皮薄容易讓貴腐黴穿透，葡萄中的水分容易蒸發，提高葡萄糖分的含量，也讓酸味更濃縮，並讓葡萄產生蜂蜜及糖漬水果的香味。釀成

的濃郁甜酒非常耐久放，波爾多南邊的索甸(Sauternes)是最著名的產區。

白梢楠 Chenin Blanc

白梢楠原產於法國羅亞爾河的安茹(Anjou)區，適合溫和的海洋性氣候，在石灰質和砂質地各有不同的風味。釀成的葡萄酒常帶有蜂蜜和花香，口味濃，而且酸度強，可以釀成品質佳的干白酒和氣泡酒，也適合釀製貴腐甜白酒，是一個多功能的葡萄品種，在法國只產於羅亞爾河中游的安茹和土倫(Tourain)兩區，甜酒以萊陽丘(Côteaux du Layon)的Quarts de Chaume 和Bonnezeaux最為著名，因為酸味高，非常耐久。干型酒以莎弗尼耶(Savennières)的品質最高，也有久存潛力。土倫地區的梧雷(Vouvrey)則以出產包括氣泡酒在內的各式白酒聞名。白梢楠在南非開普敦和加州亦相當普遍，大多用來釀造一般餐酒。

維歐尼耶 Viognier

因為香味而受注意的品種，原產法國隆河谷北部的恭得里奧(Condrieu)，雖然風格特殊，但維歐尼耶易染病，產量小且不穩定，不太容易種植。適合涼爽溫和的氣候，喜好火成岩土。釀成的干白酒顏色金黃，香味濃郁豐

上：榭密雍。
中：白梢楠。
下：維歐尼耶。
左上：格烏茲塔明那。

富，年輕時經常有紫羅蘭、水蜜桃和杏桃的香氣，口感厚實甘甜，酒精重，但酸味低，適合趁年輕時品嘗。在法國東南部、加州及澳洲有少量種植。恭得里奧是最佳產地。除了干白酒，也偶而釀成遲摘甜酒，有濃郁的香氣。

格烏茲塔明那 Gewürztraminer

原產於義大利，因為香氣奇特，相當普遍，在部分地區又稱為Traminer。屬早熟品種，較不適合過於炎熱的氣候。葡萄皮顏色粉紅或淡棕色，釀成的酒色金黃甚至微帶桃紅，香味非常獨特濃郁，主要有玫瑰、荔枝和香料等等。酒精含量高，但酸度則經常不足。主要用來生產干白酒，口味圓潤帶甘甜。在特殊年份也可以釀成遲摘或貴腐甜白酒。德國、法國阿爾薩斯、瑞士、奧地利及義大利北部是主要產區，但在東歐、美國與紐澳也有種植。

希爾瓦那 Sylvaner

原產於奧地利的希爾瓦那，是德國常見的品種，特別是在萊茵黑森(Rheinhessen)、弗蘭肯(Franken)和法茲(Pfalz)等區，法國的阿爾薩斯以及瑞士、奧地利和義大利北部亦有種植。屬於早熟的品種，很適合濕冷的氣候，產量大且穩定，有不錯的酸味，香氣以清新的果香為主，多釀成簡單的日常干白酒，德國以弗蘭肯區所產最為著名。

米勒-土高 Müller -Thurgau

米勒-土高是全球最著名且種植最廣的人工配種葡萄，一八八二年由米勒博士(Hermann Müller)在瑞士Thurgau用麗絲玲和夏思拉(Chasselas)配種而成。不僅耐寒、成熟快，而且產量非常高，是德國種植最廣的品種。酸度及品質都遠不及麗絲玲，釀成的白酒還算可口，口感柔和，以果味為主，略帶一點蜜思嘉(Muscat)的香味，不太適合久存，一般僅適合釀製普通的日常餐酒。

蜜思嘉 Muscat

因為歷史已經數千年，又稱為麝香葡萄的蜜思嘉已經演化成兩百多個品種，其中以Muscat à Petits Grains和Muscat Alexandria最著名。所有蜜思嘉葡萄都有一個共通點，就是香味非常濃郁獨特，包括玫瑰花香、荔枝以及甜熟的鳳梨與芒果等熱帶水果香氣。蜜思嘉的口感圓潤，酸味低，跟香味一樣

討喜，但不耐久放，也少了均衡與細緻。蜜思嘉常被用來製造香濃的甜酒，如法國隆格多克及胡西雍地區(Roussillon)產的天然甜葡萄酒(Vin Doux Naturel)，義大利西西里和薩丁尼亞的Moscado Passito、西班牙的蜜思嘉甜酒(Moscatel)等等，南部的馬拉加更以曬乾的蜜思嘉釀成甜酒。蜜思嘉偶而也製成干白酒，以阿爾薩斯最著名。也常製成半甜型的

左下：希爾瓦那。
中：蜜思嘉。
右上：米勒-土高。

上：灰皮諾。
中上：蜜思卡得。
中：白于尼。
下：馬爾瓦西。
右：巴羅米諾。

氣泡酒，如義大利西北的Muscato d'Asti和Asti Spumante。

灰皮諾 Pinot Gris

原產自法國的灰皮諾和黑皮諾同一家族，嚴格說，不太能算是白葡萄，因為皮的顏色常呈現粉紅或棕紅色。也因此，釀成的白酒顏色較為金黃，甚至帶一點點粉紅，酒精濃度高，除了果香外，具香料味，相當濃厚，酸味雖稍低一點，但相當堅實，頗耐久存。以法國阿爾薩斯出產最著名，也可釀成遲摘或貴腐甜酒。在德國也很常見，稱為Ruländer或Grauburgunder，主要產自巴登(Baden)和法茲兩地。義大利北部也是主要的灰皮諾產區，當地稱為Pinot Grigio，和阿爾薩斯相反，大多是口味清淡，以新鮮果香為主的簡單干白酒。近年來在美國以及紐西蘭也有具規模的種植。

蜜思卡得 Muscadet

原產於布根地，現只種植在羅亞爾河下游的南特地區(Nantes)。蜜思卡得的酸度強，有時帶點鹹味和微量的氣泡，酒香以花香、青蘋果與礦石味為主。當地傳統會將發酵完的酒和死酵母一起培養，讓清淡的蜜思卡得多一點圓潤，稱為Muscadet sur lie。不會因久存而使品質提高，要趁年輕時趕快飲用。

白于尼 Ugni-Blanc

原產於義大利中部，稱為Trebbiano，雖然品質平凡，但種植相當普遍。因酸度高，產量大，香味不多，口感常顯得清淡，一般多蒸餾成白蘭地，是法國干邑白蘭地最主要的品種。

此外也是日常普通餐酒的主要原料。在義大利有許多用白于尼單獨釀造的白酒，如Trebbiano di Romagna；也常被用來和其他品種混合，例如在Soave白酒中和Garganega混合。

馬爾瓦西 Malvoisie

和蜜思嘉一樣，馬爾瓦西也是有數千年歷史的品種，所以有許多別種。原產於小亞細亞，在古希臘時期就已經相當受歡迎，現在希臘還有種植，主要釀造成甜酒。馬爾瓦西相當耐乾熱，所以在環地中海地區都有種植，香味濃郁，有不錯的酸味，可以釀成干型或甜白酒。在義大利及西班牙都還相當常見，如利奧哈的白酒和Cava氣泡酒就常有馬爾瓦西，另外也是葡萄牙馬得拉酒的重要品種。

巴羅米諾 Palomino

原產於西班牙南部的巴羅米諾喜好炎熱乾燥的氣候，是釀造雪莉酒最主要的品種，種植於當地的白色石灰質土Albariza上可以保有不錯的酸味。有95%的雪莉酒都是用這個原產的白葡萄品種所釀成。巴羅米諾因為口味平淡，香味不足，不太適合用來釀造一般的干白酒，但製造雪莉酒耗時的培養過程卻讓巴羅米諾有很好的表現。在葡萄牙、南非和澳洲也有具規模的種植，除了釀造葡萄酒，也用來製造白蘭地。

| 第3章 |

葡萄酒的釀造

▌由左至右：人工採收、篩選葡萄、去葡萄梗。

葡萄酒的釀造原則非常簡單，在酵母的運作下，將葡萄汁的糖分轉化成酒精就可以成為葡萄酒。不過，在歷經數千年歷史的演進之後，葡萄酒的釀造方法已經變得非常多元而複雜，是一門非常專業的學科。葡萄的品種和產區決定了葡萄酒的風味，但葡萄酒的釀造方法更決定了葡萄酒最後所呈現的模樣，同樣的葡萄可以因方法不同而被釀成不同樣貌的葡萄酒。釀酒技術在二十世紀歷經了許多改變，但是新的技術卻不一定完全取代過去的傳統，現在全球主要產區的葡萄酒釀造方法，都多少遵循著一定的傳統釀製原則，並非完全來自釀酒師異想天開式的創意。這一份對傳統的延續與轉化，正是葡萄酒文化中最珍貴的所在。

葡萄酒釀造的重要步驟
1．採收

雖然葡萄的採收屬於葡萄農的工作，但是何時採收卻經常是釀酒師要肩負的重責大任。這個看似簡易的決定，其實相當複雜，而且還要靠幾分運氣。在採收季逐步接近的時候，釀酒師就必須注意葡萄成熟的狀況，瞭解葡萄的酸味與糖分，並且分析兩者消長的比例和速度，這是做為何時開始採收的重要參考資訊，因為讓葡萄完全成熟並且保有足夠的酸味，是釀造好酒的基本條件。

如果是釀造紅酒，葡萄皮的厚薄、單寧與色素的含量也要加入考量，不同的品種、不同的葡萄園以及不同年齡的葡萄樹，其成熟的時間都不盡相同，時間差可能長達一個月，釀酒師必須一起規劃，分區採收。因為採收季的天氣可能隨時改變，每年氣象變化的預測，也同樣是釀酒師做出最佳採收決定時要考量的因素，即使現在氣象預報比過去精確，但還是要靠三分運氣才行。

2．發酵前的準備

採收後的葡萄運回酒莊後，要進入酒槽開始發酵之前，必須先進行幾項發酵前的準備工作。

篩選 sorting

採收後的葡萄有時夾帶葡萄葉，未熟或腐爛的葡萄也可能摻雜其間，特別是在條件比較不好的年份，注重品質的酒莊都會進行嚴格的篩選，不過，以機器採收的葡萄則完全無法做篩選，必須在採收前用人工先剪掉品質不佳的葡萄。過去篩選的工作直接在葡萄園或在運葡萄的車上進行，但現在葡萄大多以桶子分裝，運回酒莊後，將葡萄倒在輸送帶上再以人工汰選。用水清洗會增加不必要的水分，而且葡萄皮上的酵母菌也會流失，通常葡萄都不經過清洗就直接釀造。

破皮 crush

葡萄首先進入破皮去梗機，先擠壓破皮，讓葡萄汁流出來。由於葡萄皮含有單寧、紅色素及香味物質等重要成分，所以在發酵之前，特別是紅葡萄酒，必須破皮

擠出葡萄果肉，讓葡萄汁和葡萄皮接觸，以便讓這些物質溶解到酒中。破皮的程度必須適中，以避免釋出葡萄梗和葡萄籽中的油脂和單寧，影響葡萄酒的品質。並非所有葡萄都會經過破皮，例如許多白葡萄就常採用直接榨汁，不另外破皮，有些紅酒也會採用整串葡萄釀造，同樣不需要破皮就直接放進酒槽。沒有破皮的葡萄會延緩酒精發酵的啟動，讓發酵的時間增長。

去梗 destem

破皮的葡萄接著除掉葡萄梗。存於葡萄梗中的單寧澀味重，特別是還未完全成熟時常帶有刺鼻的草味，會影響葡萄酒的細緻表現，現在除了整串葡萄的釀造法外，大多會全部去除。不過仍然有酒莊在釀紅酒時保留一部分的梗，讓澀味不足的葡萄多一點單寧。釀造白酒時也可能保留葡萄梗，以利榨汁時讓葡萄汁較易流出。

榨汁 press

因為不需和葡萄皮泡在一起釀造，所有的白葡萄酒都在破皮去梗後馬上進行榨汁，紅酒的榨汁則是在發酵之後才進行。榨汁是白酒釀造上相當重要的過程，壓力的大小以及時間的長短，都會影響葡萄汁的品質與風味，太快或壓力太大，容易出現苦味和梗味。傳統採用垂直式的壓榨機，因為壓力大，在釀造冰酒或貴腐甜酒時最常使用。現在多採用水平氣囊式壓榨機，可依釀酒師的需要自動進行榨汁。葡萄一般都只壓榨一次，只有在釀甜酒或廉價白酒時才會壓榨第二次。

去泥沙 setting

壓榨後的白葡萄汁通常還混雜有葡萄碎屑、泥沙等異物，容易引發變質，在發酵之前須用沉澱的方式去除，由於葡萄汁中的酵母隨時會開始發酵，產生二氧化碳妨礙沉澱，所以沉澱須在低溫下進行以抑制酵母。

發酵前低溫浸皮 cold maceration & skin contact

在進行發酵之前，讓葡萄皮和汁泡在一起幾天的時間，可以加深顏色，增加葡萄酒的水果香味，有些酒莊在釀造紅酒時會先泡幾天再開始發酵，但為了抑制酵母的運作，必須在低溫中進行，並加二氧化硫防止氧化。在釀製白酒時也有酒莊讓葡萄汁和葡萄皮泡在一起，但時間僅有數小時，而且溫度要非常低，以免泡出單寧澀味。這樣的方法一般可以增加白酒的水果香氣。

濃縮、加糖和放血 concentration、chaptalization and bleeding

在天氣不是很好的年份，葡萄的成熟度不足時，有些酒莊會用加糖的方式提高葡萄酒的酒精濃度，不過並非所有的產區都能夠加糖，只有在氣候比較寒冷涼爽的地方才會被允許。除了提高酒精濃度，也有酒莊採用濃縮機除掉一部分葡萄汁中的水分，讓釀成的酒變得更濃一點，目前最常用的是逆滲透的方法。酒精太多的葡萄酒，也可以用同原理除掉一部分的酒精。除此之外，有些酒莊在釀造紅酒時，會在浸皮前取出一部分的葡萄汁，稱為放血，目的

上：紅酒榨汁。
中左：白酒發酵。
中右：白葡萄汁。
下左：逆滲透濃縮。
下右：淋汁。

二氧化硫 SO2

二氧化硫是葡萄酒製造時使用最廣泛的化學藥品，幾乎所有的葡萄酒都必須添加，特別是含有糖分的葡萄酒必須添加更多，以免在裝瓶後發生二次發酵的意外。二氧化硫具有殺菌和抗氧化功能，可防止葡萄或葡萄汁感染細菌和氧化，常用來控制酵母菌和乳酸菌。也普遍用於其他食品的保存上。二氧化硫具揮發性，含量過高時會讓葡萄酒產生如腐蛋般的難聞氣味。

是在提高葡萄皮和汁的比例，讓酒的顏色和味道更濃。至於流出的葡萄汁則可釀成粉紅酒。如果酸味不足的年份，有些酒廠也會在酒中添加酸味。

3．酒精發酵

除了有些白酒會在小型的橡木桶中進行酒精發酵，大部分的葡萄酒都是在釀酒槽內釀造，傳統使用開口式的木造酒槽，後來也出現保溫效果特別好的水泥酒槽，現在也有許多酒廠採用方便的不鏽鋼槽。

酒精發酵是釀造過程中最重要的轉變。其原理可簡化成以下的形式：

```
                酵母菌
葡萄中的糖分 ──────→ 酒精（乙醇）＋ 二氧化碳 ＋ 熱量
```

葡萄所含的糖分主要為葡萄糖，因屬單糖，可直接由酵母菌發酵成酒精，不像穀物等澱粉類的原料屬於多糖，需經過酵素糖化成單糖或雙糖的程序才能發酵。通常葡萄皮的表面即附著許多酵母菌。酵母菌必須處在10℃到32℃間的環境下才能正常運作，溫度低則酵母活動速度較慢，能保有較細緻的香味，但若太低則發酵會半途中止；溫度高則發酵快，但太高卻反而會殺死酵母菌，使酒精發酵完全中止。一般干型酒發酵在一到三星期左右完成，釀造貴腐甜酒時則可能延長到一個月以上。

一公升的葡萄汁中大約17公克的糖可發酵成1%的酒精，所以要釀成酒精濃度12%的葡萄酒，葡萄汁中的糖分濃度要達到每公升204公克。一般干型的白酒和紅酒，酒精發酵會持續到所有糖分皆轉化成酒精為止，至於甜酒的釀造則是在發酵的中途加入二氧化硫抑制酵母菌以停止發酵，保留部分糖分在酒中。酒精濃度超過15%以上也會中止酵母的運作，加烈葡萄酒即是運用此原理釀造。

酒精發酵除了製造出酒精外，還會產生甘油和酯類，甘油可使酒的口感變得圓潤甘甜，更易入口，一般葡萄酒每公升大約含有5到8公克左右，貴腐甜酒卻可高達25公克，讓口感更加甜潤。酵母菌中含有可生產酯類物質的酵素，發酵的過程會同時製造出各種不同的酯類物質。酯類物質是構成葡萄酒香味的主要元素。

浸皮 Maceration

葡萄皮裡含有單寧和紅色素，是紅葡萄酒顏色和澀味的主要來源，所以如何萃取出這些藏在葡萄皮裡的物質，是釀製紅酒時相當關鍵的課題。在酒精發酵進行的同時，和葡萄汁浸泡在一起的葡萄皮也開始釋出顏色和單寧，但隨著發酵產生的二氧化碳，葡萄皮會被推到酒槽頂端，浮在葡萄汁上較難萃取。有些釀酒師會進行踩皮(pigeage)，用腳或機器將葡萄皮壓入酒中；也有釀酒師會採用淋汁(pumping over)，將葡萄汁從酒槽底端抽出來，淋到浮在上端的葡萄皮上，以提高萃取的效果。浸皮時間的長短也會影響酒的顏色和澀味，時間越久，通常顏色越深，味道也越澀。

發酵完成之後，白酒會換到另一個酒槽，以便和沉澱的酒渣分開。紅酒在發酵完成後，也是先將發酵好的葡萄酒換到另一酒槽，稱為自流酒，剩下的葡萄皮內仍含有葡萄酒，還要進行榨汁，稱為榨汁酒，兩者分開存放。

4．發酵後的培養與成熟

剛完成發酵的葡萄酒有如嬰兒一般，需要經過培養，才能成為美味的佳釀，有些頂尖的葡萄酒常需要兩年以上的時間才能裝瓶上市。在這段期間，釀酒師運用各種釀造的技藝，在時間的催化下，讓酒的風味變得更醇美協調。葡萄酒的培養經常在橡木桶中進行，因為橡木桶壁可以讓空氣緩慢地滲入酒中，使酒變得更柔和，橡木的香味也會融入酒中，增添葡萄酒的香氣。

乳酸發酵 malo-lactic fermentation

完成酒精發酵之後，葡萄酒可能會開始乳酸發酵。其原理是葡萄酒中的蘋果酸在乳酸菌的作用下轉化成乳酸以及二氧化碳。由於乳酸的酸味比蘋果酸低很多，

1. 橡木釀造酒槽。
2. 浸皮。
3. 換桶。
4. 調配。
5. 蛋白凝結澄清。
6. 裝瓶。

同時穩定性高，所以乳酸發酵可使葡萄酒酸度降低且更穩定，較不會變質，但葡萄酒的新鮮果香也會因此而減少。乳酸發酵比較難由人為控制，大約在20℃到25℃的溫度之間最容易啟動，如果酒精發酵後天氣太冷，通常要到隔年春天回暖後，葡萄酒才會自行進行乳酸發酵。不過，並非所有葡萄酒都會進行乳酸發酵，特別是一些適合年輕時飲用的白酒，會特意加二氧化硫或以低溫處理的方式，抑制乳酸發酵，特意保留高酸度的蘋果酸以及新鮮果味。

調配 blending

不同的品種以及來自不同葡萄園的葡萄常常分別釀造，成為風味不同的葡萄酒。有些酒莊的釀酒師會根據這些酒的特性，將不同的葡萄酒以一定的比例混合起來，以提高葡萄酒的品質，讓酒的口味更豐富多變，或更均衡協調。透過調配的技術也可以讓葡萄酒更能表現出酒莊特有的風格。

換桶 racking

每隔幾個月，儲存於桶中的葡萄酒必須抽換到另一個乾淨的桶中，以去除沉澱於桶底的沉積物。這個程序同時還可讓酒稍微接觸空氣，以避免難聞的還原氣味。近年來也有人認為沉澱物中含有死掉的酵母，可以提高酒的圓厚度，所以盡量減少換桶的次數。

黏合過濾 fining

黏合過濾的原理是利用陰陽電子產生的結合作用，在沉澱的過程中進行過濾。在酒中添加含陽電子的物質，如蛋白、明膠等，與葡萄酒中含陰電子的懸浮雜質黏合，因比重增加開始沉澱，並連帶吸附其他溶於酒中的雜質，達到澄清的效果。此種方法會輕微地減少紅酒中的單寧，但對葡萄酒品質並不會有太大影響。

酒質穩定 stabilization

酒中的酒石酸遇到溫度低於-1℃時，會形成結晶狀的酒石酸化鹽(tartrate)，雖然這樣的結晶不會影響葡萄酒的品質，但有些酒廠為了美觀因素，還是會在裝瓶前進行低溫處理，預先形成酒石酸化鹽沉澱後去除，讓酒更穩定。

過濾 filtration

在葡萄酒裝瓶之前，通常會經過過濾，以確保葡萄酒的清澈，但過濾的過程卻可能也過濾掉酒中珍貴的物質，讓葡萄酒的特殊風味減少或甚至喪失，所以最好採用較輕微的過濾法。現在也有酒莊強調不經過濾，以保留葡萄酒的原味。

裝瓶 bottling

葡萄酒在裝瓶的過程中因為經過幫浦抽送、過濾以及添加二氧化硫，常常會暫時失去均衡和原有的風味，通常需要幾個月的時間才會慢慢恢復，所以完成裝瓶的葡萄酒通常會再儲存一小段時間，才會貼上標籤上市銷售。

酵母菌

葡萄外皮上就含有酵母菌，這些原生的酵母菌種因產區而異，而且同一粒葡萄皮上就附有多種不同的酵母菌。有許多酒莊特別強調讓這些原生酵母菌自然發酵，但也有酒莊偏好採用人工培養出來的酵母菌，因為人工酵母不僅容易控制，而且可以釀出特定風味的葡萄酒。另外，也有專用於甜酒、特別適合在超濃的糖分中發酵的酵母菌種。

白葡萄酒的釀造過程

1.採收

白葡萄比較容易氧化，採收時必須儘量保持果粒完整，以免葡萄汁流出時氧化而影響品質。

2.破皮、榨汁

採收後的葡萄必須儘快進行榨汁，白葡萄榨汁前通常會先進行破皮的程序以方便壓榨，有時也會進行去梗的程序，不過整串葡萄直接壓榨的品質更好。此外，用紅葡萄釀造的白酒則一定要直接榨汁。

為了避免將葡萄皮、梗和籽中的單寧和油脂榨出，壓榨時壓力必須溫和平均，而且不要過分翻動葡萄渣。

3.澄清

在進行酒精發酵之前，必須先去除葡萄汁中的雜質，傳統方式採用低溫沉澱法，約需一個晚上到一天的時間。澄清後的葡萄汁則依酒莊的選擇放入橡木桶或酒槽中進行酒精發酵。

4.橡木桶發酵

傳統白酒發酵是在橡木桶中進行，由於容量小、散熱快，雖無冷卻設備，但控溫效果卻相當好。此外，在發酵過程中，橡木桶的香氣會溶入葡萄酒中，使酒香更豐富。一般清淡的白酒並不太適合此種方法，釀製

的成本也相當高。

5.酒槽發酵

白酒發酵必須緩慢進行，以保留葡萄原有的香味，而且可使發酵後的香味更加細膩。為了讓發酵緩慢進行，溫度必須控制在18℃到20℃之間。發酵完成之後，白酒的乳酸發酵和培養可依酒莊喜好在橡木桶或是酒槽內進行。釀造甜白酒時，在糖分還沒完全發酵成酒精之前，透過添加二氧化硫或降低溫度中止發酵，即可在酒中保留糖分。

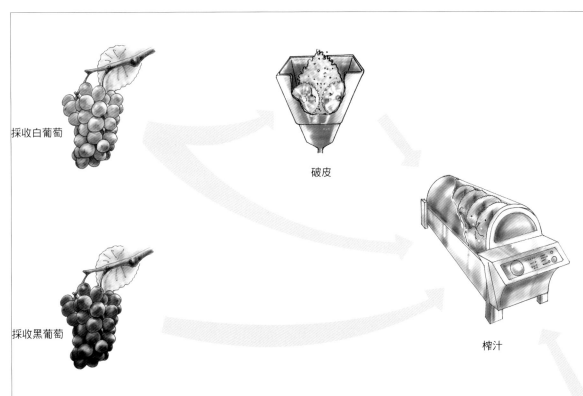

採收白葡萄

採收黑葡萄

破皮

榨汁

發酵前低溫浸皮法

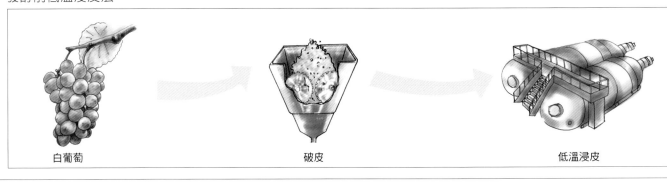

白葡萄　　　　　　破皮　　　　　　低溫浸皮

6.橡木桶培養

橡木桶中發酵後，死亡的酵母(lees)會沉澱於桶底，釀酒工人會定時攪拌讓死酵母和酒混合，此法可使酒變得更圓潤。由於桶壁會滲入微量的空氣，所以經桶中培養的白酒顏色較為金黃，香味更趨成熟。

7.酒槽培養

白葡萄酒發酵完之後，還需經過乳酸發酵等程序，使酒變得更穩定。由於白酒比較脆弱，培養的過程必須在密封的酒槽中進行。乳酸發酵之後會減弱白酒的新鮮酒香以及酸味，一些以新鮮果香和高酸度為特性的白葡萄酒，會特意抑制乳酸發酵。這種酒的結構通常較脆弱，最好趁新鮮儘早飲用。

8.裝瓶前的澄清

裝瓶前，酒中有時還會含有死酵母和葡萄碎屑等雜質，必須去除。白酒澄清的方法有許多，比較常用的有換桶、過濾、離心分離器和黏合過濾法等等。過度的過濾雖會讓酒穩定清澈，但也會減低酒的風味。

發酵前低溫浸皮法

葡萄皮中富含香味分子，傳統的白酒釀製法直接榨汁，儘量避免釋出皮中的物質，大部分存於皮中的香味分子都無法溶入酒中。發酵前進行短暫的浸皮過程，可增進葡萄品種原有的新鮮果香，同時還可使白酒的口感更濃郁圓潤。但為了避免釋出太多單寧等酚類物質，浸皮的過程必須在低溫下短暫進行，同時破皮的程度也要適中。

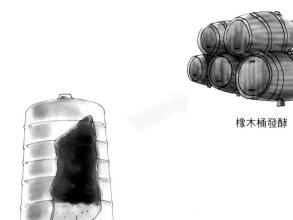

橡木桶發酵

橡木桶培養

裝瓶

酒槽發酵

澄清

酒槽培養

紅葡萄酒的釀造過程

1.破皮去梗

紅酒的顏色和口味結構主要來自葡萄皮中的紅色素和單寧，所以必須先破皮，讓葡萄汁和皮接觸以釋出這些酚類物質。葡萄梗的單寧較粗澀，通常會除去，有些酒廠為了加強單寧的澀味，會留下一部分的葡萄梗。為了延遲發酵的速度，也有酒莊不破皮去梗，直接用整串葡萄釀造。

2.浸皮與發酵

完成破皮去梗後，葡萄汁和皮會一起放入酒槽中，一邊發酵一邊浸皮，傳統多使用無封口的木造或水泥酒槽，現多使用自動控溫不鏽鋼酒槽。較高的溫度會加深酒的顏色，但超過35℃以上就可能會殺死酵母，並喪失葡萄酒的新鮮果香，所以溫度的控制必須適度。發酵時產生的二氧化碳會將葡萄皮推到釀酒槽頂端，無法達到浸皮的效果，可用人工腳踩、機器攪拌，或直接用會自動旋轉的酒槽，讓皮和汁能夠充分混合，另外也有用幫浦將酒抽到酒槽頂端進行淋汁。浸皮的時間越長，釋入酒中的酚類物質及香味物質越濃。當酒精發酵完成，浸皮達到預期的程度之後，就可以把葡萄酒導引到其他酒槽，這部分稱為自流酒。葡萄皮的部分還含有少量的葡萄酒，須經過榨汁取得。

3.榨汁

如果浸皮的時間不是非常長，葡萄皮榨汁後所得的榨汁酒一般比較濃厚，單寧和紅色素含量高，但酒精含量反而較低。釀酒師通常會保留一部分榨汁酒添加入自流酒中，以混合成更均衡與豐富的葡萄酒。

4.酒槽中的培養

完成酒精發酵後，只要環境合適，葡萄酒會在培養槽中開始乳酸發酵，並且開始進入培養的階段。紅葡萄酒的培養過程主要是為了讓原本較粗澀的口感變得柔和，香氣變得更豐富，有更細膩均衡的風味。此外，

採收黑葡萄

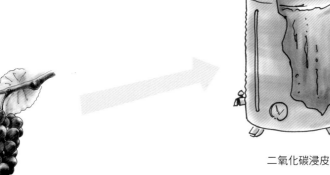

二氧化碳浸皮

破皮去梗

浸皮與發酵

榨汁

培養的過程也可以讓酒質更穩定。

5.橡木桶中的培養
大部分高品質的紅酒在發酵完成後，都會經過一段時間的橡木桶培養，橡木桶不僅可以增添來自木桶的香氣，並提供葡萄酒緩慢氧化的儲存環境，讓紅酒不會氧化變質，反而變得更圓潤和諧。培養時間長短依據酒的結構、橡木桶的大小新舊而定，通常不會超過兩年。依需要會進行換桶，讓酒跟空氣接觸，同時去掉沉澱在桶底的酒渣。為避免桶內的葡萄酒因蒸發產生的空隙加速氧化，每隔一段時間須進行添桶的工作。

6.澄清
紅酒是否清澈，跟酒的品質沒有太大的關係，除非是因為細菌感染使酒混濁。但為了美觀，或使酒結構更穩定等因素，通常還是會進行澄清的程序。釀酒師可以從過濾、凝結澄清與換桶等方法中，選擇適當的澄清法。

二氧化碳浸皮法
carbonic maceration

這種釀法的特點是將完整未破皮也未去梗的葡萄串，放入完全密封、且充滿二氧化碳的酒槽中數天，然後再進行榨汁和發酵。因為葡萄皮和葡萄汁的接觸不多，酒中的紅色素和單寧都比較少。用這個方法製成的葡萄酒顏色淡，果香重，沒有太多澀味，柔和順口，常被用來製像薄酒來新酒(Beaujolais Nouveau)等適合年輕時飲用的清淡型紅葡萄酒。

粉紅酒

粉紅酒的釀造法和口感比較接近白酒，用黑葡萄直接榨汁或是經過短暫的浸皮，是最常用的兩個方法，前者較為清淡，後者的口味則較為豐富，顏色也比較深。通常粉紅酒都適合年輕時就喝，不宜久存，也很少經橡木桶培養。只有少部分粉紅酒是用紅酒和白酒相混而成，例如法國的粉紅香檳。

發酵

榨汁

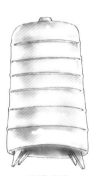

酒槽培養

橡木桶培養

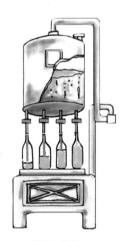

澄清、裝瓶

氣泡酒的釀造過程

1.採收

氣泡酒首重爽口的酸味，葡萄不用太熟就可採收，葡萄皮的顏色不深，所以即使是釀造白氣泡酒，黑葡萄或白葡萄都適合採用。不過，採收時必須注意保持葡萄的完整並且避免氧化，比釀造紅酒時更需要由人工採收。

2.榨汁

為了避免葡萄汁氧化及釋出紅葡萄的顏色，氣泡酒通常都是使用完整的葡萄串直接榨汁，榨汁的壓力必須非常的輕柔。不同階段榨出的葡萄汁會分別釀造，先

榨出來的糖分和酸味比較高，之後的葡萄汁酸味較低，也比較粗獷。

3.發酵

氣泡酒的發酵和釀造白酒時一樣，沒有太多的差別，只需低溫緩慢進行即可。氣泡酒的香氣主要來自於瓶中的二次發酵和培養，通常會使用較中性的酵母，以免香氣太重。

4.酒槽培養與調配

在瓶中二次發酵之前須先進行酒質的穩定，包括乳酸

發酵和去酒石酸化鹽等，之後還要進行酒的澄清。為了維持一定的品質與風格，氣泡酒常會混合不同產區和年份的葡萄酒，由釀酒師調配出特定的品牌風味。

5.添加糖和酵母菌

酒精發酵的過程會產生二氧化碳，氣泡酒的釀造法是在已釀成的酒中加入糖和酵母，然後在封閉的容器中進行第二次的酒精發酵，發酵過程產生的二氧化碳被封在瓶中，就成為酒中的氣泡。每公升添加4公克的糖約可在酒中產生1大氣壓壓力的氣泡，香檳區添加的份量大概在每公升21公克左右。

採收白葡萄

榨汁

採收黑葡萄

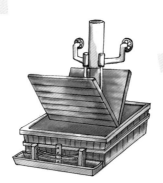

傳統榨汁

酒槽培養

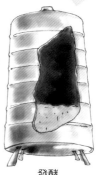

發酵

酒槽中二次發酵法

傳統瓶中二次發酵的生產成本很高，價格較低廉的氣泡酒只好在封閉的酒槽中進行二次發酵，將二氧化碳保留在槽中，去除沉澱後即可裝瓶，比傳統製造法經濟許多，此法又稱為夏馬法(Charmat method)，但品質不及瓶中發酵細緻。

6.瓶中二次發酵及培養
在瓶中進行二次發酵的方法起源於香檳，原稱為香檳製造法，現為避免混淆，只要不是在香檳製造，都改稱傳統製造法(méthode traditionnelle)。將添加了糖和酵母的葡萄酒裝入瓶中後封瓶，在低溫的環境下發酵，約10℃左右最佳，以釀造出細緻的氣泡。發酵結束後直接進行數個月或數年的瓶中培養。

7.人工搖瓶
瓶中發酵後，死掉的酵母沉澱於瓶底，雖可提升香氣和口感，但為了美觀，上市前必須除去。釀好的氣泡酒不能換瓶，所以除酒渣並不容易，傳統是由搖瓶工人每日旋轉八分之一圈，且抬高倒插於人字形架上的瓶子，約三星期後，所有的沉積物會完全堆積到瓶口，以利酒渣的清除。

8.機器搖瓶
為了加速搖瓶過程及減少費用，已有多種搖瓶機器可以代替人工，進行搖瓶的工作。

9.開瓶去除酒渣
為了自瓶口除去沉澱物而不影響氣泡酒，動作必須非常熟練才能勝任。較現代的方法是將瓶口插入-30℃的鹽水中，讓瓶口的酒渣結成冰塊，然後再開瓶利用瓶中的壓力把冰塊推出瓶外。

10.加糖與封瓶
去酒渣的過程會損失一小部分的氣泡酒，必須再補充，同時還要依不同甜度的氣泡酒加入不同份量的糖，例如brut型的糖分每公升在15克以下，半干型(demi-sec)則介於33～50克之間，甜型(doux)則是50克以上。因為壓力大，氣泡酒必須使用直徑更大的軟木塞來封瓶，而且還要用金屬線圈固定住。

添加糖和酵母菌

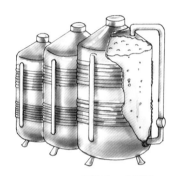

酒槽中二次發酵

裝瓶

瓶中二次發酵及培養

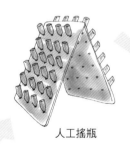

人工搖瓶

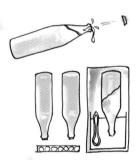

開瓶去除酒渣

機器搖瓶

加糖、封瓶

加烈葡萄酒的釀造過程

1.採收

加烈酒的種類非常多，紅白都有，釀造法也非常多元，通常味道比較重，酒精也比一般葡萄酒高，而且以甜型居多，常會採用非常成熟的葡萄釀造。有些雪莉酒甚至在採收後還經過日曬提高葡萄的糖分，再進行榨汁。

2.發酵

加烈葡萄酒發酵前的準備和發酵過程，和一般的紅白葡萄酒類似，唯一不同的是，釀造甜型的加烈酒在酒精發酵未完成時，即加入酒中止發酵。

3.加酒精停止發酵

酒精發酵若於中途停止，尚未發酵成酒精的糖分便留在酒中，所以大部分的加烈葡萄酒都是甜的。一般甜酒是透過添加二氧化硫或降低溫度而停止發酵，加烈酒則是添加酒精使酒精濃度提高到15%以上，使酵母菌難以繼續存活，發酵便可中止。

添加酒精的時刻因酒的種類而異。甜白酒通常直接加在發酵酒槽，干白酒在糖分全部發酵成酒精之後再添加。甜紅酒則是在進行發酵和浸皮時加入；有時，在發酵停止之後，葡萄皮還會繼續浸泡一陣子之後再進行榨汁。

4.橡木桶中的培養

添加過酒精之後，葡萄酒的結構變得更穩定，不易因氧化而變質，可以經得起更長時間的橡木桶培養。加烈酒的培養時間長短相差很大，最長甚至可達數十年。在培養的過程中，葡萄酒逐漸氧化，香味濃郁且帶有變化豐富的老酒香氣。

5.酒槽中的培養

有些加烈葡萄酒以豐富的甜熟果味取勝，放入橡木桶中培養反而會失去新鮮果味，通常只在酒槽內進行短暫的培養就裝瓶上市。

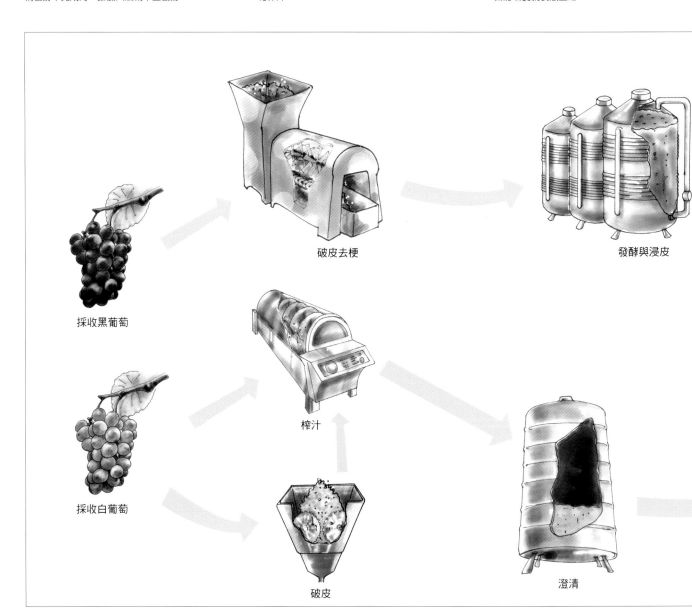

採收黑葡萄

採收白葡萄

破皮去梗

榨汁

破皮

發酵與浸皮

澄清

6.裝瓶

跟氣泡酒一樣，為了有穩定的品質、更均衡協調的風味以及表現一致的廠牌風格，許多加烈酒在裝瓶前需經過調配，採用不同年份的葡萄酒混合而成。

蜜思嘉甜酒

蜜思嘉種葡萄新鮮時即擁有玫瑰花及荔枝等濃郁的香味，經常被用來製作加烈甜酒。但蜜思嘉甜酒雖屬加烈酒，卻很少作橡木桶培養，因為氧化的過程會讓蜜思嘉甜酒喪失新鮮果香，所以從採摘開始到裝瓶，都必須注意避免氧化，通常也不會採用橡木桶培養。

榨汁

酒槽培養

加酒精停止發酵

裝瓶

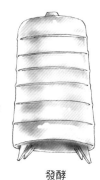

發酵

加酒精停止發酵

橡木桶培養

| 第3章 |

橡木桶中的培養

在鐵器時代，歐洲的居爾特人(Celte)就已經開始使用木桶作為許多物品運輸的工具。羅馬時期，居住在今日法國境內的高盧人承繼了這項傳統之後，歐洲各地開始普遍採用木桶，除了運輸商品外，也用來運輸和儲存葡萄酒，在此之前，葡萄酒大多裝在陶瓶中儲存。到了十九世紀，玻璃瓶逐漸大量使用之後，橡木桶就不再作為葡萄酒的容器。

不過，橡木桶並沒有因此在葡萄酒業中消失，反而有更重要的用途。因為人們發現裝在橡木桶的葡萄酒會變得更好喝，於是橡木桶成為釀造與培養葡萄酒的重要工具。全世界所有著名的高級紅葡萄酒都必須在橡木桶中儲存培養一、兩年的時間，許多高等級的白酒也以橡木桶做為發酵的工具。即使當代釀酒技術已非常先進，葡萄酒的印象卻始終和橡木桶這已存在數千年的容器分不開，各種不同的木材都曾被用來製成儲酒的木桶，如栗木、杉木和紅木等等，但都因為木材中所含的單寧太過粗糙，或纖維太粗、密閉效果不佳等因素，沒有被選為儲酒木桶的材料。現在，幾乎所有作為酒類培養的木桶都是用橡木製成的。

橡木桶對葡萄酒的作用

橡木桶對葡萄酒的影響非常多元，不僅橡木內的物質會溶入酒中增添香氣和味道，透過適度和緩的氧化，也會讓剛釀成的酒變得更圓熟，口感更協調。不過，並非所有來自橡木桶的影響都是正面的，如何恰如其分地運用橡木桶來釀酒，是釀酒師的重要課題。

適度的氧化

橡木的木質細胞具有透氣的功能，可以讓極少量的空氣穿過桶壁，滲透到桶中，使葡萄酒產生非常緩慢的氧化作用。過度的氧化會使酒變質，但緩慢滲入桶中的微量氧氣卻可以柔化單寧，讓酒更圓熟，同時也讓葡萄酒中新鮮的水果香味逐漸醞釀成豐富多變的成熟酒香。巴斯德曾經說過「是氧氣造就了葡萄酒」，可見氧氣對葡萄酒成熟和培養的重要。因為氧化的緣故，經橡木桶培養的紅葡萄酒顏色會變得比儲存前還要淡，而且色調偏橘紅；相反地，白酒經儲存後則顏色變深，色調偏金黃。在橡木桶中儲存越久，氧化的程度就會越明顯，比較淡的酒通常不適合儲存太久以免過度氧化。

空氣可以穿過桶壁，同樣地，桶中的葡萄

▌ 上：為防蒸發使酒氧化，需經常進行添桶。
▌ 中：橡木桶中的培養可讓葡萄酒變得更柔和。
▌ 右：經過橡木桶培養的葡萄酒常會帶有煙燻與木桶香氣。

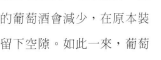

酒也會穿過桶壁蒸發到空氣中。所以儲存一段時間之後，桶中的葡萄酒會減少，在原本裝滿葡萄酒的桶中留下空隙。如此一來，葡萄酒氧化的速度會變得太快，無法提高品質。因此每隔一段時間，釀酒工人就必須進行添桶(topping)的工作，添入葡萄酒將橡木桶完全裝滿、不留空隙。

來自橡木桶的香味和單寧

橡木桶除了提供葡萄酒一個適度的氧化環境外，橡木內含的香味分子也會溶入葡萄酒中。在製作橡木桶時，為了提高橡木的彈性，桶匠會用炭火燻烤橡木，以使木桶定位成形。燻烤過的橡木會產生奶油、香草、烤麵包、烤杏仁、煙燻味、咖啡和巧克力等香味。當葡萄酒裝入橡木桶中，這些特殊的香氣就會溶入酒中，讓葡萄酒的香味更加豐富。不過，橡木的香味如果太多，則會掩蓋葡萄酒原有的自然香氣。不同燻烤程度會讓橡木桶產生不同的氣味，重烘焙的木桶煙燻味比較重，通常較適合用來培養口味濃重的紅酒。

全新的橡木桶對酒的影響最明顯直接，除非是個性非常強的葡萄酒，通常只採用一部分的新橡木桶來培養葡萄酒，其他則搭配採用已經存過其他葡萄酒的舊桶，以免味道太重。橡木內含有許多單寧，而且單寧的質感非常粗澀，溶入酒中會讓酒變得很澀而難以入口。所以製造過程中，橡木塊須經多年的天然乾燥，讓單寧稍微柔化而不會影響酒的品質，另外燻烤的過程也有柔化橡木單寧的功效。

橡木桶中的發酵

橡木桶也可被用來作為發酵的酒槽，至今偶而還可以看到用傳統的巨型橡木發酵酒槽釀造紅葡萄酒。白葡萄酒的發酵則大多是在225公升的橡木桶(barrel/barrique)中進行，除了自然控溫的優點外，發酵後的白酒直接在同一桶中和死掉的酵母一起進行培養，死酵母的水解可以釋放讓酒變得更圓潤甘甜的物質。為了讓死酵母能和酒充分接觸，釀酒工人必須依照古法，定期用棒子伸進橡木桶中攪動，稱為攪桶(lee stirring)。

橡木桶的新舊和大小

橡木桶的大小會影響適度氧化的成效，因為容積越大，每一單位的葡萄酒所能得到的氧化效果就越小。另外橡木桶的新舊對酒的影響也有差別，桶子越新，封閉性越好，帶給葡萄酒的木香越多。釀酒師可依據所需，選擇適當的橡木桶，例如要保持紅酒新鮮的酒香，可選擇大型的橡木桶cask（或法文的foudre），不僅不會成熟太快，且不會有多餘的木香。現在一般最常見的是波爾多225公升裝的barrique，以及布根地採用的228公升的pièce橡木桶。

橡木桶並不是只為葡萄酒帶來好處，如果是未清洗乾淨或太過老舊的橡木桶，不僅會將霉味、腐木等怪味道帶給葡萄酒，甚至還會造成過度氧化，使酒變質。此外，品質較差的橡木會將劣質的單寧帶到葡萄酒中，反而讓酒變得乾澀難喝。而且不是所有的葡萄酒都適合在橡木桶中培養，例如適合年輕時即飲用的葡萄酒，經橡木桶培養反而會失去原有怡人的清新鮮果香，甚至還可能破壞口味的均衡感。口感

清淡、酒香淡雅的葡萄酒更要避免放入橡木桶中培養，以免橡木桶的木香和單寧完全遮蓋了葡萄酒珍貴的味道。

橡木桶的製造

橡木桶的製造過程耗時且需複雜手工，許多法國製造廠至今仍遵古法手工製作，有時一個工人一天僅能完成一兩個木桶。因為耗時費工，使得橡木桶的價格非常昂貴。

1.橡木的來源

橡木的種類有數百種，其中只有三種因防水性佳而適合製造成橡木桶。三者中，Quercus sessiliflora和Quercus robur是歐洲品種，白橡木(Quercus alba)則是產於美洲，含有更多的香草香，但單寧的澀味較重。十九世紀時，法國和斯洛維尼亞就以生產優質的橡木桶著名。法國著名的橡木產區眾多，西部Limousin產區的橡木年輪較寬，單寧較多，主要用來儲存干邑白蘭地。中部的Nièvre和Allier產區以出產年輪緊密、單寧較溫和的橡木著名，聞名的Tronçais森林即屬於此區。此外，布根地的金丘省和阿爾薩斯的弗日山脈(Vosges)兩個產酒區也出產優質的橡木。

2.劈成木片

因為用鋸的方式會破壞木頭的年輪和纖維，整段的橡木必須用人工斧劈的方式劈成木片。美洲白橡木因為通氣孔較少，不會有防水性的問題，可採用機器電鋸的方式製作。

3.乾燥

橡木片在製桶之前必須置於室外，進行至少三年的乾燥程序。此過程除了可以增加橡木的防水性外，還可以柔化橡木中單寧的澀味。為了時效和經濟的緣故，也有採用烘乾爐烘乾，但防水和柔化單寧的效果都不太好。

4.組合

經過乾燥的橡木，裁成中寬末窄的木條後，即可開始木桶的組合。一般一個橡木桶需要32片左右的木條，其中較寬的一塊將來會穿一個裝酒的洞。組成裙狀的木條會先用鐵圈固定住一端。由於橡木加熱之後彈性增加，所以散開的另一端在加熱後可以彎曲成弓狀，用鐵圈套住後，橡木桶的雛形就大致完成。

5.加熱、燻烤

橡木加熱的方式可使用蒸氣或熱水，此外，若燃燒瓦斯或木屑則同時有加熱和燻烤的效果。此過程除了方便木桶的組合外，也會改變橡木的化學成分，間接地影響裝入其中的葡萄酒。燻烤的過程會讓橡木留下燻烤味，為酒帶來烤杏仁、麵包等香味。燻烤時，火的大小和時間的長短也會造成不同的效果。

6.裝蓋、檢驗

組合後的橡木桶雛形還須在兩端各加上也是用橡木做成的桶蓋，為提高防水效果，桶蓋的橡木間會緊夾一層蘆葦桿。經檢驗密封效果和最後修飾後，製作的過程就算大功告成了。

1：法國橡木。2：劈成木片。3：自然風乾。
4、5：組合木桶。6：燻烤。

| 第 5 章 |

如何保存葡萄酒

葡萄酒有如具有生命一般，在裝瓶之後還會繼續成長、改變。而且更有趣的是，每一款酒熟成的速度和成熟後所表現的風味都不一樣，讓葡萄酒因為加入了時間的深度，變得更豐富多變。不是所有葡萄酒裝瓶後馬上就適合飲用，有些酒隨著時間會變得越來越美味，但也有許多葡萄酒不太能經得起時間的考驗，要越早喝越好。壽命最短的像薄酒來新酒，只能維持幾個月的時間，但是有些加烈酒，即使百年以上也還能保有美味。

我們可以依據過去累積的經驗，約略預測出一瓶酒何時品嘗最好，但卻很難精確地說出最佳適飲期，也很難確定何時會壞掉不能喝，一切唯有開瓶時才能揭曉，也因此，葡萄酒是少數不用標示保存期限的飲料。不過，雖然存在著不可知的意外，卻讓每一次的開瓶都能保有懸疑的張力，這也正是葡萄酒和其他飲料不同的地方。

陰暗、涼爽、潮濕而且恆溫的理想儲酒窖。

瓶中的成熟與儲存條件

一瓶葡萄酒是否耐久存、值不值得等待，和酒的品質與風味有絕對的關聯，但是，葡萄酒對儲存環境的溫、濕度等等的容許度比較窄，存放的條件改變，葡萄酒的味道也會跟著改變。也就是說，同樣一批酒，放在不同的酒窖就會變化出不同的風味。如何適當地選擇或建立儲酒的環境，也是品嘗美味葡萄酒的重要前提。

葡萄酒的儲存

雖然有些葡萄酒非常耐久存，但事實上葡萄酒是相當脆弱的，如果保存的環境不佳，不僅品質會變差，甚至很快就會變質壞掉，所以想要收藏儲存葡萄酒的人，一定要先找到條件適合的儲酒場所。在溫帶氣候區，陰暗濕冷的地窖是儲存葡萄酒的最佳場所，可以讓葡萄酒在涼爽的恆溫中慢慢熟成。台灣夏季炎熱，將葡萄酒存在地窖也不一定保險，裝置自動調節溫濕度的儲酒空間似乎是唯一的解決辦法。如果沒有適當地點可儲存，買回家的葡萄酒要儘快喝完。

1.溫度

酒窖最理想的溫度約在10到15℃左右，不過最重要的是溫度須恆長穩定，因為溫度變化所造成的熱脹冷縮最易讓葡萄酒滲出軟木塞外，使酒加速氧化。所以只要能保持恆溫，5℃到20℃其實都可接受，不過太冷的酒窖會

使葡萄酒的成長變緩，須等待更久的時間；反之，如果溫度太高，則葡萄酒的成熟速度會加快，可能減少細緻的變化。通常地下室的恆溫效果最好，入口處最好設在背陽處以免進出時影響溫度。瞬間的溫差變化也應該注意，酒窖與室溫相差太大，在取出葡萄酒時，對比較敏感的葡萄酒也會產生傷害，所以自動控溫的酒窖或酒櫃最好在夏季時將溫度略微調高一點。

2.濕度

70%左右的濕度對酒的儲存最佳，太濕容易使軟木塞及酒的標籤腐爛，太乾則容易讓軟木塞變乾失去彈性，無法緊封瓶口。雖然以台灣的氣候來說，大部分的時間濕度都會超過70%，但是降溫的冷藏設備，例如冷氣或冰箱，都會降低濕度，所以如果濕度太低，可利用水盆裝潮濕的砂子或木屑來改善。

3.光線

酒窖中最好不要留任何的光線，因為光線容易造成酒的變質，特別是日光燈、鹵素燈和霓虹燈，最容易讓酒產生還原變化，發出濃重難聞的味道。香檳酒和白酒以及用無色玻璃瓶裝的酒對光線最敏感，要特別小心，最好放在底層較少光線的地方。有些葡萄酒櫃會採用玻璃門的設計，最好選擇能防紫外線的玻璃。

4.通風

葡萄酒像海棉般，會將周圍的味道吸到瓶中去，酒窖中最好能夠有點通風，以防霉味太重，不過最好不要有風流。洋蔥和大蒜等味道重的東西也最好避免和葡萄酒放在一起。同

陳年的雪莉酒。

理，存在冰箱中的葡萄酒最好不要放太久，以免冰箱的味道滲透到酒裡。

5.震動

即使不瞭解實際的原因，但過度的震動會影響葡萄酒的品質，經過長途運輸的葡萄酒通常都須經過兩三天以上的時間才能恢復原本的品質。所以除非必要，還是儘量避免將酒搬來搬去，或置放在經常震動的地方，老年份的酒更要特別小心。

6.擺置

傳統擺放葡萄酒的方式是將酒平放，讓葡萄酒和軟木塞接觸以保持其濕潤。因為乾燥皺縮的軟木塞無法完全緊閉瓶口，容易造成漏酒，加速酒的氧化。

7.位置

即使在同一酒窖中的儲存條件也有些微的差別，例如較高的位置溫度比較高且光線較亮。安排時可將較耐存，如波特酒或耐久存的紅酒放於高處，而將香檳或白酒等較敏感的葡萄酒置在底層。

短期簡易儲酒法

如果只是短期數個月內的保存，有一些方法可以讓酒比較不會受到傷害。高溫對葡萄酒的傷害不及極端溫差變化來得大，要避免因開關冷氣或日夜溫差的影響，可以將葡萄酒存在保麗龍箱內，如果能在裡面放一杯潮濕的沙子，還可具有保持濕度的功能。用紙包起來，放在較不常開關的儲藏室或壁櫥的最底層與地面接觸的地方，也有類似的功能。冰箱雖然溫度太低而且過於乾燥，但不失為理想的短期存酒地點，將葡萄酒用紙包住，灑一點水，再包進塑膠袋內封起來，然後放入冰箱最底層的蔬果保鮮盒內，可以達到低恆溫、潮濕又免除冰箱雜味的多重優點。

葡萄酒在瓶中的成熟變化

裝瓶後的葡萄酒會隨著時間逐漸成熟，之後開始老化，最後變質壞掉。每一款酒都有自己的生命旅程，隨著時間展露不同的風味。

顏 色 的 變 化

隨著儲存時間的加長，白酒及粉紅酒的顏色會逐漸加深，紅酒則變得越來越淡。通常白酒年輕時為淡黃色，明亮略帶綠色光澤。因為白酒的黃色素和微量的單寧氧化後會逐漸變為棕色，白酒成熟後綠色反光會消失，變成稻草黃或金黃。再過幾年，將變為土黃色或甚至琥珀色，大部分干白酒有這種顏色時都已經太老，只有少數的貴腐甜酒或加烈酒可能還相當美味。

紅酒年輕時色深且偏藍紫，彩度高帶光澤。但是之後顏色逐漸變淡，色調偏黃，而且顯得暗淡無光。紅酒中的紅色素在老化過程中會產生聚合作用，凝聚後沉澱於瓶底成為酒渣，使得顏色變淡；同時氧化的過程讓原本無色的單寧逐漸變黃，最後成為棕色。因為這兩個原因，原本的深紫紅色將轉變成櫻桃紅或醬紅色，然後依序變為赭紅色、磚紅、橘紅，最後成為棕色。

酒 香 的 變 化

葡萄酒在成熟過程中變化出的酒香，是最引人入勝的地方。酒香一般可分為三種：葡萄原有的果香、葡萄經發酵產生的香味和陳年酒香。隨著時間，前兩種香味將慢慢消失，然後被陳年酒香(bouquet)所取代。葡萄酒在成熟過程中逐漸產生的揮發酸和酯化物，是陳年酒香形成的主要原因。一瓶酒若無法久存，就很難出現陳年酒香。

白酒年輕時以花香和果香為主。較耐久存的白酒成熟後會逐漸變為過熟或水煮的水果，之後杏仁、核桃等堅果香味也將慢慢出現。更老的白酒則有肉桂和荳蔻等香料味，以及蘋果皮、焦糖、蕈菇等氧化氣味。紅酒香味也是由新鮮果香轉化成濃重熟果香，同時成熟後也會出現香料、濕地和動物味。開始老化的紅酒則會出現茶葉和稻草等香氣，最後出現腐木、普洱和蕈菇等氣味。

口 味 的 變 化

葡萄酒中的酒精、酸和糖分的含量在裝瓶後變化並不大，只是隨著時間，酒的均衡感會稍有變化。紅酒因為含有單寧的緣故，口味改變較多，因為單寧隨著時間產生的變化最明顯。單寧構成紅酒的澀味，因為是抗氧化物，可以讓葡萄酒更耐久存，適合長期儲存的紅酒在年輕時的單寧含量很多，澀味重。不過單寧也會在葡萄酒熟成的過程中產生聚合作用，凝結成較大的分子，而減少酒中單寧的澀味，讓酒喝起來更順口。至於太老的紅酒，因為具有柔化單寧功能的一些酚類物質紛紛沉澱，口感反而又會變得乾澀。

經過瓶中儲存而完全成熟的葡萄酒，所含的各元素會彼此互相融合成一體，變得更和諧豐富。例如原本酸味高的葡萄酒會因熟成的過程變得更順口。經過此階段，葡萄酒就要開始走下坡，失去迷人的香味，出現不太可口的氣味，口感的均衡也會跟著消失，酒精會越來越主導味覺，出現灼熱感，最後成為一瓶乾澀貧瘠、毫無魅力的平庸液體。

第6章

葡萄酒的年份

氣候會影響葡萄的生長，這些因素包含溫度、日照時數、雨量和濕氣，因此每年不同的天氣變化自然左右著葡萄酒釀成的風格，特別是在寒冷或天氣不穩定的地區，年份之間的差異更為顯著。由於每年出產的酒都不一樣，酒標上標示葡萄收成的年份就相當具有參考意義。從十七世紀末葡萄酒開始被裝在玻璃瓶中銷售後，葡萄酒的年份就開始具有商業上的價值。

天氣變化比較規律穩定的地區，不同年份間的差別比較少。有的產區則依循年份的變化，釀造不同類型的葡萄酒，一些特殊的葡萄酒只有在當年氣候條件適合時才會生產，例如葡萄牙波特酒產區的特優年份波特酒(Vintage Port)、德國的冰酒(Eiswein)、香檳區的年份香檳(Champagne millésimé)，以及阿爾薩斯區的選粒貴腐甜白酒(SGN)等，都是只有在特殊年份才生產。

雖然品質佳的葡萄酒大部分都標有年份，但也有例外，如無年份的香檳(Champagne non-millésimé)、經多年橡木桶培養的酒精強化葡萄酒，或是某些酒莊特別推出混合不同年份的特殊產品。

對釀造者來說，每個年份都有其獨特之處，但是酒評家還是會針對每個年份提出評價，使得每個年份的價格有高低的差別。一般而言，好的年份在生長季與採收季都要有充足的陽光，要夠溫暖，但也不能過熱，平時降雨適度且平均。秋季採收時最好乾燥無雨，確保葡萄不受病菌感染。

各品種的葡萄對氣候條件的要求不同，成熟期也不同。例如採收時的高溫有利於黑葡萄的成熟，但同樣的條件卻常讓白葡萄的酸度不足，釀成的白酒柔弱、缺乏特性，因此同一區裡紅酒的好年份，對於白酒可能只是普通的年份，因此，紅白酒分開評價是有必要的。此外，即使位於同一產區，因小區域的氣候變化、各葡萄園的自然條件等，會有完全不同的表現。例如波爾多的聖愛美濃區，在二〇〇三年遇上異常乾熱的天氣，土質含較多黏土的葡萄園保水性較佳，反而可以釀造出品質好的葡萄酒，砂質與礫石地的表現相較之下便遜色許多。每一產區的年份評價僅可做為參考，而不是絕對的指標。

特優年份的葡萄酒價格常常比普通的年份高出許多。好年份的酒通常較濃郁、豐富且較耐久存，需要花較長的時間才能達到成熟適飲期，如果太早飲用，可能反而比不上正值成熟期、且價格低廉的普通年份。選擇年份除了考慮好壞，是否成熟適飲也要一併考慮。

▌右：一九八九年份貝沙克-雷奧良大部分的酒莊無論紅、白酒都相當精采。

▌左：每一個年份的氣候條件都被葡萄酒記錄在酒的風味之中，封存在酒瓶裡。布根地酒商Champy一八五八年的Chambertin。

| 第 7 章 |

品嘗葡萄酒的方法

　　多元多變而且有許多細微變化的葡萄酒，
特別值得仔細地品嘗。西方世界歷經長遠的葡
萄酒歷史，逐漸積累成一套獨特的品嘗方法。
雖然每個人都可以用自己的方法來喝葡萄酒，
但是透過這套品嘗法，卻可以更清楚詳細地感
受到葡萄酒的風味和特色。這套方法不僅用於
專業的品酒，即使平時飲酒時也很適合採用，
只是以更輕鬆、較不拘形式的方式進行。

　　葡萄酒的品嘗主要分為三個部分，分別和
不同的感官有直接的關聯。首先用眼睛進行觀
察，其次用鼻子聞酒的香氣，最後才是味覺的
品嘗。透過感官的分析之後，品嘗者就可以根
據觀察所得對葡萄酒做出評價。因為每一個人
的味覺感應不完全相同，對葡萄酒的喜好也有
差異，即使是品酒專家，對葡萄酒的看法仍多
少都帶有主觀的評斷，無法絕對客觀。

　　完成三步驟的感官分析之後，品酒的最後
步驟是針對三種感官觀察做一整合性的分析，
也就是顏色、香味和口感之間是否相互搭配協
調。此外，評估酒的試飲期與尋找適合搭配的
菜肴也是相當重要的，可做為日後品嘗與挑選
的參考（請參考 Part I第5章與第8章）。許多
人飲酒的主要目地只在於享受葡萄酒帶來的香

年輕的白酒通常顏色非常淡，略帶一點黃綠色。

醇和美味，採用品酒法喝酒似乎會過於嚴肅而
失去享樂的氣氛。不過，葡萄酒最吸引人的地
方，就在於有著變化多端的繁多種類與精采的
細微變化，選擇依循既成的品酒方法，除了可
以省去摸索的時間，還可以更精確地掌握葡萄
酒的豐富多變和精巧細節。

視覺的觀察

　　視覺的觀察是品酒的第一步，透過葡萄酒的顏色掌握品種、釀造法、年份和酒齡等訊息。品酒時最好準備純白的桌布或紙張，讓葡萄酒位在眼睛和桌巾之間，以便正確地觀察酒的顏色變化。

澄淨度

　　健康淺齡的葡萄酒通常很澄清，陳年後會開始出現酒渣，這是自然的現象，並不會影響酒的品質。健康的酒通常是明亮的，當酒變得渾濁或出現長條及霧狀物體時，很有可能已經變質了。葡萄酒在儲存的過程中遇到低溫時，酒中的酒石酸會形成結晶狀的酒石酸鹽，沉在瓶底或附著在瓶壁及軟木塞上。這樣的結晶在白酒中為無色透明，在紅酒中則呈深紅色。葡萄酒中出現酒石酸鹽也不會影響酒的品質和風味。要分辨酒的澄清度，只要將酒杯置於眼睛和光源之間，即可清楚地觀察。

顏色

　　顏色的觀察可分為濃淡和色調兩方面，觀察時將葡萄酒杯在純白色的背景前傾斜45度，以分辨色調和濃淡。在葡萄酒貼近杯壁的最外

緣有一圈顏色較淺的區域，稱為酒緣，其寬窄的程度也提供一些指標。通常越濃厚的葡萄酒酒緣越窄，越清淡或是越老的酒，酒緣會越寬，紅酒尤其明顯。

　　依據顏色來區分，葡萄酒大致上可以分成白酒、粉紅酒及紅酒三大類型。

白葡萄酒

　　白酒的釀造採用直接榨汁，其顏色跟葡萄的成熟度或品種較無關聯，釀造法與酒齡的影響比較大。白酒的顏色可以從無色、黃綠色、金黃色，一直變化到琥珀色甚至棕色。干白酒的顏色通常比較淺，年輕時常泛有綠光，呈淡黃色，隨著酒齡會逐漸加深。橡木桶培養過的白酒因為氧化的緣故，顏色比較深，多為金黃色。甜白酒因為採用遲摘或感染貴腐黴的葡萄，顏色深，常呈金黃色或麥稈色，陳年後可能變為古銅色或琥珀色。至於酒精強化白葡萄酒的顏色，則視橡木桶培養的時間長短而定，以酒槽培養的蜜思嘉甜白酒的淡金黃色最淡，西班牙雪莉酒中的陳年Oloroso顏色則可以深如棕色。

上：氣泡酒的氣泡講究持久和細緻。
下：酒精或糖分高的葡萄酒通常在杯壁上會留下細密的酒痕。

上：黑皮諾所釀成的紅酒通常顏色較淡。
下：粉紅酒的色調因採用葡萄品種而有所不同。

粉紅酒

粉紅酒的色調變化和採用的葡萄品種有極大的關聯，例如卡本內-蘇維濃釀成的粉紫紅色，或是格那希的鮭魚紅，仙梭(Cinsault)所呈顯的淡石榴紅。不過，粉紅酒通常混合多種品種釀造，所以顏色變化多，由顏色深淺可以分辨出釀造法，其中用黑葡萄直接榨汁的粉紅酒顏色比較淡，味道和白酒很接近；而採用短暫浸皮的方式製成的粉紅酒，顏色比較深，口味也比較重一點。一般粉紅酒都只適合年輕時即飲用，很少久存，當陳年過頭時，酒色會變成類似洋蔥皮的土黃色。

紅葡萄酒

紅酒之間的顏色差別很大，色調從黑紫色到各種紅色都有，甚至有些還會褪成琥珀色。一般而言，當紅酒年輕時，顏色越深濃，酒的味道往往越濃郁，單寧的含量通常也越高。紅酒的顏色和單寧主要來自發酵時的浸皮過程，所以通常葡萄皮的顏色越深，浸皮的時間越長，酒的顏色也就越深。顏色雖然和釀造法有關，但是葡萄本身更是關鍵，品種之間的顏色就差距很大，卡本內-蘇維濃、希哈、內比歐露等品種的顏色通常特別深黑偏藍紫，黑皮諾和格那希的顏色就會比較淺，且偏橘紅。另外葡萄的成熟度也會產生影響，越成熟的葡萄，通常釀成的酒顏色也越深，年份較差的葡萄成熟度不足時，酒色也會跟著變淡。

和白酒相反，陳年會使紅酒的顏色變淡，因為紅色素會沉澱成酒渣，色調會由紫紅色轉向橘紅色，到了老年期經常只剩淡淡的磚紅色。有些酒精強化紅葡萄酒，經過數十年的橡木桶培養之後，顏色接近琥珀色，幾乎和陳年的白酒相同。

濃稠度

搖晃酒杯之後，酒會在杯壁上留下一條條的酒痕，這種現象常被用來評估酒的濃稠性，酒越濃稠，酒痕留得越久。通常葡萄酒中的酒精與糖分含量越高，會因為表面張力和毛細現象而有越密的酒痕出現，不過這個現象跟酒杯的材質與清潔度也有關，所以只能做為參考，而不是一種分辨濃度的標準。

氣泡

氣泡的大小和持久度是氣泡酒品質的重要指標。高品質的氣泡酒通常氣泡細小而持久，在酒槽中進行二次發酵的氣泡酒會比瓶中二次發酵的氣泡來得粗大。氣泡酒中要有足夠的壓力，氣泡才會夠快、夠持久。氣泡酒在上市多年之後，會有氣泡逐漸減少的現象。氣泡的表現跟酒杯的材質與清潔度也有關，要避免使用有油漬的酒杯。除了氣泡酒之外，一些清淡且果香重的干白酒，為了讓口感更清新，會刻意在酒中保留微量的二氧化碳，有時可在杯壁上察見細微的小氣泡。

嗅覺的觀察

變化多端的香味是葡萄酒最吸引人的地方，不論是葡萄園的土質、葡萄品種、釀造方法、年份以及存放時間長短等等，都會讓葡萄酒表現出截然不同的香味。特別是上等的葡萄酒，不僅香氣豐富有特色，而且層次分明，變化多端。不過也正因如此，葡萄酒的香味經常讓人捉摸不定，每一次的品嘗都可能有不同的表現。

開瓶後，葡萄酒就開始隨著氧化程度而有不同的變化。葡萄酒倒入杯中之後，可先聞一下靜止時的酒香，以便和搖動酒杯之後的香味比較。酒與空氣快速接觸後會散發出更濃的香氣，之後每次聞香前最好先搖一下酒杯，讓酒香充分散發。搖杯的方式以與桌面平行的圈狀旋轉為原則。

葡萄酒的香味多半用生活中的香味作為描述的依據，每個人都可以依據自己熟識的香味來形容。在辨識時，先找出主香味，再慢慢找出其他附屬香味。葡萄酒的香氣除了好聞之外，也能表現葡萄酒的獨特風格，有些特殊的香氣只會出現在特定的葡萄酒裡。嗅覺觀察的重點分為濃度、品質和種類三方面，以感受葡萄酒香的濃郁度、細緻與否以及是否豐富多變等等。

每一種酒香常常具有特定的意義，在此列舉八大常見的香氣分類，並依類別分析各種香味的特性。

1 . 新 鮮 水 果 香

水果香味是葡萄酒最常出現的香味，年輕的葡萄酒大多以新鮮果香為主，隨著儲存時間增加，會逐漸變為較濃重的成熟果香。

●漿果類：年輕紅酒中相當常見的迷人果味。其中，覆盆子及蔓越莓等紅色漿果較常出現在清淡與中等濃度的紅酒；屬黑色漿果的黑醋栗及藍莓等，則多出現於味道較為濃郁的紅酒。

●櫻桃：紅酒中常有的香氣，最常出現在黑皮諾或山吉歐維列釀成的紅酒。

●黃色水果類：如水蜜桃和杏桃等，屬優質白酒特有的香味，濃郁、口味重的白酒裡最常出現。

●柑橘類：甜白酒中常出現的優雅香味，如糖漬檸檬和柳橙等。紅、白酒精強化葡萄酒中也很常見。干白酒也會有淡淡的青檸檬味。

●熱帶水果類：蜜思嘉、灰皮諾等香味特殊的白品種，常有荔枝、鳳梨和芒果等香味。甜白酒以及經過一段時期瓶中培養、口味厚實或低溫發酵的干白酒，也常會出現鳳梨、百香果等濃重香味。

●蘋果香：青蘋果是年輕干白酒經常有的香味。長期橡木桶培養的酒精強化葡萄酒，常會有熟蘋果或是氧化蘋果皮的氣味，但如果是過熟的蘋果香味，則可能是酒過度氧化的徵兆。

●香蕉：這種香味來自戊醇的揮發，不是很優雅迷人，太重時甚至會出現怪異的指甲油味。味道簡單欠特性，在清淡的新酒以及大量製造的廉價紅酒、粉紅酒中較常出現。

▌ 上：多變的葡萄酒香有時比酒味更迷人。
▌ 下：年輕的山吉歐維列和黑皮諾紅酒最常散發櫻桃的香氣。

2.水果乾與堅果

這類香味比新鮮水果有更厚重濃膩的香味，通常是出現在較濃的干型酒與大部分的甜酒中。

●糖漬水果：屬於濃重甜膩的香味，最常出現在各式的甜葡萄酒中。例如貴腐白酒陳年後常有糖漬柳橙皮的香味。

●水果乾：紅白酒精強化酒、甜白酒、貴腐白酒、風乾葡萄製成的麥桿酒等類型的葡萄酒最常有這類型的香味，尤其以葡萄乾最經常聞到。無花果乾則屬酒精強化紅酒與陳年紅酒才有的香氣。李子乾則屬陳年老紅酒的香味，保存不當、過度氧化的紅酒也會有李子乾的味道。

●堅果：杏仁、核桃、榛果等堅果香味多半出現在非常成熟的白葡萄酒中，以口味濃重的陳年干白酒和陳年貴腐白酒為主。許多酒精強化葡萄酒中也常有。但是新鮮的杏仁則可能出現在年輕的干白酒中。

3.花香

年輕的葡萄酒比較常出現花香，久存之後常會逐漸變淡消失。

●白色花：聞起來淡雅細緻，例如洋香槐花、水仙、茉莉等，常出現在年輕的干白酒和香檳中。

●紅色花：屬於較為濃重的花香，如紫羅蘭，常見於年輕的紅酒。白酒如果出現此類花香，口味通常比較濃厚，例如蜜思嘉的玫瑰花香。

●柑橘花類：出現這類香氣能讓酒香清新，比較常出現在干白酒和優質的甜白酒。例如檸檬花與柳橙花的清涼花香，可以平衡甜酒通常過於濃膩的香味。

4.香料

這一類的香味有時因為在橡木桶中培養而產生，有些葡萄品種像金芬黛、格那希和灰皮諾等也特別會有香料氣味，但更常在葡萄酒成熟之後發展出來。

●香草：葡萄酒經過新橡木桶培養後常會出現香草香，尤其是在新橡木桶中發酵培養的白酒最為明顯。

●甘草：這是紅酒中最常出現的香味之一，大部分優質紅酒多少都可以聞到甘草的香味。

●胡椒：在濃厚細膩的紅葡萄酒中比較常有這類的香味，特別是成熟或寒冷氣候區產的希哈、格那希和梅洛紅酒。

●百里香：是紅酒專屬的香味，氣味濃重。在環地中海沿岸產區出產的濃烈型紅酒中最常出現。

●肉桂：香味濃烈，在成熟的紅酒或陳年的酒精強化葡萄酒中比較常有，過熟的干白酒偶爾會出現。濃重的肉桂味也是葡萄酒氧化後容易產生的氣味。

●丁香：常見於來自炎熱產區的紅酒中，也跟使用的橡木桶有關。

5.植物性香味

葡萄酒中有許多偏植物性的氣味，這一類的香味並不如一般認為全是負面的香氣，有些甚至相當高雅獨特。

●青草味：葡萄不夠成熟或榨汁時壓力太大等因素，都可能造成刺鼻的草味，但是有些涼

上：核桃的香氣屬陳年的酒香。
中：白梢楠白酒常有的椴樹花香。
下：香料香最常出現在陳年的葡萄酒裡，但是年輕的希哈也偶而會有胡椒香氣。

爽氣候區的紅酒會帶一點淡淡的青草味，如薄荷香味，卻可以讓酒更清新有個性。

●乾草味：久存陳年後產生的香味，陳年紅白酒中都可能找到。類似的香味還有茶葉香和草藥味等。

●青椒味：屬比較刺鼻的香味，卡本內-蘇維濃葡萄成熟不足時常有這種味道。

●黑醋栗葉芽：此種味道帶有清淡的麝香味，是蘇維濃種白酒的特有香味。

●蕈菇類：屬於紅酒久存後的陳年香味，特別是成熟或有點過熟的紅酒中，常出現這樣的氣味，白酒如果有蕈菇味，通常都已經太老。蕈菇香味中最獨特的是松露的香氣，偶爾出現在成熟的頂級紅酒中。類似的香氣有濕地、苔蘚和腐葉等等，都是陳年紅酒的招牌香氣。

6 . 動 物 性 香 味

濃烈的動物性香味最常出現在成熟的紅酒中，白蘇維濃葡萄的貓尿味是少數出現在白酒中的動物性香味。而慕維得爾則是少數年輕時就常有動物味道的黑葡萄。

●皮革：上好紅酒在成熟時偶爾會出現皮革的氣味，大都出現在高品質的耐久存紅酒中。

●毛皮：動物毛皮的香味比皮革帶有更野性的香氣，常出現在風格粗獷的紅酒或是已經非常陳年的老紅酒中。

●肉乾：成熟紅酒中常見的香氣，通常伴隨著醬味。

●麝香：老化的紅酒中偶會出現的迷人香氣，少數非常老的白酒也有可能。

●汗味：過度還原的酒，有時會產生如汗味般的怪異氣味，特別是受強烈光線照射的葡萄酒。

7 . 烘 焙 燻 烤 香

這類香味直接來自培養葡萄酒的橡木桶，除了木頭的氣味與香草外，因為橡木桶的品質以及製造時燻烤程度的不同，讓儲存其中的葡萄酒產生不同的香味變化。

●可可：細緻怡人的烘烤香味，是味道濃厚的紅酒特有的香味。巧克力及咖啡香也屬於同一類。

●烤麵包：常出現在香檳、經橡木桶培養的白葡萄酒以及貴腐白酒。

●煙燻味：重烘焙的橡木桶所培養的葡萄酒很容易出現煙燻味，屬較為直接粗獷的酒香。頂級的紅酒則比較常出現菸草或雪茄盒的香氣。

經過長年橡木桶熟成而且很老的紅酒有時會散發巴薩米克醋香。

8 . 其 他 類 酒 香

葡萄酒的香氣千變萬化，任何類型的氣味都可能在葡萄酒中出現，以下是其他較為常見的酒香。

●礦物：礦石味在葡萄酒中相當常見，不論紅白酒都有，但是干白酒中最常出現，可以讓葡萄酒顯得獨特、有內涵和深度。

●火藥：來自特殊土質的干白酒特有的香味，白蘇維濃和麗絲玲都有可能出現火藥味，後者甚至會有汽油味，屬於特有酒香，並非是有缺點的香氣。

●碘：屬於相當獨特的酒香，類似海水的味道，偶爾會出現在紅酒中。

●酵母：最常出現在氣泡酒中，幾乎所有氣泡酒都帶一點這樣的氣味。

●蜂蜜和蜂蠟：蜂蜜最常出現在甜白酒以及陳年的濃厚干白酒，蜂蠟香氣則是白梢楠和胡姍(Roussanne)等白葡萄的特點。

●焦糖：濃膩型味道，通常因酒氧化所造成的氣味。

●刨木屑：培養過程產生的氣味，可能來自橡木桶或者添加的木屑。

●軟木塞：因為被藏於軟木塞中的細菌感染所造成的怪異氣味，嚴重時，會讓葡萄酒不適合飲用。

味覺的觀察

經過視覺與嗅覺的觀察之後,接下來才是將葡萄酒喝入口中,但不要馬上喝下,要讓酒停留在口中,讓味覺感受葡萄酒的味道。舌頭上的味蕾可以感受甜、鹹、酸、苦四種味道,在葡萄酒的品嘗上,酸味與甜味特別重要。除了味蕾,口中的觸覺也是品酒的重點,包括酒的濃稠度、圓潤感、單寧產生的收斂澀味、酒精產生的灼熱感以及氣泡酒氣泡的刺激等等。藉由這些味覺的觀察可以分辨出每瓶酒的濃度、均衡感、細緻程度和耐久性等特質。

由於葡萄酒入口後,酒香也會透過口鼻之間的腔道刺激嗅覺,因此酒香除了可以用鼻子聞到之外,在喝酒的時候也可以感應到酒在口中產生的香氣。為了更清楚感受這些香味,可以把酒含在口中,做咀嚼的動作,或者進一步輕輕吸氣進口中來攪動酒液,讓香味散發到整個口腔中。

經過這些步驟之後,就可以喝下葡萄酒,但品嘗並未結束,葡萄酒留下來的餘香和持久性也是品嘗的另一個重點。

▌上:紅酒中的單寧會減低口水的潤滑效果而產生澀味。
▌下:氣泡會讓葡萄酒喝起來更清新爽口。

構 成 口 感 的 元 素

甜味、酸味、酒精及單寧是構成葡萄酒口感的主要元素,它們共同構成了葡萄酒味覺上的基本架構。擁有均衡穩固的味覺架構正是一瓶好葡萄酒必備的基本條件。不過,不同種類的葡萄酒在構成味覺的主要元素也不盡相同,例如白酒中沒有單寧澀味,氣泡酒則有氣泡產生的刺激,甜酒有更高的甜味,加烈酒的酒精濃度則特別高等等,每一類的葡萄酒都各有不同形式的均衡架構。

甜味

葡萄酒中的甜味一方面來自酒中未發酵的葡萄糖和果糖,另一方面經由糖發酵產生的酒精以及發酵過程產生的甘油,也都能讓酒有更甘甜的感覺。所以即使是幾乎都不含糖分(含糖量2g/l以下)的干型酒,也能產生如甜味一般圓潤的口感。甜味可以讓葡萄酒的口感更濃厚,產生圓滑脂腴的口感,並且降低酒的酸味、澀味和苦味。但是酒中的甜度如果太高,又沒有適度的酸度平衡時,就會讓酒有如身材過於肥胖一般顯得甜膩癡肥。相反的,甜潤的滋味不足時,會讓酒顯得乾瘦貧瘠。

酸味

酸味主要來自葡萄中的酒石酸、蘋果酸和檸檬酸,以及經發酵產生的乳酸或葡萄酒變質造成的醋酸,每一種酸的特質也不相同,例如蘋果酸特別強勁粗獷,乳酸相當溫和,醋酸則顯得尖銳刺激。每一種葡萄酒都一定帶有酸味,只是程度不同,酸味多時可以讓酒嘗起來清新有活力,不足時卻又會讓酒變得平淡無力。酸也可以讓濃甜的酒降低甜膩感,卻也會增強酒的苦澀味,太酸時甚至會因刺激性太強而讓酒顯得尖細咬口。在白酒中,酸味還扮演著支撐果味與甜味的角色,而且具有保存葡萄酒的功能。

酒精

　　由葡萄糖發酵轉化而來的酒精除了會醉人之外，也會讓葡萄酒喝起來顯出溫潤與豐滿，所謂的酒體(body)通常指的就是葡萄酒中的酒精。酒精越高，酒體就越豐滿。此外，酒中的糖分和甘油越多，也會提高酒體的份量。干型酒主要還是以酒精為考量，所以一般而言，氣候越熱、葡萄越成熟的產區，釀成的葡萄酒酒精含量也越高，酒體也就越加飽滿。但是葡萄酒並非酒體越豐滿的就越好，還是要講求一定的均衡。酒精過高常會讓味覺感受到不舒服的灼熱感。

單寧

　　單寧是構成紅酒口感結構的主要元素，它會和口水中的蛋白質聚合，減低口水的潤滑效果，產生收斂性，造成澀味的感覺。像蓋房子一樣，澀味有如紅酒味道的樑柱，架構出味覺的空間，而甜潤的酒精、甘油和果味等等則是壁面和裝飾，味道濃重的紅酒如果缺少了單寧，就會像垮成一團的廢墟，再多的裝飾都會成多餘。

　　因為具有抗氧化物的功能，單寧可讓紅酒更耐久存，得以在時間的醞釀下變得更香醇。所以耐久的紅酒在年輕時通常澀味很重，口感強硬堅實，也許還不是特別可口，但卻具有潛力。在熟成過程中，單寧分子會彼此聚凝成較大的分子，這時澀味會逐漸降低，讓口感變得越柔和圓順。不過，單寧過重時會讓口感乾澀難忍，即使久存之後也不見得會變柔和。

　　單寧的質感是決定一瓶紅酒品質的關鍵，細緻的單寧即使強勁，卻可以有天鵝絨般觸感的細緻澀味，更細密的葡萄酒單寧甚至表現出如絲一般的觸感，滑細緊緻。太粗獷的單寧則會讓酒難以入口，完全失去品質，除非配合圓潤的果味修飾，否則當果味逐漸消失之後就會變得咬口。

口 感 的 平 衡

　　各個味覺元素之間必須能夠彼此平均協調，才能構成均衡的口感，而這正是一瓶好酒的必要條件。不過，這並不表示葡萄酒不能有個性太強烈的味覺表現，例如許多很酸的葡萄酒，像冰酒，也一樣能夠保持均衡，因為同時有非常甜的口感，酸與甜之間產生強烈的對比，形成非常獨特的均衡關係。

　　白葡萄酒的口感平衡主要建立在酸味與甜潤之間，干白酒即使不含糖分，也能靠酒精和甘油的圓潤口感來平衡酸度。甜白酒則可以靠酸度來平衡甜膩。紅酒因為含有單寧，平衡的建立比較複雜，由澀味、甜潤和酸度所構成，這三者的強度必須調配均勻才能有平衡感。酸度和單寧具有彼此加強的特性，酸度越高會讓單寧的澀味變得越重，所以單寧不足時可靠酸味加強酒的收斂性，增強酒的結構。相反地，甜味則會減弱酸和澀味，所以當酒中的酒精濃度提高，不僅增加甘甜的感覺，同時也會削減酸味和單寧的強度。

　　透過均衡感的分析，品嚐者可以更容易地評估出一瓶葡萄酒屬於那一種類型的口感。例如酸味高、酒精低且單寧少的，是屬於清淡爽口、不耐久存的可口紅酒，又例如酒精高、酸度低、單寧高則是屬於來自炎熱產區、肥碩豐滿、但帶點粗獷的濃厚紅酒常有的口感。透過均衡分析，可以如座標一般為葡萄酒的口感做出定位。

　　不過，如前所述，紅酒中的單寧會隨時間柔化，所以紅酒的平衡感是隨酒的成長變動的。年輕的紅酒常有單寧過多、澀味重的現象，但當單寧經培養，澀味逐漸降低後，配合酒精的圓潤，可以構築成結實豐厚的口感。

餘 香 與 餘 味

　　喝下葡萄酒之後，口中通常會留下一股餘香。餘香留存的時間和豐富性，因酒的種類和品質而有所差別。有不少人認為越好的葡萄酒餘香越持久，同時香味種類也越豐富，確實有許多成熟的佳釀，餘香可以在口中久留不散，有些香氣濃郁的貴腐甜酒甚至可以有更綿長的餘香，許多橡木桶味特別重的葡萄酒也常常可以留下綿長的木香與香草香氣。餘味是由原本口中的各種味覺感受延續而來，留下酸、甜、澀或酒精味，不同於餘香，餘味的長短和品質較無關聯。

| 第 8 章 |

葡萄酒與食物的搭配

在歐美的文化中，葡萄酒被認爲是最適合佐餐的飲料之一，雖然有人單飲，但是葡萄酒的首要角色卻是和食物一起享用，這是傳統葡萄酒產國美好生活的核心。也因此，一瓶好酒除了要經得起品嘗，更重要的，也必須經得起佐餐的考驗。葡萄酒的種類非常多，世界各地的美饌佳肴更是難以數計，兩相結合之後，讓美食的世界裡產生了更多精采的味覺經驗。安排得當的組合可以讓葡萄酒和菜肴一起增添美味。即使是口味上有些不足的葡萄酒或菜肴，也可以透過搭配的技巧，讓缺點轉成優點，讓酒和菜都變得更好吃。不過，如果選擇失當，也可能造成完全相反的效果。

搭配原則

上：加泰隆尼亞傳統甜點配老式的蜜思嘉甜酒。
下：戶外野餐需要選擇輕鬆可口的葡萄酒。

餐酒的搭配可以是一門複雜的藝術，在葡萄酒文化發達的地方，正式的西式餐廳通常會有專業的侍酒師(sommelier)爲顧客提供選酒的建議。除了最基本的要在風味上能夠協調之外，還需符應顧客的喜好以及預算。不過，挑選合適的葡萄酒並沒有想像中那麼困難，有許多簡單的原則可以參考運用。

地菜配地酒

許多歐洲的產酒區同時也都是美食區，要搭配當地風味的菜，首選的葡萄酒自然是從同產區的葡萄酒找起，通常都會有出乎意料的效果。也許因爲都是在同一地區經過許多時間累積成的傳統風味，彼此特別對味。

酒與肉的顏色

俗語流傳白酒配白肉、紅酒配紅肉的配酒通則。所謂的白肉除了海鮮魚肉和雞肉之外，豬肉和小牛肉也包括在內。紅肉則以牛羊和野味爲主，鴨肉和鵝肉通常也被列爲紅肉。因爲紅肉的味道重，常配上濃重的醬汁，自然適合選擇味道通常比較重的紅酒。白肉的味道比較淡，做成的菜肴通常跟白酒比較合得來。不過，這樣的通則卻也常造成誤解，因爲不同的作法可以讓肉類食材表現出不同的口感和滋味，許多白肉料理也很適合紅酒。不過，紅肉

料理要配白酒的機會反而就比較少。

濃 淡 相 呼 應

　　酒和菜之間的味道濃淡不能差距太大，才能為彼此增色，互添美味，兩者之間要有一定程度的均衡。口味濃重的菜，相配的酒自然也要豐厚強勁，才能與之相呼應，特別是帶甜味或濃稠醬汁的菜色，會讓淡雅細緻的葡萄酒變得清淡無味，相反的，風格精巧的菜色，要是佐配濃重粗獷的葡萄酒，則必然要蓋過細膩的味道。

協 調 的 香 味

　　不僅僅是考慮味覺上相合，葡萄酒與菜肴的香味是否協調也是選酒時要考慮的關鍵。香氣重的菜肴，最好也要有香味夠濃的葡萄酒來襯托。同樣調性又彼此互補的香氣常常是成功的關鍵。例如用有酒釀櫻桃香氣的寶石紅波特(Ruby)佐配黑森林蛋糕，或是有玫瑰與荔枝香的蜜思嘉甜酒配哈密瓜，不僅是口感，連香氣都非常契合。

酸 度

　　因為酸味，葡萄酒得以成為最佳的開胃酒或佐餐飲料，可以讓食物更清新爽口。特別是蝦蟹蚌類的生猛海鮮，最適合佐配酸味高的白酒。濃膩的菜配上酸味高一點的酒，也可以變得更均衡可口。甜食配上多酸的甜酒也能降低甜味。不過，酸度太高的食物，卻可能會破壞葡萄酒的均衡，特別是加了醋的各式沙拉以及醋漬的小菜，最好選擇粉紅酒或淡紅酒等味道中性一點的葡萄酒。

甜 度

　　帶甜味的葡萄酒通常被認為只能搭配甜食，但事實上甜酒也適合用來搭配像肥鵝肝和藍黴乳酪等濃稠且香滑圓潤的食物。一些添加水果入菜或有酸甜醬汁的菜肴也可以試試淡一點的甜酒。甜味因為有減辣的效果，所以甜酒也被用來搭配口味辛辣濃重的菜肴。帶甜味的菜通常不適合配干型的白酒或紅酒，甜味很容易讓酒變得乾瘦，除非酒的酒精或甘油含量都很高，才能配上含有些微甜分的鹹食。

單 寧

　　紅酒中特有的單寧雖然在口中會產生乾澀的感覺，卻可以柔化肉類的纖維，讓肉質細嫩。此外，單寧撐起紅酒的骨架，讓酒的口感更堅實有力，足以匹配咬感較堅韌的肉類。所以如果碰上牛排或羊排類的紅肉菜色，可以選擇單寧多一點的紅酒。不過單寧遇到太重的鹹味或甜味時常會產生些微的苦味，遇上海鮮時也有可能出現鏽味，必須小心注意。

簡 單 與 豐 富

　　法國的侍酒師普遍認為，簡單的食物適合搭配簡單的葡萄酒，口味精緻豐富的菜肴，則需要味道豐富多變的頂尖葡萄酒，才能讓食物和酒相映生輝。不過，風味過於精采複雜的葡萄酒，往往只能跟特定少數的菜色產生美味的連結；相反的，越是簡單的葡萄酒卻反而越適合佐餐，更容易和各式菜色成為好搭檔。同樣的，作法複雜、味道精巧的菜肴，要精挑細選才能找到適合的佐餐酒，但是簡單的菜色卻反而容易和大部分的葡萄酒相搭配。

香料與香草

辛香料的香味和口感有時會是葡萄酒的殺手，但是有時卻又是連結葡萄與食物的利器。添加許多香料的菜肴需要選擇香氣特別濃的葡萄酒，酒的口感最好濃一點，甚至帶一點點甜味，比較能支撐大局。此外，添加香料烹煮常能讓許多原本不適紅酒的海鮮料理也能佐配紅酒。危險的辛香料像生蒜頭或生蔥，和大部分的酒都配不來，唯一可對應的是多酒精少酸味的濃厚白酒。

烹飪酒

除了用來當佐餐酒之外，葡萄酒也經常被用來烹調。若碰上加了料酒的料理，要注意料酒和餐酒之間是否協調，口味相合。通常料理和佐餐會選用類似的酒款，以同一產區或同品種、但價格較便宜的酒來料理。不過，如果是用烈酒烹煮而且還留有許多酒精的菜肴，則不太適合搭配葡萄酒。

烹調

烹調法有時比食材本身更能影響一道菜的主要味道。幾個常見的煮法中，像油炸或油煎的方式，適合搭配酸味較高的白酒；清蒸水煮的可選擇比較精巧、少橡木桶味的酒；燉煮則最好選酒精多一點的濃厚紅酒；火烤可以考慮香氣濃一點的；而爐烤優先選擇細緻均衡的酒款。

醬汁

食物淋上的醬汁或沾醬，也是選酒時需考慮到的要點。沾醬的種類非常多，可先分辨沾醬的質地和味道之後再考慮，稠密的醬汁要盡量選擇口感強勁的酒，油滑質地的醬汁要偏圓潤的酒，肉汁較自然則可依食材選酒，酸甜型的可以選帶點甜味的酒，鹹味重的要避開單寧重的紅酒。醬汁中如有香料或料酒則可以依前述原則選擇。

▌乳酪與紅酒。

酒的次序

如同品酒時的次序，一餐若搭配多種葡萄酒時，最好把清淡不甜且簡單的酒安排在前面，白酒在前，紅酒在後，干型的酒在甜型的酒之前，循序漸進，這樣前面品嘗的酒比較不會干擾到後面的酒。西式菜色的安排也多少都按照這樣的次序，所以在酒的排序上並不太難，從爽口的開胃香檳到配海鮮類前菜的干白酒，再到配魚類主菜的成熟濃郁的白酒，以及配肉類主菜的紅酒，再接著是搭配成熟乳酪的陳年紅酒，最後才是配甜點的貴腐甜酒。不過，菜色安排也會有例外，特別是中式餐宴上，菜的搭配自有順序，如果為了搭配葡萄酒，必須略做調整。

價格

葡萄酒的價格差別非常大，由於選擇多，不見得要用很高的價格才能找到合適的酒。一種酒可以搭配許多種食物，一道菜也可以找到許多相配的葡萄酒，而且最適合的選擇通常也不見得是最貴的。越昂貴的葡萄酒通常風格也越特別，能配的菜色反而比較少。

探險精神

當葡萄酒和美食佳肴配合起來之後，葡萄酒的世界就變得更廣闊多元。雖然過去的經驗累積出許多餐酒搭配的原則，但是這些原則全都不是牢不可破的定律，唯有實際的品嘗，才能確定酒與菜是否相合。特別是任何味道上的細微改變，都可能讓餐酒的搭配產生新的可能，不僅讓我們擁有新的味覺體驗，也不時給予我們意外的新發現。

各類葡萄酒與食物的搭配

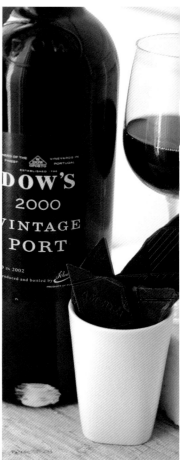

　　葡萄酒的種類繁多，以味道為主來區分，可簡略分成以下16種類型，它們在與食物的搭配上各有優點與專長。

清淡無桶味干白酒

　　干白酒口感清爽，酸度高，常有許多新鮮果味，非常適合當餐前的開胃酒。配菜的話，最適合生蠔等蚌殼類的海鮮冷盤。清淡的蒸魚，或汆燙白灼的海鮮也很對味。味道稍濃一點的，可以配簡單烹調的雞胸肉或豬里肌。乳酪方面則是常帶酸的山羊奶乳酪為最佳選擇。

甘甜濃厚型干白酒

　　雖然干白酒中不含糖分，但是葡萄酒裡的酒精和甘油卻會產生圓潤脂滑的口感，讓一些干白酒顯現甜潤可口的滋味，可以搭配更有份量的菜色。這一類以夏多內干白酒為典型，通常經橡木桶發酵培養，口感圓潤，酒香也比較濃。與龍蝦、甘貝和螯蝦、螃蟹等做成的料理在口味上很契合；比較濃的，甚至可以配生煎鵝肝等較濃膩的前菜。加了鮮奶油醬汁的魚或禽類也可選擇這類白酒。不過，因為常有橡木味，最好避免清淡作法的海鮮。

果香濃郁型干白酒

　　以格烏茲塔明那、蜜思嘉及維歐尼耶等葡萄品種釀成的干白酒，常有熱帶水果、玫瑰、杏桃等濃甜的香味，而且口感偏圓潤，酸度較低，獨特的風味非常適合用來搭配香氣重，或添加許多香料、口味奇特的菜肴。其中蜜思嘉特別適合難配酒的蘆筍，格烏茲塔明那適合配帶酸與香料味的泰式料理等等。

半甜型白酒

　　帶一點甜味的白酒，例如許多德國出產的麗絲鈴，在西式的餐飲中比較少有配菜的機會，通常只是單喝。但是，這類型的白酒和比較多辛辣味的印度菜、常帶甜味的日本料理或甚至有甜味的中式醬料，卻反而特別契合。酒中的甜味讓原本清淡的干白酒更有份量，加上原有的強勁酸味，不僅自身均衡，更可以和許多很有個性的醬汁，像咖哩、蝦醬和沙茶等搭配。此外，酸度高甜度低的甜點或以水果入菜常帶甜味的菜色，都值得一試。

甜白酒

　　甜味重的白酒有許多種類型，因為貴腐黴

┃ 上：年份波特與黑巧克力。
┃ 下：藍黴乳酪與貴腐甜酒。

左：冰酒與甜點。
右：炸蟹餅佐干白酒。

菌的作用而製成的貴腐甜酒香氣豐沛，口感極濃甜，常有濃濃的水果乾、蜂蜜以及貴腐黴的香氣，是最典型的甜白酒，波爾多的索甸是最著名的產區。通常飯後佐配甜點，也常被用來搭配肥鵝肝或是藍黴乳酪。葡萄結冰後榨汁釀成的冰酒，因為酸味和甜味都很高，很適合搭配新鮮水果製成的慕思或水果塔等。以風乾的葡萄釀成的麥稈酒或聖酒(Vin Santo)，則有較多的乾果與香料香氣，適合搭配焦糖、咖啡或核桃等乾果製成的甜點。

粉 紅 酒

干型的粉紅酒大都屬清淡型，以新鮮果香為主，簡單順口，冰涼飲用可以搭配非常多元的菜色。最適合配的是夏季清淡的食物，如生菜沙拉、涼菜類和白肉等。此外也適合搭配地中海區使用大量橄欖油和蒜頭調味的菜色。粉紅酒的口感較中性，比較不會和其他味道起衝突，所以也經常用來配加了醋或生蔥蒜等較難搭的菜肴。

清 淡 型 紅 酒

味道比較清淡爽口的紅葡萄酒，因為風格簡單自然，特別順口好喝，反而和大部分的食物都可以合得來。這些葡萄酒常見，而且便宜，像是產自法國的薄酒來、義大利的多切托(Dolcetto)、瓦波利切拉(Valpolicella)和奇揚替(Chianti)等等。這些紅酒顏色淺，新鮮果香重，單寧含量低，幾乎所有家常的簡單食物，像肉醬麵、比薩、火腿、臘腸、肝和肉醬做成的冷肉凍和淡味乳酪等等。是最實用的佐餐葡萄酒。

細 膩 型 紅 酒

以黑皮諾紅酒為代表的細緻紅酒單寧緊細，口感精巧，最適合佐配以雞肉、鵪鶉、火雞等禽類烹調成的精緻菜肴。年輕時單寧稍重，香味較簡單，可以配煎烤的牛排或小牛肉，陳年之後則相當適合雉雞等野禽料理。如果是產自寒冷地區的黑皮諾，通常口味清淡，釀成的紅酒也很適合搭配魚類料理。

雄 壯 型 紅 酒

這類紅酒顏色深黑，口感雄壯結實，單寧澀味重，很耐久放，是目前最受矚目的紅酒類型，非常適合肉類的食物，尤其是簡單煎烤的牛排、羊排和鴨胸等等。通常年輕時黑漿果香味濃，但澀味重，不是特別可口，佐配帶油脂的肉排可以變得更美味。波爾多的波雅克(Pauillac)紅酒是其中的典型代表，搭配簡單烹調的小羊排更能表現酒的高雅和豐富變化。

圓 潤 豐 厚 型 紅 酒

氣候炎熱的沿地中海區，如法國南部和西班牙是這一類紅酒的主要產區，另外澳洲與加州炎熱地區產的紅酒也有類似風格。隆河谷地的教皇新堡紅酒是典型代表。豐富的甘油和酒精讓酒的口感肥腴豐厚，最適合冬季長時間燉煮的肉類，也可搭配中式的燉肉和蹄膀。佐伴濃厚醬汁的菜肴或紅燒類的菜色也都可以嘗試。陳年時更可搭配野味和成熟的牛奶乳酪。

清 淡 型 氣 泡 酒

簡單、清爽型的氣泡酒，如果是不甜的類型，最常用來當餐前的開胃酒。佐餐的話可搭

配海鮮和清淡一點的肉類菜肴。如果是甜型的氣泡酒，則可以配水果派或蛋糕等較低甜味的甜點。

細緻型氣泡酒

產自法國的香檳是這一類氣泡酒的代表，Brut類型的香檳常有非常爽口的酸味，相當適合當開胃酒，清爽卻又強勁的口感更適合搭配蝦、蟹、魚、蚌等各式海鮮與水產料理，甚至也可以佐配更有個性或帶醬汁的肉類料理。以白葡萄釀成的Blanc de Blancs香檳，口味淡爽，以果香為主，是絕佳的餐前酒。帶甜味的香檳像半干型或是甜型，則適合餐後的水果或甜點。

粉紅香檳與氣泡紅酒

粉紅香檳也可當開胃酒，但是卻最常被用來佐配肉類料理，較成熟且比較濃厚的粉紅香檳甚至可以用來搭配滋味香濃的野味、煎烤羊排或成熟味濃的乳酪等等。義大利的氣泡紅酒Lambrusco，如果是甜度低的類型，可以搭配臘腸、生火腿和肉醬麵等義式家常菜肴。

酒精強化干白酒

最常見的是西班牙的Fino和Manzanilla雪莉酒，口味特別干，香味細緻獨特。常作為餐前酒，或是搭配生火腿、乳酪等塔巴斯(tapas)小菜。經多年陳年型的Amontillado味道濃郁，有很多乾果味，主要當開胃酒佐配橄欖花生，或當餐後酒飲用。

酒精強化甜白酒

以香味特殊的蜜思嘉葡萄釀成的甜白酒，有著香濃的新鮮水果香，這類酒精強化白葡萄酒須趁年輕時飲用，可搭配水果派和水果沙拉等甜點。若是陳年或氧化類型的甜白酒，如白波特酒或馬得拉酒，香味較濃重，適合以核桃、葡萄乾等乾果製成的甜點，也可配口感滑潤的藍黴乳酪。

紅酒鰻魚是佐配波爾多紅酒的傳統地方菜。

酒精強化甜紅酒

此類酒以葡萄牙的波特酒和法國的班努斯(Banyuls)為代表。可搭配口感圓潤的乳酪以及甜點。含有單寧和糖分的甜紅酒比任何其他葡萄酒都還適合搭配以巧克力作成的甜點。比較簡單的黑巧克力片可以選擇年輕顏色深的寶石紅波特，含有橘子或焦糖口味則比較適合較陳年波特(Tawny)，若是口味精巧豐富的巧克力糖，不妨採用特優年份的波特酒。波特酒主要用作搭配甜點的飯後酒，不過在法國也被當餐前酒飲用。此外，有些野味料理常會添加漿果煮成鹹甜帶酸的濃厚菜肴，這時也可以考慮選擇搭配甜紅酒。

| 第9章 |

葡萄酒的侍酒法

侍酒師是在餐廳中專門負責葡萄酒服務的專業工作，包括建立餐廳的酒單、提供選酒的建議以及所有有關葡萄酒的服務。

　　侍酒是西式餐飲服務重要的一環，正式的西式餐廳中常有專責的侍酒師負責葡萄酒的侍酒服務。正確的侍酒不僅讓葡萄酒表現應有的風格，甚至可以提升原有的價值和品質。但是錯誤的侍酒卻可能盡失葡萄酒的品質。所以不僅是在餐廳，即使平日的品嘗或在家佐餐都應該特別注意正確的侍酒方法。

運送

　　因為震動會暫時影響葡萄酒的品質，所以經過長途運送之後，葡萄酒最好靜置一兩天之後再飲用。短距離的移動也要儘量避免搖晃。

溫度的調節

　　溫度對於品嘗結果有著絕對的影響，因此將不同的葡萄酒在飲用前先調整到各自適飲的溫度，是重要的準備工作。紅酒在冬季可以直接以室溫品嘗，夏季應避免超過20℃，可利用冰箱降溫。白酒、粉紅酒或氣泡酒則必須放冰箱冷藏一到兩小時，慢慢降低至適飲溫度再品嘗。冰桶加入水及冰塊可讓溫度快速下降，15分鐘就可以降至8℃，但是卻會讓香氣封閉、影響品質，最好避免。

適飲期

　　葡萄酒在熟成的過程中，會產生不同的變化（請參考第5章），有的在年輕時並不可口，必須等酒熟成達「適飲期」再品嘗。只是適飲期依產區、酒莊、年份的不同而有所差異，除了依個人經驗累積評估之外，也可參考

葡萄酒的適飲溫度表

紅酒	℃	白、粉紅酒	℃	甜酒	℃
清淡富果香型	12-14	清淡型	7-10	較清淡甜紅酒	14-17
中等酒體	13-16	濃郁型	12-16	較濃郁甜紅酒	15-18
年輕單寧重紅酒	14-17	半干型	7-9	清爽型甜白酒	4-6
成熟紅酒	15-18	一般氣泡酒、香檳	6-8	蜜思嘉甜白酒	5-7
新酒	10-12	年份香檳	10-12	濃郁型甜白酒	8-10

葡萄酒指南與雜誌的建議。

開 瓶

　　大部分的葡萄酒是用軟木塞封瓶，必須使用專用開瓶器才能開瓶。開瓶器的種類相當多，最常見的是一種稱為「侍者之友」(Waiter's Friend)的開瓶器。而瓶口多有金屬或塑膠封套，也有些使用蠟封，無論使用那一種開瓶器，都必須先切開或割除這些封套。

無 氣 泡 葡 萄 酒 的 開 瓶 方 法
侍者之友開瓶器 Waiter's Friend

1.沿著瓶口突出的下緣切開封套並利用刀片勾除。
2.用沾濕的布清潔瓶口。
3.將螺旋垂直旋入軟木塞之後，以一端的支架頂住瓶口，拉起開瓶器的另一端，將軟木塞

慢慢拔出。為避免葡萄酒噴灑出來，可在軟木塞完全拉出之前停止，直接用手小心拉出軟木塞。
4.有些軟木塞會殘留細菌，使酒受到污染而產生怪味，可聞一下軟木塞是否有異味。

Ah-so開瓶器

　　當葡萄酒的軟木塞因為脆弱而不易採用螺旋鑽入方式時，Ah-so開瓶器是很好用的工具。利用開瓶器的金屬片左右搖晃插入軟木塞與瓶頸的縫隙中，全部到底後以旋轉的方式拉出軟木塞。

氣 泡 酒 的 開 瓶 方 法

　　瓶內有壓力的氣泡酒，不需使用開瓶器就可開瓶，不過在去除封套後，軟木塞容易彈飛出來，因此要特別注意安全。開瓶速度太快容

▌上：各式葡萄酒杯與醒酒瓶。
1.布根地紅酒杯(Pinot Noir, Nebbiolo)
2.Syrah杯(Shiraz, Grenache, Mourvèdre)
3.波特酒杯
4.寬身醒酒瓶
5.專業無腳品嚐杯
6.Riesling杯
7.白酒杯
8.Chardonnay杯
9.Tempranillo杯(La Rioja, Ribera del Duero, Toro)
10.波爾多杯(Cabernet Sauvignon, Merlot, Cabernet Franc)
11.雪莉酒杯
12.窄身醒酒瓶
13.Sangiovese杯(Chianti Classico, Brunello di Montalcino)
14.香檳與氣泡酒杯

▌中：Waiter's friend開瓶器。
▌下：Ah-so開瓶器。

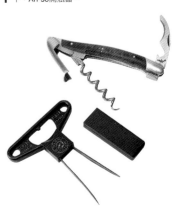

上：Waiter's Friend開瓶器的開瓶程序。
下：換瓶醒酒。

易造成巨大聲響，不僅氣泡與酒會飛濺出來，也可能影響酒的風味。撕開金屬封套後，再除去封蓋的鐵絲，然後一手蓋握住瓶塞，另一手慢慢轉動瓶身，等快轉開時，利用手勁開一縫隙讓壓力洩出後，再完全取出瓶塞。

醒酒與換瓶

葡萄酒剛開瓶時有時會顯得香氣封閉或有一些不是很乾淨的氣味，這些問題有時可以透過提早開瓶來解決。這樣的程序俗稱為醒酒。醒酒是讓酒接觸空氣，方便香氣散發出來，或除掉一些可能存在的還原怪味。不過，只是把酒打開，在狹窄的瓶口空間中，葡萄酒和空氣接觸的面積非常小，即使提早幾個小時，對整瓶酒來說，能產生的影響相當有限。如果需要讓酒有更大的改變，跟空氣有更多的接觸，可以試著進行「換瓶」。

換瓶是將開瓶後的葡萄酒倒入醒酒瓶中。醒酒瓶通常有比較寬的腰身，可以讓葡萄酒與空氣接觸的面積大增，酒倒入瓶中的過程更增加與空氣混合的機會。一瓶年輕多澀味的紅酒可以透過這樣的方式讓單寧因氧化變得較柔和可口一點。但換瓶並不一定保證酒會變得比較好喝。

陳年的紅葡萄酒經常會在瓶中留下許多沈澱物，換瓶的另一個功能就是要去掉瓶底的酒渣，此時必須先讓酒瓶直立靜置一天以上。換瓶時要在蠟燭手電筒等背景光源前進行，開瓶後，將酒緩慢且不間斷地倒入醒酒瓶中，等瓶頸一出現酒渣時馬上停止。因為陳酒比較脆弱，容易氧化，應選擇瓶身較窄的醒酒瓶以免香氣太快散失。遇到太脆弱的老酒，最好避免換瓶，以免氧化速度太快而散失香氣。

酒杯的選擇與斟酒

葡萄酒最好使用高腳杯，以避免手的溫度傳導至酒，並挑選透明無雕琢以方便觀察酒的顏色和氣泡。為了凝聚香氣，杯口最好向內縮，酒在杯中搖晃之後可以幫助香氣的散發，因此選擇夠大的杯子是必要的。有些葡萄酒產區會有傳統的杯型，許多酒杯廠也會針對不同的品種或產區設計特殊的杯型（請參考附圖），讓不同類型的酒有最佳的香氣與口感表現。為了讓酒香有足夠的空間散發，斟酒只要倒至酒杯的1/4到1/3即可，以免搖杯時溢出。氣泡酒因為酒香隨氣泡散發，較不需搖杯，可直接倒至七到八分滿，以方便觀察氣泡。

上酒的順序

先白而後紅、先淡而後濃重、先不甜而後甜、先年輕的酒而後陳年的酒是一般的上酒順序。若等級差別太大，可考慮先上普通的酒款而後再上精采的酒款。總之，要避免排在後面的酒被前一瓶酒的味道所干擾。

ISO標準杯。

Part 2
全球葡萄酒產區

曾經，葡萄酒被分為新與舊的兩個世界——來自古老歐洲，講究傳統與地方風味的葡萄酒，對比出，產自新大陸，強調行銷與市場的單一品種葡萄酒。但是，不過是二十年的光景，葡萄酒世界已經不再是新與舊的分野，而是由迎合全球化市場流行口味的無國界葡萄酒，對比出，擁有獨特風格的地方風味葡萄酒。當源自法國，強調葡萄酒反映地區風土特色的terroir理念，被各地的葡萄農貫徹到全球各地無論新舊的產區之後，一個百家爭鳴的葡萄酒新版圖已然誕生。

法國
France

在全世界所有產國中，法國不僅擁有最多元的葡萄酒風格，也是生產數量最繁多的精采葡萄酒的國家，同時也有著最多的頂尖酒莊。即使大部分新興葡萄酒產區不再刻意模仿法國葡萄酒，但法國仍是影響全球葡萄酒業最深的地方，現在全世界最受歡迎的葡萄品種大多原產自法國，而且波爾多風格、布根地風格、隆河風格以及香檳等等都仍一直是葡萄酒類型中的重要典型。

法國得以成為最優異的葡萄酒產國並非偶然，一方面得利於深厚的葡萄酒傳統，同時有著西歐最多變的自然環境，濱臨大西洋又臨地中海，靠海又深處內陸，加上阿爾卑斯山與中央山地的阻隔，南北與東西間有著巨大的自然差異；數百年來累積的經驗與傳統，在各產區種植最適合當地環境的葡萄品種，釀造出許多具有地方風味特色的葡萄酒。特別是法國的地理位置提供了許多葡萄種植極北的臨界點，讓法國得以生產出風格優雅均衡的葡萄酒。

為了將各地珍貴的葡萄酒傳統與地方特色保存下來，並且維護葡萄酒的品質，法國自一九三六年開始，建立了全世界最完善的葡萄酒分級制度以及葡萄酒法律，並且成為歐盟其他國家建立分級制度的範本。產自法國的葡萄酒共分為四個等級，等級越高，生產的規定越嚴格，產區的範圍也越狹小精確，單位產量也越低。每一瓶法國出產的葡萄酒都屬於四個等級中的其中一個，而且也必須在標籤上明顯標示。

法國最高等級的葡萄酒稱為AOC法定產區等級，是「Appellation d'Origine Controlée」的縮寫。自一九三六年創立以來，目前全法已經有超470個以上的AOC法定葡萄酒產區，占全國一半以上的產量。在同一地區內的各AOC之間也可能有等級的差別，通常產地範圍越小，葡萄園位置越詳細，規定越嚴格的AOC，等級越高。每一個AOC法定產區都會界定出完整的範圍，種植特定的葡萄品種，每公頃葡萄樹種植的密度、產量也都有限制，葡萄在規定的採收日之後才能採收，並且要達到設定的成熟度。釀成的酒除了要經過檢驗，也要通過委員會的品嘗，裝瓶之後標籤上的用字與標示也都有規範。AOC制度雖然保留了許多傳統風味的葡萄酒產區，但是因為產區與酒莊太多，有些法定產區也會有好壞差距很大的問題。優良地區葡萄酒(VDQS)比AOC低一等，一些較不出名或沒有悠久歷史的產區在升為AOC等級之前，先給予VDQS等級，比較少見，只占法國1%的產量。

地區餐酒(Vin de Pays)是法國越來越受重視的等級，約占法國三分之一的產量，全國現有一百五十多個地區餐酒產區。地區餐酒對於產酒的規範較少，也較不嚴格，而且並不一定要生產傳統風味的葡萄酒，讓酒莊和釀酒師有較多自由發揮的空間，也比較容易跟隨市場做改變，釀出價廉物美的葡萄酒。普通餐酒(Vin de Table)則是法國最低等級的葡萄酒，依規定不能標示產區或品種，也不能標示年份或以城堡(château)命名，是最簡單廉價的法國葡萄酒。

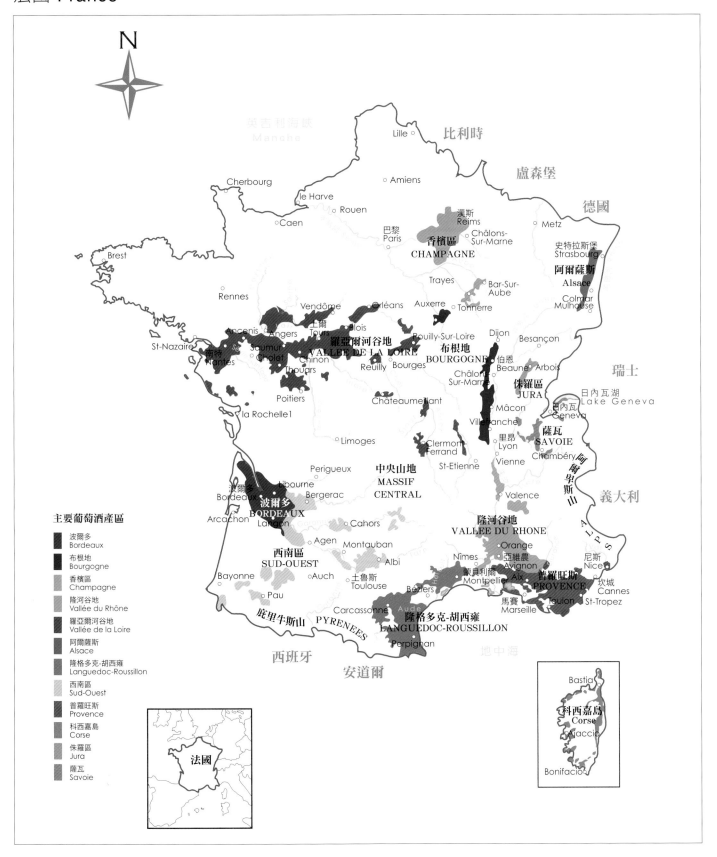

法國 France

N

英吉利海峽
Manche

比利時

盧森堡

德國

Lille
Cherbourg
le Harve
Amiens
Rouen
漢斯
Reims
Châlons-
Sur-Marne
Metz
Caen
巴黎
Paris
香檳區
CHAMPAGNE
史特拉斯堡
Strasbourg
阿爾薩斯
Alsace
Brest
Trayes
Bar-Sur-
Aube
Tonnerre
Colmar
Mulhouse
Rennes
Vendôme
Orléans
Auxerre
土爾
Tours
Blois
Dijon
Besançon
St-Nazaire
Ancenis
Angers
羅亞爾河谷地
VALLEE DE LA LOIRE
Rouilly-Sur-Loire
布根地
BOURGOGNE
伯恩
Beaune
Arbois
瑞士
南特
Nantes
Saumur
Cholet
Chinon
Thouars
Reuilly
Bourges
Châlons-
Sur-Marne
侏羅區
JURA
日內瓦湖
Lake Geneva
Poitiers
Châteaumeillant
Mâcon
巴內瓦
Geneva
la Rochelle1
Villefranche
薩瓦
SAVOIE
Limoges
Clermont-
Ferrand
里昂
Lyon
Chambéry
阿爾卑斯山
Perigueux
中央山地
MASSIF
CENTRAL
St-Etienne
Vienne
義大利
波爾多
Bordeaux
Libourne
波爾多
BORDEAUX
Bergerac
Valence
隆河谷地
VALLEE DU RHONE
Arcachon
Langon
Cahors
Agen
Orange
亞維農
Avignon
尼斯
Nice
西南區
SUD-OUEST
Montauban
Nîmes
Aix
普羅旺斯
PROVENCE
坎城
Cannes
Bayonne
Auch
Albi
土魯斯
Toulouse
蒙貝利爾
Montpellier
馬賽
Marseille
Toulon
St-Tropez
Pau
Béziers
Carcassonne
Aude
庇里牛斯山
PYRENEES
隆格多克-胡西雍
LANGUEDOC-ROUSSILLON
西班牙
Perpignan
地中海
安道爾

主要葡萄酒產區

波爾多
Bordeaux

布根地
Bourgogne

香檳區
Champagne

隆河谷地
Vallée du Rhône

羅亞爾河谷地
Vallée de la Loire

阿爾薩斯
Alsace

隆格多克-胡西雍
Languedoc-Roussillon

西南區
Sud-Ouest

普羅旺斯
Provence

科西嘉島
Corse

侏羅區
Jura

薩瓦
Savoie

法國

Bastia
科西嘉島
Corse
Ajaccio
Bonifacio

法國葡萄酒標籤導讀

波爾多

- GRAND CRU CLASSÉ —— 列級酒莊
- Château —— Rauzan-Ségla
- RAUZAN-SÉGLA —— 城堡酒莊
- MARGAUX —— 瑪歌產區
- APPELLATION MARGAUX CONTRÔLÉE —— 瑪歌AOC法定產區
- 1995 —— 年份
- CHATEAU RAUZAN-SÉGLA - PROPRIÉTAIRE A MARGAUX - FRANCE —— 酒莊地址
- 酒精濃度 —— 13 % vol. DÉPOSÉ
- MIS EN BOUTEILLE AU CHATEAU　750 ml　L 95 B —— 容量
- PRODUCT OF FRANCE
- 法國製品　在城堡裝瓶

布根地

- Musigny —— 蜜思妮產區
- GRAND CRU —— 特級葡萄園等級
- APPELLATION CONTRÔLÉE —— AOC法定產區
- Domaine G. Roumier —— 獨立酒莊G. Roumier
- PROPRIÉTAIRE A CHAMBOLLE-MUSIGNY (COTE D'OR) - FRANCE —— 酒莊地址
- Mis en bouteille au domaine —— 在酒莊裝瓶 LMY95
- 容量 —— 750 ml
- 酒精濃度 —— 13,5 % vol.
- 1995 —— 年份

法國葡萄酒標籤常見用語

Appellation d'Origine Contrôlée(AOC)：法定產區等級葡萄酒

Blanc：白葡萄酒

Brut：最常見的香檳類型，酒中每公升含糖低於15公克

Cave Cooperative：釀酒合作社

Château：城堡酒莊

Demi-sec：半干型葡萄酒，含些微糖分

Domaine：獨立酒莊

Grand Cru：特級葡萄園或列級酒莊

Grand Vin：頂級酒（無任何約束的用語）

Mis en Bouteille au Domaine：在酒莊裝瓶

Millésime：年份

Monopole：獨家擁有葡萄園

Négociant：葡萄酒商（向葡萄農購買葡萄或已釀好的葡萄酒）

Premier(1er) Cru：一級葡萄園或一級酒莊

Propriétaire Récoltant：自產和自釀的葡萄農

Rosé：粉紅酒

Rouge：紅葡萄酒

Sec：干型葡萄酒，不含糖分

Vin：葡萄酒

Vin Doux Naturel：天然甜葡萄酒（加烈酒的一種）

V.D.Q.S.：優良地區葡萄酒（是Vins Délimités de Qualité Supérieure的簡稱）

Vieilles Vignes：老樹

Village：村莊，有時加於法定產區名之後，表示較優良村莊產的葡萄酒

Vin de Pays：地區葡萄酒

Vin de Table：日常餐酒

Nouveau / Primeur：新酒

波爾多
Bordeaux

因為大河的切割，波爾多分為左岸、右岸與兩海之間三個產區。

波爾多是全世界最著名，也是法國最大的優質葡萄酒產區，12萬3,000公頃的葡萄園全部位在波爾多市所在的吉隆特省(Gironde)內，分屬57個不同的法定產區，多達一萬兩千五百多家的酒莊與四百多家的酒商，每年出產6億8,000萬公升的葡萄酒。波爾多的名氣是由區內知名的城堡酒莊和他們所生產的頂級葡萄酒所建立起來的，雖然，他們的數目不過兩百家。波爾多是少數對酒莊進行分級的葡萄酒產區，這個制度更加提升了波爾多頂尖城堡酒莊的知名度。

波爾多特別以生產風格高雅、古典均衡，同時又相當耐久的紅酒聞名，通常以卡本內-蘇維濃或梅洛這兩個原產於波爾多、卻風行全球的品種為主，再添加其他品種調配釀成。而這些以波爾多風格(Bordeaux style)或波爾多調配(Bordeaux Blend)為名的葡萄酒，正是全世界最主流，也最受歡迎的紅酒類型。雖然現在波爾多早已經不是唯一生產這種頂尖紅酒的產區，但卻還是這類紅酒中最經典的典範。

除了紅酒，波爾多也盛產以榭密雍混合白蘇維濃釀成的干白酒和貴腐甜酒。前者雖然大多清淡爽口，但也有少數在橡木桶釀造的精采干白酒。波爾多的貴腐甜酒則有非常華麗濃甜的表現，是全球最著名的甜酒產區之一。

氣 候 與 地 形

波爾多位在法國西南部的大西洋岸，北緯45度線正穿過波爾多北郊，屬溫帶海洋性氣候區，墨西哥灣暖流經過波爾多附近的海岸，帶來溫暖而且穩定的氣候，全年雨量900毫米，很少有春霜或冰雹的威脅，相當適合葡萄的種植。不過，和地中海岸等其他主要紅酒產區比起來，波爾多的氣候還是較為涼爽，例如全球風行的卡本內-蘇維濃，在原產地波爾多卻只在少數的地方可以完全成

熱。波爾多的葡萄園相當廣闊，各地的環境並不相同，源自中央山地的多爾多涅河(Dordogne)和源自庇里牛斯山的加隆河(Garonne)與匯流之後的吉隆特河，將波爾多切分成左岸、右岸和兩海之間(Entre Deux Mers)三大部分。

左岸

左岸地區位在吉隆特河及加隆河左岸往西一直到大西洋岸之間，這裡因為離海較近，受到較多暖流的影響，是波爾多氣候最溫和的地方。也因為靠海，主要是平坦的砂質地形，覆蓋著大片的松林，河岸邊的低地排水差，滿布肥沃的沖積土質。

嚴格來說，左岸大部分的土地都不適合種植葡萄，唯有的優質葡萄園都位在河岸附近，由礫石堆積成的一些低矮小圓丘上，只占左岸一小部分的面積。這些珍貴的礫石地，具有貧瘠、容易紮根、儲存熱能、反射光線而且排水性特佳等眾多優點，是生產高級葡萄酒的絕佳土質，特別是在波爾多的環境裡，比較晚熟的卡本內-蘇維濃葡萄，沒有種在礫石地上就很難達到足夠的成熟度。波爾多左岸由北到南包括梅多克、格拉夫(Graves)和索甸產區，最佳的葡萄園幾乎都位在這樣的礫石區，只是礫石的大小和混合砂質的比例有所不同。

右岸

吉隆特河和多爾多涅河右岸因為離海較遠，氣候比左岸涼爽。地質條件也完全不同，高低起伏的變化大，土質的結構也更複雜。原本石灰質平臺的地形因為地層變動，以及河流的侵蝕堆積作用，造成了斷層、斜坡、河階及各式高低不平的地形。最常見的是覆蓋砂質黏土的石灰質平臺，也有崩塌的岩塊所堆成的斜坡，另外也有矽質河沙和礫石組成的平地或低丘等，這些不同的地質環境都適合種植葡萄，只是風格不同。

多黏土與石灰質的土壤不適合卡本內-蘇維濃，主要種植梅洛和卡本內-弗朗。利布恩市(Libourne)附近的聖愛美濃、玻美侯和弗朗薩克(Fronsac)是主要精華區。

上：波爾多右岸的聖愛美濃產區。
下：多爾多涅河畔的利布恩市是波爾多右岸的酒業中心。

兩海之間 Entre Deux Mers

加隆河和多爾多涅河之間的土地因為夾在兩大河之間，稱為兩海之間。是一大片呈波狀的石灰質平臺，在中央及北部覆蓋了一層混合砂質與黏土的較肥沃土壤，主要生產干白酒和以梅洛為主的簡單紅酒。平臺的西南部沿著加隆河右岸有長條的隆起地形，較多陡峭的山坡，生產甜型的白酒以及較粗獷多單寧的紅酒。

歷 史

波爾多鄰近地區在羅馬時期曾經有過葡萄園，不過之後便消失，直到千年之後才又發展起來。

波爾多 Bordeaux

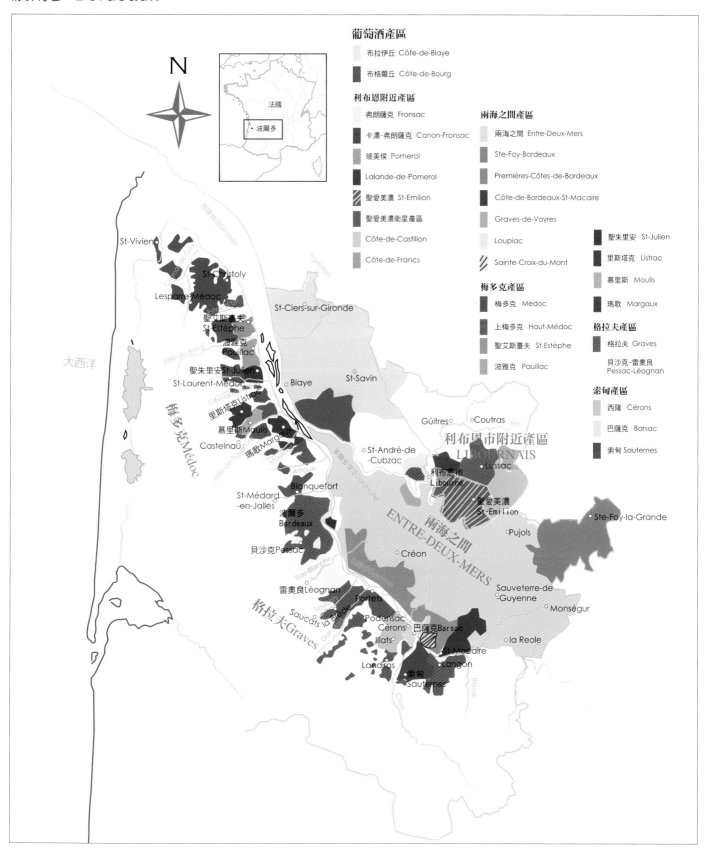

葡萄酒產區

- 布拉伊丘 Côte-de-Blaye
- 布格爾丘 Côte-de-Bourg

利布恩附近產區

- 弗朗薩克 Fronsac
- 卡濃-弗朗薩克 Canon-Fronsac
- 玻美侯 Pomerol
- Lalande-de-Pomerol
- 聖愛美濃 St-Emilion
- 聖愛美濃衛星產區
- Côte-de-Castillon
- Côte-de-Francs

兩海之間產區

- 兩海之間 Entre-Deux-Mers
- Ste-Foy-Bordeaux
- Premières-Côtes-de-Bordeaux
- Côte-de-Bordeaux-St-Macaire
- Graves-de-Vayres
- Loupiac
- Sainte-Croix-du-Mont

梅多克產區

- 梅多克 Médoc
- 上梅多克 Haut-Médoc
- 聖艾斯臺夫 St-Estèphe
- 波雅克 Pauillac

- 聖朱里安 St-Julien
- 里斯塔克 Listrac
- 慕里斯 Moulis
- 瑪歌 Margaux

格拉夫產區

- 格拉夫 Graves
- 貝沙克-雷奧良 Pessac-Léognan

索甸產區

- 西隆 Cérons
- 巴薩克 Barsac
- 索甸 Sauternes

十二世紀中，法王路易七世的前妻、阿基坦公國的女公爵亞麗
耶諾(Aliénor d'Aquitaine)改嫁英王亨利二世，波爾多所在的阿基
坦便成爲英國的土地長達300年。波爾多港因爲扮演兩地連繫的
樞紐而成爲北海商業的中心之一，波爾多葡萄酒也因爲在英國
享有多項特權而興起。

　　在這個時期，波爾多的葡萄園主要分布在右岸，左岸只有鄰
近波爾多市的格拉夫產區，目前波爾多最著名的梅多克在此時
期還依然以出產玉米爲主。當時生產的葡萄酒是混合紅、白葡
萄釀成的淡紅葡萄酒(clairet)，這也是英文中將波爾多葡萄酒稱
爲Claret的由來。這些裝在木桶中的葡萄酒很難保存超過一年，
和現今波爾多紅酒耐久存的特性相差很遠。

　　直到十七世紀中，波爾多才開始釀造優質耐久的紅酒，最早
由Château Haut-Brion城堡酒莊帶頭，生產當時稱爲New French
Claret的新式波爾多，以符應英國新興布爾喬亞階級的需求。
當時，在左岸的格拉夫以及剛興起的梅多克迅速地出現許多生
產高級紅酒的大型城堡酒莊。右岸因爲以小型酒莊爲主，約到
十八世紀末才普遍發展優質的紅酒。十八世紀可稱爲波爾多的
黃金時期，建立了今日波爾多的大略面貌。

▋上：波爾多右岸的葡萄園有相當悠遠的歷史，比
左岸早了500年。
▋下：聖愛美濃執事團是當地酒業的兄弟會組織。

波爾多酒商

　　波爾多葡萄酒的銷售方式相當特別，大多透過酒商銷售（約
占70%）。波爾多的酒商不僅自己生產葡萄酒，代銷獨立酒莊的葡萄酒，而且更擁有銷售頂級葡
萄酒的特權。在波爾多，大部分的列級酒莊與知名酒莊通常都不直接賣酒，而是透過仲介，先賣
給波爾多幾家合作的酒商，然後再轉賣給其他酒商、國外的進口商及法國其他地區的大盤。在一
次大戰前，酒商甚至還負責這些頂級波爾多的培養，當時即使連最頂級的五大酒莊都一樣由酒商
裝瓶，酒標上也會標示裝瓶酒商的名字。

新酒預售 Vente en Primeur

　　頂級的波爾多雖然常常需要十年以上的陳年，但是當地卻在採收半年之後就開始預售葡萄酒。
頂級的波爾多葡萄酒通常要在釀造後的第三年才會開始上市。但知名酒莊會在上市前先預售一部
分的葡萄酒給酒商，以取得資金。在採收隔年的三、四月間，波爾多的仲介、酒商與來自各國的
買主和媒體會群集波爾多，品嘗新酒評估品質。之後酒莊會分多次預售，第一批通常在五月間釋

上：梅洛是波爾多種植最廣的葡萄品種。
下：卡本內-弗朗只在波爾多右岸才較受到重視。

出，酒商依據酒莊訂出的價格買入之後再分批預售給進口商或一般的客戶。由於是預售，通常價格比較便宜，但是也存在一定的風險。

葡萄品種

身為全球最知名的葡萄酒產區，波爾多曾是許多新興產區的仿效對象，許多波爾多的葡萄品種也在全球眾多產區大量種植。波爾多以產紅酒為主，白酒僅占七分之一，葡萄以黑色品種較為重要，梅洛的面積最大，遠超過更知名的卡本內-蘇維濃。

卡本內-蘇維濃 Cabernet-Sauvignon

雖然卡本內-蘇維濃對環境的適應力很強，但因為較其他波爾多品種晚熟，需要更多的陽光和溫暖的氣候，主要種植於溫度較高的梅多克和格拉夫等左岸產區，而且必須種植於排水好的礫石地，才比較容易達到應有的成熟度。在波爾多其他地區則只有小比例的種植。近年來種植面積逐漸縮小，改種較易成熟的梅洛葡萄。

波爾多的梅多克幾乎是卡本內-蘇維濃在西歐的極北產區，也因此表現出較為嚴肅的風味，細緻高雅且略偏瘦，但是卻相當耐久。顏色深，澀味重，有堅硬的口感，酒體強健，必須經過陳年才適飲，年輕時緊密艱澀，很難入口，通常添加較柔順的梅洛及卡本內-弗朗柔化。卡本內-蘇維濃的酒香變化多，年輕時以黑色漿果香為主，以黑醋栗果香最為常見。比較不成熟的年份會有青草和青椒等植物氣味。

梅洛 Merlot

原產自波爾多，有豐沛的果味與性感豐盈的口感，是波爾多種植面積最廣的品種。除了濃郁好喝外，早熟且產量大，也受葡萄農的喜愛。梅洛以濃郁的果香著稱，酒精含量高，單寧較為柔順，口感圓潤厚實，酸度也較低。單寧不像卡本內那般堅硬緊緻，顆粒稍粗，但是年輕時就可以品嘗。在較涼爽的右岸表現最好，其中玻美侯是最精采的產區，在村內的黑色黏土地有特別強勁且細緻的表現。另外，聖愛美濃也生產優質的梅洛。通常這兩地產的紅酒主要以梅洛為主，再混合一些卡本內-弗朗。

卡本內-弗朗 Cabernet Franc

卡本內-弗朗的風格介於卡本內-蘇維濃和梅洛之間，酒的顏色深、單寧重，也耐久存，不及卡本內-蘇維濃堅硬也不及梅洛豐滿，比較中庸均衡，在波爾多地區大多扮演配角，除了右岸的聖愛美濃之外，種植面積不大。卡本內-弗朗常見的酒香中除了漿果，以紫羅蘭花香和帶點石墨及礦石的香氣最特別，混合一點常可以讓酒香更豐富。

其他黑葡萄品種

其他黑葡萄品種還包括馬爾貝克，在波爾多的表現並不好，口感柔弱，香味較不細緻，只是在調配時增加一點。另外還有梅多克地區的小維多(Petit-Verdot)。雖僅是配角，但小維多在好年份時能生產出顏色很深單寧很強的紅酒，而且酒香濃郁，香料味重，非常適合用來調配，添加比例很少超出5%。但因屬晚熟型品種，品質不是很穩定。

白葡萄品種

波爾多的白酒以白蘇維濃和榭密雍兩個風格殊異的品種為主，不論是釀成干白酒或是貴腐甜酒，大多由這兩個彼此互相互補的品種混合而成。榭密雍皮薄，酸味低，甜度高，香味不多，但耐久放，風格比較樸實，不是很討喜，但是釀成貴腐甜酒時卻有非常濃郁的香氣與甜潤豐滿的口感，是波爾多主要貴腐甜酒產區的最重要品種，以索甸最為著名。白蘇維濃酸度高，香氣濃，年輕時就很可口，波爾多的干白酒一般都以白蘇維濃為主，混合一些榭密雍。波爾多的干白酒大多清淡簡單，但在貝沙克-雷奧良也產用橡木桶釀造的濃厚類型。部分波爾多白酒也會添加一點帶麝香葡萄香氣的蜜思卡岱勒(Muscadelle)，主要為了讓酒香更豐富，添加的比例通常僅3～5%而已。

一級酒莊瑪歌堡的葡萄園。在地勢平坦低窪的梅多克，必須靠著貧瘠的礫石地才能生產出頂級耐久的紅酒。

波爾多調配　Bordeaux Blend

雖然波爾多的葡萄品種大多是國際知名的品種，在其他國家經常被標示在標籤上，但是大部分的波爾多葡萄酒卻跟法國南部大部分的葡萄酒產區一樣，幾乎全都是混合多種葡萄釀成，很少單獨裝瓶，更不會標示品種名。因為氣候的關係，在波爾多的大部分地區，無論是黑色或白色葡萄，單獨用一個品種都很難釀成均衡協調的酒，通常必須透過混合不同品種的特性，截長補短，調配出最豐富也最完美的酒來。

卡本內-蘇維濃和梅洛葡萄酒是全球最常見的紅酒，但是所謂的波爾多調配更是另一個主流，主要都是以卡本內-蘇維濃與梅洛為主體，混合一些卡本內-弗朗，偶而加些馬爾貝克和小維多。在釀酒的理念上不單獨表現單一品種的特性，而是透過這五個品種的不同風味與特性，混合出絕佳的香氣與均衡口感。雖然比較小眾一些，以榭密雍和白蘇維濃混合的白酒，也是白酒版的波爾多調配典型，在其他地區也有許多仿效的例子。

在混合調配上，波爾多每家城堡酒莊過去通常每年只推出一款酒，近幾十年來為了提高葡萄酒的品質，知名的波爾多酒莊除了稱為grand vin的城堡酒之外，也常推出價格比較便宜、稱為second vin的二軍酒。在釀酒的概念上，二軍酒除了採用達不到grand vin水準的酒來調配，因為通常挑選較年輕葡萄樹所生產的葡萄釀造，較少採用新橡木桶培養，果香較多，口感也比較柔和順口，通常較早即可以品嘗。

分級制度

因爲產區廣闊，波爾多區內有57個AOC法定產區，大致可以分爲三個等級。

地方性法定產區

這一等級的種植面積最廣，產量也最多，以Bordeaux最常見。其他如干白酒Bordeaux sec，條件與品質較好一點的Bordeaux supérieur，甚至氣泡酒Crémant de Bordeaux都屬這一等級。此外，在兩海之間有七個地方性AOC，像專產干白酒的Entre-Deux-Mers，產自臺地西南邊澀味重、口感堅實的Premières Côtes de Bordeaux等。在右岸也有幾個地方性AOC，包括吉隆特河岸的Blaye和Côtes de Bourg，主產清淡干白酒和較爲粗獷的紅酒。在多爾多涅河右岸則有Côtes de Castillon和Côtes de Francs，風格與鄰近的聖愛美濃類似，有不少高品質的新興酒莊。（自2007年份開始，Premières Côtes de Bordeaux、Côtes de Blaye、Côtes de Castillon和Côtes de Francs共同合爲Côtes de Bordeaux產區）

地區性法定產區

風格更獨特與釀酒水準更高的區域屬於這一個等級。像出產強硬紅酒的Médoc和Haut-Médoc，以及紅白酒皆有的Graves等，都是這一等級。

村莊級法定產區

以出產頂級葡萄酒而聞名的村莊則得以成立村莊級的法定產區。如格拉夫區的Pessac-Léognan，上梅多克的Margaux和Pauillac，產貴腐甜酒的Sauternes和Barsac，以及右岸的Pomerol和Saint-Emilion等二十幾個村莊級AOC。

酒莊的分級

在波爾多除了產區分級，也有四個產區針對酒莊所做的分級。其中以因應一八五五年巴黎萬國博覽會所做的排名最著名。當年波爾多工商會爲了選出品質最優的酒參展而有此名單產生。排名的次序是由葡萄酒經紀商依照當時的市場價格，選出78家酒價最貴的城堡酒莊參展。紅酒部分有57家酒莊入選，統稱爲列級酒莊(Grand Cru Classé)，其中再細分爲五個等級，排名一級的有四家，是最高等級。這份名單因爲幾乎全是梅多克的酒莊（除了Château Haut-Brion屬格拉夫區），後來被當成梅多克的酒莊排名。因爲酒莊的分合或荒廢消失，目前總數成爲61家。

白酒有21家入選，全都是生產貴腐甜酒的酒莊，又分爲三種等級，排名最高的是優等一級(Premier cru supérieur)，僅有Château d'Yquem一家入選。之後是一級和二級，現在總數爲27家。這份名單後來也成爲索甸與巴薩克列級酒莊名單。一個半世紀以來，只有在一九七三年將Château

Mouton-Rothschild升爲一級酒莊，其餘都無改變。

　　梅多克從一九三二年開始有中級酒莊Crus Bourgeois
的排名，但在二〇〇三年改革後才得到正式的認
同，分成三個等級，包括最好的「Cru Bourgeois
exceptionnel」、「Cru Bourgeois supérieur」以及「Cru
Bourgeois」，每十年重新評選一次（這個分級在二
〇〇七年二月因程序問題被法院取消）。格拉夫也有
列級酒莊，分爲紅酒與白酒兩份名單，在一九五三年
時評選出紅酒的特等酒莊，白酒的部分則在一九五九
年才完成。特等酒莊間沒有再細分等級。聖愛美濃
在一九五五年也建立列級酒莊制度，共分第一特等
酒莊(Premier Grand Cru Classé)和特等酒莊(Grand Cru

Classé)兩種，前者等級最高，還細分成A和B兩種。排名由委員會每隔十年依照酒的品質、價格等
自然條件做排名的修正（二〇〇六年的新分級名單在二〇〇七年三月也因程序問題被法院宣告中
止）。

▌上：聖艾斯臺夫的Château Cos s'Estournel。
▌中上：波雅克二級酒莊Château Pichon Laland。

葡萄酒產區

梅多克 Médoc

　　雖然發跡最晚，但梅多克的知名度卻是最高。葡萄園由波爾多市北郊沿著吉隆特河左岸形成寬
5～12公里的條狀向北延伸80公里，大約有1萬5,000公頃。因爲離海近，是波爾多最溫暖潮濕的產
區。南北分爲上梅多克(Haut-Médoc)和下梅多克(Bas-Médoc)兩區。南邊的上梅多克因位居上游而
得名，但酒的水準和地勢也比較高。不過，上梅多克海拔最高的地方也不到50公尺，在全球頂級
產區中相當少見。

　　梅多克因爲有排水好、貧瘠又吸熱的礫石圓丘，而得以釀出精采的紅酒，卡本內-蘇維濃唯有在
這樣的環境才有好表現。不過，圓丘並不多見，大多集中在吉隆特河岸附近。其他混有砂質或黏
土的礫石地則大多種植梅洛。梅多克紅酒通常還會加一點卡本內-弗朗和小維多，甚至一點點馬爾
貝克。這裡出產的紅酒有既緊密又細緻的單寧，口感結實且內斂均衡，帶著嚴謹節制的古典主義
風格，是全波爾多最優雅也最耐久放的紅酒。梅多克地區因爲葡萄酒業發展較晚，大部分的城堡
酒莊都擁有較大規模的葡萄園，過去酒莊主多爲地主、布爾喬亞階級或貴族，近年來更常成爲金
融保險業或跨國集團的產業。以梅多克爲代表的左岸地區不僅和布根地的小農制獨立酒莊不同，
也和右岸以僅十多公頃葡萄園的小型城堡酒莊爲主相異。因爲這樣的架構，經常擁有數十或上百
公頃葡萄園的梅多克城堡酒莊，大多採企業化經營的專業多層分工，並且透過非常專業的調配方

聖朱里安村的二級酒莊Château Ducru-Beaucaillou。

上：波雅克的一級酒莊Château Lafite-Rothschild。
下：波雅克二級酒莊Château Pichon Baron。

式，將產自不同葡萄園、品種與樹齡的葡萄分開釀造，最後再由釀酒師與聘任的釀酒顧問混合調配出來。這樣的生產架構更加深了梅多克葡萄酒的古典主義風格葡萄酒，均衡合比例，而且永恆耐久。

　　位在北部的下梅多克，地勢低，部分地區還是沼澤地，因為氣候比較濕冷，種植較多梅洛，卡本內-蘇維濃反而較少，酒成熟快，不如上梅多克耐久，不過少數葡萄園位在礫石圓丘上的酒莊還是能產出相當精采的紅酒，不過並沒有任何一家列級酒莊位在下梅多克。在屬於精華區的上梅多克還分出幾個區段最好的產酒村莊，都有專屬的村莊級AOC法定產區，而且大多是全球知名的明星酒村，各村之間所產的葡萄酒也都有特屬的風格，由北往南一共有以下六個村子。

1.聖艾斯臺夫 Saint Estèphe

　　上梅多克的礫石低丘向北蔓延到聖艾斯臺夫之後變得比較零星，礫石之外，常混有高比例的黏土，村子的西北邊還混有一些石灰質，再加上位置稍微偏北，氣候比較涼爽，葡萄成熟較慢，造成聖艾斯臺夫紅酒口感較為堅澀剛硬，特別是老式酒莊的酒，高瘦骨感，不是很豐盈。村內有許多酒莊已提高梅洛葡萄的比例，讓酒更圓滑可口，有些酒莊甚至還超過卡本內-蘇維濃。全村有1,300公頃的葡萄園，面積雖大，但因發展較晚，所以村裡只有五家列級酒莊。最著名的包括有嚴謹堅實的二級酒莊Château Montrose和華麗深厚的Château Cos d'Estournel，以及非常傳統古典的三級酒莊Château Calon-Ségur，著名的中級酒莊相當多，如Château Phélan-Ségur、Château Haut-Marbuzet及Château de Pez等。

2.波雅克 Pauillac

　　波雅克是梅多克最著名的產區，酒的風格表現了波爾多紅酒最雄壯威武的一面，酒中含有許多單寧，結實緊密同時又有豐厚的重量感，不過年輕時顯得剛正嚴肅，需要許多時間成熟，是全波爾多最耐久存的紅酒。全村聚集許多聞名國際的明星酒莊，有18家酒莊列級，產量占全村的65%，特別是梅多克的四家一級酒莊有三家位在村內。1,200公頃的葡萄園分布在村南和村北兩片礫石圓丘上，因為礫石地相當深厚，大多種有高比例的卡本內-蘇維濃。

　　南邊稱為Saint Manbert，一級酒莊Château Latour位在最近河邊的深厚礫石地，配合混有黏土的地下土層，生產全波爾多最雄偉風格的紅酒。往西是二級酒莊Château Pichon Longueville和Château Pichon Longueville-Comtesse de Lalande，土裡含有較多的沙子，有比較柔和的風格。更往西邊則是Château Batailley、Château Haut-Batailley及Château Grand-Puy-Lacoste三家水準不錯的五級酒莊。北鄰的Château Haut-Bages-Libéral也種有極高比例的卡本內-蘇維濃。到了村邊則有口感豐厚聞名的五級酒莊Château Lynch-Bages。

　　村北的礫石台地比村南還高，也更平坦，兩家一級酒莊Château Mouton-Rothschild以及Château

Lafite-Rothschild都位在這一區。Lafite位在村子極北與聖艾斯臺夫村的交界處,酒的風格高雅,但有非常緊緻的堅硬質地。即使和Lafite相鄰,但Mouton的風格卻是以豐厚結實為特色。

3.聖朱里安 Saint Julien

　　和波雅克僅隔著一條乾河溝的聖朱里安,葡萄園面積不到900公頃,是全波爾多列級酒莊最密集的地帶,每四瓶聖朱里安就有三瓶產自列級酒莊,而且酒的平均水準相當高。聖朱里安村內也同樣布滿了許多深厚的礫石地,所以卡本內-蘇維濃的種植比例也相當高,是典型梅多克的頂尖產區,所生產的紅酒常被譽為兼具波雅克的強勁和瑪歌(Margaux)的細膩,口感均衡結實,典雅且符合比例。

　　聖朱里安的葡萄園也分成南北兩個條件相當好的礫石臺地。北面緊鄰波雅克村的有Château Léoville-Las-Cases、Château Léoville-Barton及Château Léoville-Poyferré等三家二級酒莊,南邊的Beychevelle臺地上有二級酒莊Château Ducru-Beaucaillou,以及三級酒莊Château Beychevelle、四級的Château Saint-Pierre和Château Branaire-Ducru等等。村子西邊雖然離河岸較遠,礫石地裡混雜著較多的矽質砂,但是也能有相當高水準的表現,包括二級酒莊Château Gruaud-Larose及分屬三、四級的Château Lagrange及Château Talbot都位在這一區。

4.里斯塔克 Listrac-Médoc、慕里斯 Moulis-en-Médoc

　　聖朱里安村以南深厚的礫石地就比較少見。到了Lamarque村西邊,離河岸較遠的地方有一片高起的臺地,有較深厚的礫石地,可以生產相當精采的紅酒,低矮臺地的南北兩邊分別屬於里斯塔克和慕里斯兩個村莊級產區。雖無列級酒莊,但有Château Chasse-Spleen、Château Poujeaux及Château Maucaillou等高水準的中級酒莊,主要集中在慕里斯產區的東邊,有條件最好的礫石坡。位處西北的里斯塔克礫石層較分散,多石灰質黏土,風格較偏瘦緊澀。

5.瑪歌 Margaux

　　瑪歌位在梅多克南邊,橫跨瑪歌村鄰近的五個村子,總共有1,400公頃的葡萄園。位處一片寬兩公里、長六公里的礫石圓丘區上,精華的部分在瑪歌與康特納克(Contenac)兩村的礫石圓丘,條件最好的葡萄園都集在這兩村。雖有條件好的礫石地,但黏土地也不少,許多酒莊種有較多喜好黏土的梅洛,也讓瑪歌的風格更柔美。

　　瑪歌以出產優雅風味的紅酒聞名,和波雅克相比雖少了一點厚實與豐盈,稍淡一點,但有更勻

左:慕里斯村的Château Chasse-Spleen擁有非常深厚的礫石地。
上:瑪歌村二級酒莊Château Rauzan-Ségla。

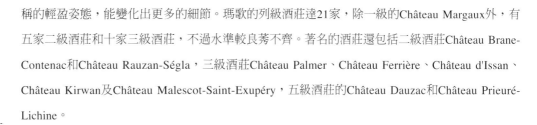

稱的輕盈姿態，能變化出更多的細節。瑪歌的列級酒莊達21家，除一級的Château Margaux外，有五家二級酒莊和十家三級酒莊，不過水準較良莠不齊。著名的酒莊還包括二級酒莊Château Brane-Contenac和Château Rauzan-Ségla，三級酒莊Château Palmer、Château Ferrière、Château d'Issan、Château Kirwan及Château Malescot-Saint-Exupéry，五級酒莊的Château Dauzac和Château Prieuré-Lichine。

下：瑪歌村五級酒莊Château Prieuré-Lichine。
右：位在貝沙克的列級酒莊Château Pape-Clément。

格拉夫 Graves

　　位於波爾多市南邊的加隆河左岸，南北蔓延五十多公里，有四千多公頃的葡萄園，因為有許多礫石地而得名。是波爾多區唯一同時生產高級紅、白酒的產區，白酒約占三分之一的產量。因為較偏南，而且梅洛種植較多，格拉夫的紅酒比梅多克柔和圓潤，多一分親切和可口，也常帶一點煙燻氣味。干白酒主要以白蘇維濃和榭密雍混合而成，經常在橡木桶中發酵培養，比一般等級的波爾多白酒來得濃郁，而且也有一點久存的潛力。

　　格拉夫的精華區位在北部，這一帶地勢比較高，礫石層更密集，也更深厚，很適合卡本內-蘇維濃葡萄的生長，特別是鄰近波爾多南郊的貝沙克(Pessac)有非常深厚的礫石地，可惜已大多蓋滿房舍，葡萄園不多，但多為歷史名園。因為市區效應，葡萄特別早熟，經常是波爾多最早採收的地方。往南一點的雷奧良(Léognan)也是精華區，但礫石圓丘較分散，主要集中在村子的東邊和南邊，是許多列級酒莊的所在。格拉夫的北部在一九八七年成立獨立的村莊級法定

產區，以Pessac-Léognan為名，紅酒和白酒一樣著名。紅酒常有更濃郁的香氣，在強勁結實中顯得更加圓熟豐滿，雖沒有梅多克的高雅，卻更厚實而平易近人。Château Haut-Brion是本區最老牌的頂級酒莊，除此之外，還有Château La Mission Haut-Brion、Château Pape-Clément、Château Haut-Bailly等精英酒莊；白酒特別聞名的有Château Laville-Haut-Brion、Domaine de Chevalier、Château de Fieuzal及Château Couhins-Lurton等等。

貴腐甜酒產區 Sauternes et Barsac

　　在波爾多南部，肇因於注入加隆河的Ciron溪水溫較低，生成水氣，河兩岸在秋季晨間經常霧氣迷漫，潮濕的空氣有利貴腐黴菌孳長在葡萄皮上，細長的菌絲穿透葡萄皮吸取水分和養分。在遇到午後乾燥多風的天氣時，葡萄內的水分透過數以萬計由菌絲穿透的小孔蒸發出來，脫水濃縮成貴腐葡萄。不僅糖分含量更加濃縮，同時也提高酸味，並形成特殊的貴腐葡萄香氣。由於貴腐黴

左上：貴腐葡萄。
上：二級酒莊Château Nairac採用傳統麻袋進行貴腐葡萄的榨汁。
下：優等一級酒莊Château d'Yquem。

的成長並不一致，所以採收必須逐串摘選分多次進行。有些年份的採收季長達兩個月，採收超過十次以上，通常每公頃的產量不到2,500公升，不及一般葡萄酒產量的一半，葡萄所含的糖分可達一般葡萄的兩倍。經榨汁與緩慢的發酵與培養之後，就可釀成非常香甜可口的貴腐甜酒。

皮薄的榭密雍是最主要的品種，另外，通常會混合白蘇維濃以增強酸度和香氣，部分酒莊還會添加一點蜜思卡岱勒，以增添麝香葡萄的香味。貴腐甜酒的顏色較深，帶金黃色，散發著蜂蜜、水果乾與貴腐黴的香氣，好的年份有非常長的耐久潛力，甚至可以超越梅多克的頂級紅酒。

波爾多貴腐甜酒的精華區主要位在加隆河左岸的索甸和巴薩克(Barsac)，一八五五年所選出的白酒列級酒莊全位在這兩個區內。索甸的面積大，有較多的礫石地，釀成的甜酒以豪華濃甜著稱，是全波爾多之最。濃厚耐久的傳奇酒莊Château d'Yquem，以及Château Rieussec、Château La Tour Blanche、Château Guiraud等一級酒莊都位在這一區內。巴薩克較近河岸，地勢低平，多石灰質黏土，甜酒的風格較為優雅均衡，不及索甸濃甜。不過，巴薩克的酒莊也可以選擇Sauternes當作AOC名稱，所以較少出現在酒標上。本區最具代表的酒莊為Château Climens以及Château Coutet等，以優雅細緻風味聞名。

巴薩克北邊的Cérons也產貴腐甜酒，但甜味較淡。加隆河的右岸因位處石灰岩臺地的邊緣，地勢較高，霧氣也較少，生產的貴腐甜酒通常比左岸來得清爽，可口且價格平實。有三個村莊級產區，包括Cadillac、Loupiac和Sainte-Croix-du-Mont等。

上：聖愛美濃一級酒莊Château Asone位在石灰岩洞裡的培養酒窖。
右上：聖愛美濃是一個千年古鎮，和周圍的葡萄園共同被列為世界文化遺產。
下：位居玻美侯東北角精華區的Château Gazin。

聖愛美濃 Saint Emilion

多爾多涅河右岸靠近利布恩市附近的葡萄園，是波爾多右岸地區最精華的產區，主要生產以梅洛爲主的紅酒。雖然產酒歷史相當久遠，但右岸紅酒在國際上聞名卻是相當晚近的事，聖愛美濃是這邊最重要的產區，但在二次大戰後才成爲波爾多的明星產地之一。雖然聖愛美濃的葡萄園非常集中，約有5,300公頃，但產權卻相當分散，小酒莊林立，多達五百多家，地形的變化也非常大，土質更是複雜，生產風格相當多元的葡萄酒。波爾多新近的車庫酒莊運動也正集中於聖愛美濃區，釀造出許多新式風格、量少價昂的紅酒。

在聖愛美濃靠近多爾多涅河岸的平原區，有三千多公頃的葡萄園，以河積和砂質土爲主，主要生產較清淡簡單的紅酒。靠近聖愛美濃村邊的斷層斜坡以砂岩、石灰黏土以及石灰石爲主，排水性佳，是頂尖酒莊的集中區。平臺上的土質屬沉積地形，有黏土、砂質土和不少的礫石，主要位於聖愛美濃西北部。

只產紅酒的聖愛美濃除了梅洛外，也種植許多卡本內-弗朗，有相當優異的表現。聖愛美濃紅酒一般口感比梅多克柔和，成熟的速度也比較快。不過頂級酒莊也有耐久的潛力。聖愛美濃是全法最大村莊級AOC產區，環境變化大，風味和品質差距大，分爲一般的Saint Emilion和等級較高的Saint Emilion Grand Cru兩個AOC。區內的酒莊也依據自然條件和品嘗選出列級酒莊，等級最高的是一級特等酒莊(Premier Grand Cru Classé)，共有13家，其中還細分成A和B兩級，A級只有Château Auson和Château Cheval Blanc兩家。另外也選出63家特等酒莊(Grand Cru Classé)。除了列級酒莊之外，每年經過評審團兩次品嘗，品質優異的一般級聖愛美濃紅酒也可以用Saint Emilion Grand Cru的AOC名稱銷售。

在聖愛美濃產區北面的丘陵區，有好幾個村莊出產風格類似聖愛美濃的紅酒，但風味較粗獷清淡一點，分別成立了四個衛星產區，以Montagne St-Emilion和Lussac St-Emilion兩個產區的產量較大，另外還有Puisseguin St-Emilion和St-Georges St-Emilion。

玻美侯 Pomerol

和聖愛美濃西北部產區相連的玻美侯，種植高比例的梅洛，出產全波爾多最豐滿圓滑的美味紅酒，豐沛的果味常配著天鵝絨般質感的細緻單寧。葡萄園共有790公頃，在波爾多只能算是小產區，大多是小型酒莊，滿布著許多如農舍般的城堡。因爲是右岸的超級明星產區，平均酒價是波爾多最高。不過，玻美侯卻是在二次戰後才被視爲頂尖產區。在AOC成立前還常以聖愛美濃的名義賣出。

玻美侯位於一大片平坦的平臺上，有不少的砂質、礫石以及黏土地。條件最好的葡萄園位於東北邊地勢較高的區域，這裏的砂質黏土地是梅洛的最愛，全區的精英酒莊如Château Petrus、Château Evangile、Vieux Château Certan、Château La Conseillante和Château Lafleur等幾乎全部位在這一區。這裡出產的梅洛紅酒有別處少見的高雅堅實風格，也較耐久存。玻美侯西部的葡萄園砂質含量高，出產的紅酒味道較清淡柔軟。

玻美侯以北隔著一條小溪是衛星產區Lalande de Pomerol，面積和產量都比玻美侯多一點。出產的紅酒類似玻美侯，但較偏瘦、不是那麼豐滿。

弗朗薩克 Fronsac
加儂-弗朗薩克 Canon-Fronsac

只產紅酒的弗朗薩克地區，過去出產顏色深、澀味重，強勁但粗獷的葡萄酒，但現在因為新的釀酒技術，已經讓許多酒變得柔和好喝。石灰岩臺地順著多爾多涅河團轉成許多沖積山坡，形成波爾多少見的陡坡葡萄園。這裡多石灰質黏土與砂質黏土地，適合早熟的梅洛葡萄，卡本內-蘇維濃很難有很好的成熟度。產區南邊獨立出加儂-弗朗薩克，因靠近利布恩市，開發較早。現在弗朗薩克已經出現不少精英酒莊，包括Château Cassagne-Haut-Canon、Château Dalem和Château Fontenil等等。

上：玻美侯村內教堂附近的葡萄園含有許多黏土，是玻美侯名酒莊集聚的中心。
中：地形陡峭多變的弗朗薩克。
下：加儂-弗朗薩克是波爾多較不知名的頂級紅酒產區。

■ 上：熙篤會所創立的梧玖莊園自十一世紀即開始
釀酒。
■ 中：伯恩濟貧醫院的葡萄酒拍賣會。
■ 下：Clos du Cellier au Moines。在布根地，歷史
名園都有石牆圍繞著，這樣的葡萄園稱為clos。

布根地
Bourgogne

　　身為全球最精采的黑皮諾紅酒與夏多內白酒的產區，布根地的產區範圍雖然不大，但是卻可
以和波爾多並列全法國最重要的葡萄酒產區。因為特殊的自然環境與歷史發展，布根地是最能
夠表現法國葡萄酒風土精神的產區，將葡萄品種、土地和歷史人文緊密地連結在一起，釀出許
多非常獨特，別處無法再造模仿的精采風味。布根地雖然有許多向酒農採買葡萄酒裝瓶的酒商
(négociant)，但是也有更多僅有數公頃地的小酒莊，莊主通常得身兼數職，種植葡萄、釀酒甚至銷
售，和波爾多企業化經營的城堡酒莊完全不同。也因此，布根地的酒莊更能夠遵循傳統，並帶有
莊主的個人風格。透過布根地葡萄酒的香氣與滋味，更容易感受到土地和釀酒者的風味，是全世
界最迷人的葡萄酒產區之一。

傳承自中世紀的葡萄酒史

　　布根地雖然在西元前一世紀就開始釀造葡萄酒，但影響最深遠的卻是中世紀的教會與布根地公
爵。在中世紀時，所有的葡萄園都由國王、貴族和教會所有。教會的葡萄園中以熙篤會(Abbaye
de Cîteaux)在布根地的梧玖莊園最為著名。修院有專責種植與釀造的修士，他們除了生產葡萄
酒，還對葡萄的種植與釀造進行了許多的實驗和研究，包括修剪、引枝、接枝、釀酒法以及品嘗
分析，都曾經是他們研究的主題。研究成果讓布根地在技術上有長足的進步，特別是他們提出了
「climat」的概念，指出某些有特定範圍的葡萄園，因擁有特殊條件，可生產出風格獨特的葡萄
酒。他們把這些葡萄園用石牆圍起來，成為所謂的「clos」，這個傳統一直延續至今。

　　十四世紀時，布根地公國氣勢強盛，成為介於法國與神聖羅馬帝國之間的歐洲強權。歷任的公
爵都是布根地葡萄酒的愛好者，也對葡萄酒品質的增進有許多貢獻，一三九五年菲利普公爵曾經
下令禁止採用多產、品質低的加美，必須種植品質優異的黑皮諾，影響也延續至今。布根地葡萄
酒藉著公國的勢力聲名遠播，成為當時最著名的葡萄酒，銷往巴黎、教皇國及歐洲其他國家。

布根地 Bougogne

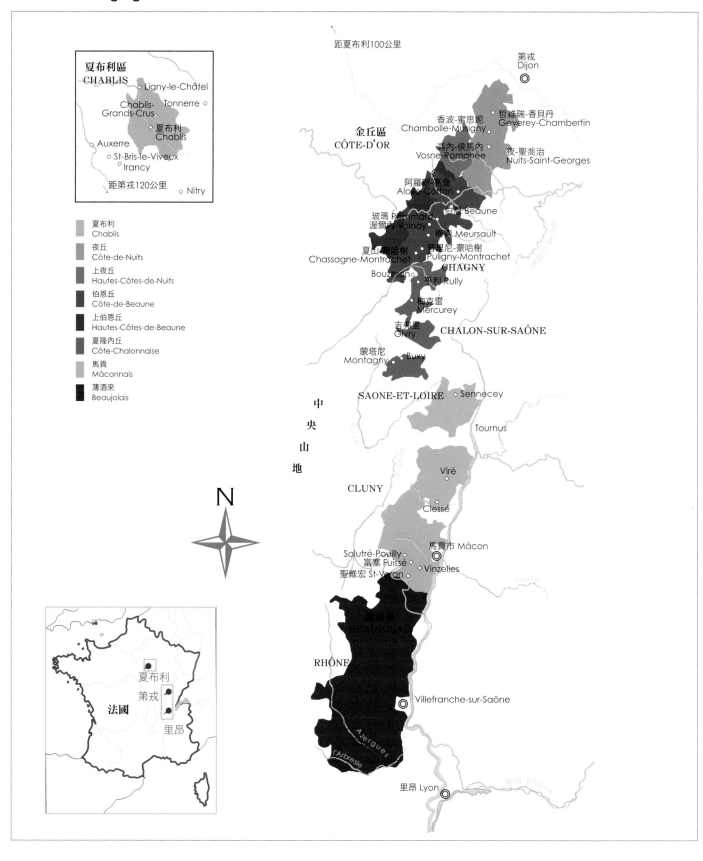

夏布利區
CHABLIS

- Ligny-le-Châtel
- Chablis-Grands-Crus
- Tonnerre
- 夏布利 Chablis
- Auxerre
- St-Bris-le-Viveux
- Irancy
- Nitry

距第戎120公里

夏布利
Chablis

夜丘
Côte-de-Nuits

上夜丘
Hautes-Côtes-de-Nuits

伯恩丘
Côte-de-Beaune

上伯恩丘
Hautes-Côtes-de-Beaune

夏隆內丘
Côte-Chalonnaise

馬貢
Mâconnais

薄酒來
Beaujolais

距夏布利100公里

第戎 Dijon

金丘區 CÔTE-D'OR

香波-蜜思妮 Chambolle-Musigny
哲維瑞-香貝丹 Geverey-Chambertin
馮內-侯馬內 Vosne-Romanée
夜-聖喬治 Nuits-Saint-Georges

阿羅斯-高登 Aloxe-Corton
伯恩 Beaune
玻瑪 Pommard
渥爾內 Volnay
梅索 Meursault
夏山-蒙哈榭 Chassagne-Montrachet
普里尼-蒙哈榭 Puligny-Montrachet
Bouzeron
CHAGNY
平利 Rully
梅克雷 Mercurey
吉弗里 Givry
CHALON-SUR-SAÔNE
蒙塔尼 Montagny
Buxy

中央山地

SAONE-ET-LOIRE
Sennecey
Tournus

CLUNY
Viré
Clessé

Solutré-Pouilly
富塞 Fuissé
聖維宏 St-Véran
馬貢市 Mâcon
Vinzelles

BEAUJOLAIS

RHÔNE
Villefranche-sur-Saône

里昂 Lyon

法國
夏布利
第戎
里昂

獨 一 無 二 的 自 然 條 件

　　布根地位處法國東邊的內陸，介於溫帶海洋性氣候與大陸性氣候之間，冬季乾燥寒冷，春季常有霜害，夏秋兩季較為溫和，但常會有冰雹。這裡的氣候條件已經非常接近葡萄種植的極限，再往北就僅能釀造氣泡酒。葡萄園並非隨處可見，僅有排水好、向東和東南的向陽山坡才有可能種植葡萄，讓葡萄可以達到應有的成熟度。所以雖然布根地的名氣這麼大，酒價也高，但葡萄園的面積卻僅有兩萬八千多公頃，只是波爾多的四分之一。

　　布根地葡萄園裡的土質變化多端，但主要還是由位在山坡上的石灰質黏土所構成，只是來自不同年代的沉積，黏土、石灰、砂質和岩塊的比例有所不同罷了。主要的土質都是以侏羅紀的石灰質沉積岩為主，是最適合本地主要品種黑皮諾和夏多內生長的土質。通常這些侏羅紀山坡在靠近山頂的部分比較多岩塊，貧瘠乾燥；山坡底下多壤土，比較肥沃，排水較差；山坡中段較為均衡，通常最佳的葡萄園都位在這一區。

　　北部的夏布利以侏羅紀晚期的岩層Kimmérigien為主，生產帶有許多礦石味的白酒。在最精華的金丘區內，北部以侏羅紀中期的岩層為主，含石灰質較多，適合黑皮諾葡萄的生長；南部的岩層較複雜，中、晚期的岩層都有，夏多內和黑皮諾都有種植。南邊一點的夏隆內丘區(Côte Chalonnaise)地質跟金丘區南部類似，只是山坡更加分散多變。至於最南邊的馬貢區氣候較溫暖，不適黑皮諾生長，主要種植夏多內釀造白酒，因為有一些砂質地和火成岩層，種植一些用加美釀造的簡單紅酒。

上：梅索村的一級葡萄園Les Genevrières。
下：布根地的葡萄園大多位在以石灰質黏土的面東山坡。

葡 萄 品 種

　　布根地位處北部的寒冷氣候區，葡萄容易維持均衡感，大多採用同一種葡萄品種釀造，很少混合不同的品

種。紅酒主要以黑皮諾釀造，白酒則是夏多內的天下。

左：原產自布根地的夏多內在布根地有非常多變的風格。
右：黑皮諾皮薄、顏色淺，是非常嬌貴的品種。

黑皮諾 Pinot Noir

　　風格特別優雅細緻的黑皮諾是布根地原產的品種，十四世紀時就已經普遍種植在布根地。適合生長在較為寒冷的氣候，也特別喜愛生長於石灰質黏土上。黑皮諾比較敏感脆弱，對環境的要求多，而且產量小，雖然非常著名，但種植並不普遍。脆弱的黑皮諾在釀造上也需要細心呵護，還有許多酒莊採用木造酒槽小量釀製，並且使用人工踩皮以減少幫浦對黑皮諾的傷害。黑皮諾的皮較薄，含有的紅色素也比較少，釀成的酒顏色比較淡。在口感上，黑皮諾的酸度較高，單寧的質感細緻平滑，以均衡優雅取勝，但也有不錯的陳年潛力。黑皮諾在年輕時有非常迷人的果香，以紅色水果香為主，如櫻桃、覆盆子等。陳年後的酒香則變化豐富，常有櫻桃酒、酸梅、香料和動物香氣。

夏多內 Chardonnay

　　同樣原產自布根地的夏多內是目前全世界最受歡迎的葡萄品種。適合溫帶氣候區各類型的氣候，不僅耐冷，容易栽培，而且產量高，品質穩定，種植範圍遍布全球各主要產酒區。夏多內也喜愛含石灰質的鹼性土，可以保留較多的酸味與細緻的香味，不過在其他土壤也可以生長得相當好。夏多內的風格比較中性，經常隨產區環境以及釀酒法而改變風味，在天氣寒冷的夏布利，釀成酸度高酒精淡、以礦石和青蘋果香味為主的干白酒，在氣候較為溫和的馬貢，則又變得圓潤而豐腴，充滿甜熟的熱帶水果與哈密瓜等濃重香味。

　　夏多內是白葡萄品種中最適合在橡木桶中進行發酵與培養的品種，其酒香和來自橡木桶的香

草、奶油等味道可以有相當好的結合，橡木桶也能讓夏多內白酒變得更圓潤醇厚。在布根地，頂級的白酒幾乎都在橡木桶中進行發酵和培養，並且進行攪桶，讓酒的口感更圓潤。夏多內葡萄也很適合釀製成氣泡酒，是布根地氣泡酒(Crémant de Bourgogne)的主要原料。

其他品種

　　除了兩個明星品種，布根地還有其他較不重要的品種，黑葡萄以加美最常見，但大多不及布根地南邊的薄酒來得精采。白葡萄以阿里哥蝶(Aligoté)最常見，主要用來釀造酸度高、多果香的清淡干白酒，以夏隆內丘區的布哲宏(Bouzeron)最為著名。另外，在夏布利附近的Saint-Bris也種植一些白蘇維濃。

葡 萄 酒 分 級

　　全法國總數達四百多種的AOC法定產區，有101個位在布根地，這上百個法定產區之間也有等級上的差別。在布根地，葡萄酒分成四個等級，每一片布根地的葡萄園，所生產的每一瓶酒都必須是這四級中的一級。分級的依據主要是按照葡萄園所在的位置和自然條件來區分，有些也跟歷史有關，和波爾多按照酒莊來分級不同。

地方性產區 Régionale

　　這是布根地最普通等級的葡萄酒，光是屬於這個等級的法定產區就多達22個，種類繁多，最常見的是直接標示「Bourgogne」的AOC，其他的，只要是在標籤上AOC的部分有出現「Bourgogne」這個字，如上伯恩丘「Bourgogne Hautes-Côtes de Beaune」就是屬於地方性等級。唯一例外的是馬貢，也是屬於地方性AOC。由於葡萄園的條件不是特別優異，生產的葡萄酒以清淡簡單為特色，價格也最便宜。在布根地，有一半以上的葡萄酒屬於這個等級。

村莊級 Village

　　布根地有四百多個產酒村莊，其中只有46個產酒條件特別好、葡萄酒風味獨特的村莊，被列為村莊級AOC，直接以村名命名，生產的規定和要求都比地方性AOC嚴格，在布根地有三分之一的葡萄酒屬於這個等級。各個村莊都有各自的專長，例如專產紅酒的玻瑪(Pommard)和香波-蜜絲妮(Chambolle-Musigny)，以產白酒聞名的梅索(Meursault)、普依-富塞(Pouilly-Fuissé)和普里尼-蒙哈榭(Puligny-Montrachet)等等。

一級葡萄園 Premier Cru

　　在村莊級AOC產區內，葡萄園的位置和條件有很大的差異，葡萄酒的品質和風味也不同，位在

上：黑皮諾果粒小且緊密如毬果。
下：布根地的特級葡萄園都獨立成為法定產區。

山坡上、條件最好的葡萄園有可能被列為一級葡萄園，但並非每一個村莊級AOC都有。目前，全布根地有五百多個一級葡萄園，產量僅約占10%。屬於這個等級的酒在酒標上，會在村莊名之後加上「Premier Cru」，也可以再加上葡萄園的名字。例如「Vosne-Romanée（村名） Premier Cru（一級葡萄園），Les Chaumes（葡萄園名稱）」。

特級葡萄園 Grand Cru

在布根地極少數品質優異的酒村中，最好的葡萄園通常位在山坡中段，這些名園在歷史上就已經生產著全布根地最頂尖的精采好酒，這些非常稀有特殊的葡萄園則被列為布根地最高等級的特級葡萄園，一共只有33塊葡萄園列級，包括蒙哈榭(Montrachet)及Romanée-Conti等頂尖名園，只有金丘區和夏布利有這個等級。這些特級葡萄園各自成立獨立的AOC，以葡萄園的名字命名，生產的要求更加嚴格，紅酒每公頃產量不得超過3,500公升，全部特級葡萄園的產量僅占布根地的1.5%而已。

五大產區

布根地兩萬八千多公頃的葡萄園，每年生產1億3,000萬公升的葡萄酒，他們分別來自五個不同的產區，由南到北相差兩百多公里，由北往南分別為歐歇瓦(Auxerrois)、夜丘區(Côte de Nuits)、伯恩丘區、夏隆內丘區以及馬貢。這幾個產區因為自然與人文環境的不同，即使同樣是用黑皮諾或夏多內葡萄，卻各有不同的風味表現。

歐歇瓦 Auxerrois、夏布利 Chablis

位處在最北邊的歐歇瓦，氣候比布根地其他產區寒冷許多，葡萄的成熟困難且經常受霜害的侵擾，但因靠近巴黎，在交通不便的時代曾經擁有數萬公頃的葡萄園，以提供巴黎地區的需要。十九世紀為葡萄根瘤蚜蟲病摧毀後，現在只有位置最佳的葡萄園重新種植，面積近五千公頃，其中大部分位在夏布利產區內，其他產區葡萄園比較零星。以產黑皮諾紅酒的Irancy和白蘇維濃白酒的Saint Bris最著名，酒的口感細瘦，酸味高，但有迷人的果香。

夏布利是布根地北部最著名的產區，有3,500公頃的葡萄園，全部種植夏多內，釀成口味特別細緻清雅的夏多內白酒。夏布利因為位置偏北，氣候寒冷，原本風格豐盈肥美的夏多內出現了令人振奮的迷人酸味，特別均衡爽口。夏布利產區內的低緩丘陵上常覆蓋著侏羅紀晚期堆積而成的Kimméridgien白色石灰岩，讓夏多內出現非常特別的礦石香氣。除了礦石，夏布利在年輕時常帶著清新的青蘋果與檸檬香，配合上極端爽口的酸味，是最適合佐配海鮮料理的夏多內白酒。因為酒較清淡，夏布利白酒較少在橡木桶內進行發酵或培養。雖然有人因此認為夏布利須趁年輕時品嘗，但是，強勁的酸味卻讓夏布利的耐久潛力不輸伯恩丘的白酒。

「Chablis」在美國被當成是白酒的代名詞，每年出產數億公升稱爲「Chablis」的白酒，是法國夏布利產量的數十倍。這些美國的夏布利通常採數公升裝，也很少用夏多內釀造，有時甚至以鋁箔包裝銷售。眞正產自法國夏布利產區的酒在標籤上會標示「Appellation Chablis Contrôlée」，不難辨識。

夏布利的葡萄園跟布根地其他地區略有不同，以夏布利爲名的葡萄酒一共分成四個等級，而且各自屬於一個獨立的AOC。品質最好的是夏布利特級葡萄園(Chablis Grand Cru)，有93公頃，七塊葡萄園相鄰著位在滿布Kimméridgien岩石、面向西南邊的山坡上，生產的白酒比一般的夏布利更豐厚圓熟，而且強勁均衡，相當耐久，且有較多的礦石香氣。由東往西分別是Blanchots、Les Clos、Valmur、Grenouilles、Vaudésir、Les Preuses和Bougros。

次一級爲夏布利一級葡萄園(Chablis Premier Cru)，有40片葡萄園列級，範圍達720公頃，主要是位居河谷邊的向陽坡地上，最著名的是Fourchaume、Mont de Milieu和Montée de Tonnerre。之後才是夏布利(Chablis)，面積廣闊，口感清新，常有更多的果香，也更早熟。最低等級的稱爲小夏布利(Petit Chablis)，口味清淡，多果香，屬於簡單型白酒，較少豐富變化。

金丘 Côte d'Or

由夏布利往南一百多公里直到金丘，才又有葡萄酒產區出現。金丘的葡萄園雖然南北綿延60公里長，但葡萄園只位在狹長的面東山坡上，面積並不大，只有七千多公頃，但卻是布根地的最精華產區，全世界最頂級優秀的黑皮諾紅酒與夏多內白酒全都自這一片山坡，其中還包括了全球最昂價的紅酒與白酒。金丘南北還分成兩個風格不同的產區，北面稱爲夜丘區，幾乎完全是紅酒的天下，是全世界最適合黑皮諾生長的地方，釀成的紅酒細膩而且強勁，而且也是布根地最耐久存的紅酒。金丘區的南邊稱爲伯恩丘區，山坡比較開闊，葡萄園的面積較大，但也僅有4,800公頃。這邊的環境除了黑皮諾，也非常適合夏多內生長，生產的黑皮諾紅酒比夜丘區更加柔美可口，白酒則是名列全球最精釆的夏多內產區。

布根地最頂級的特級葡萄園除了夏布利區之外，全部位在金丘區內。金丘區這一片連綿的山坡，主要以侏羅紀中期和晚期的各類石灰質黏土所構成。因爲山勢的變化與土壤的差別，讓金丘區每一片葡萄園都有各自的名字和特性，是法國風土對葡萄酒的影響最典型的範例。通常靠近山坡底下的葡萄園淤泥和黏土含量較高，土質較肥沃，排水性差，生產出來的葡萄酒風味較清淡細瘦，大部分屬於布根地地方性以及村莊級AOC的葡萄園。如果往下到平原區，土質更肥沃，排水不佳，已不適合種植葡萄。相反地，位在山坡上的葡萄園石灰質黏土內含有較多的石塊，土壤較貧瘠，排水性佳，加上日照效果更佳，葡萄容易成熟，且更具特色，是最佳的種植區，大部分一級和特級葡萄園都位在這一區。不過，太靠近坡頂處，因爲底土淺，石頭多，土壤極端貧瘠，且坡度過於陡斜，出產的酒也較不及山坡中段來得豐滿均衡。

上：獨家擁有Moutonne葡萄園的夏布利酒莊Long-Depaquit。
下：以出產寒冷氣候黑皮諾紅酒聞名的Irancy。

　　金丘區除了有最多的特級葡萄園，也同時有最多的村莊級AOC，各自生產風格不同的葡萄酒。許多村子的村名都加上村內的特級葡萄園來命名，所以金丘區的村名也特別長。

　　金丘區西邊有許多類似的山坡，也可種植葡萄，由於海拔較高，唯有避風和受光良好才能讓葡萄成熟。跟金丘區一樣，分為南北兩區，北面叫上夜丘(Hautes-Côtes-de-Nuits)，南面叫上伯恩丘區(Hautes-Côtes-de-Beaune)，共有一千多公頃的葡萄園。近年來因為許多金丘區的酒莊到這裡開發葡萄園，讓這一區的品質與釀酒水準大幅度提升。

夜丘 Côte de Nuits

　　從第戎市(Dijon)南郊的Marsannay村到與伯恩丘相接的Corgoloin村，夜丘區的葡萄園像一條細長的絲帶由北往南蔓延20公里，鋪展在狹窄的山坡上，最窄的地方只有一、兩百公尺，全區就僅有2,500公頃的葡萄園，但是，全世界最讓人想望的黑皮諾葡萄園大多全位在這裡了。南北相接的十幾個村落，各自成為黑皮諾紅酒的典範，包括雄渾磅礡的哲維瑞-香貝丹(Geverey-Chambertin)或是溫柔婉約的香波-蜜思妮，豐美圓厚的馮內-侯馬內(Vosne-Romanée)以及結實堅硬的夜-聖喬治(Nuits-Saint-Georges)等等。此外，除了伯恩丘的高登(Corton)以外，所有布根地產紅酒的特級葡萄園全部都羅列在夜丘區的山坡上。

上：哲維瑞-香貝丹的一級葡萄園Clos St. Jacques。

下：Fixin村的一級葡萄園Clos de la Perrière。

　　夜丘最北的村莊級AOC為Marsannay，是金丘區內唯一紅、白及粉紅酒皆產的村莊。Fixin村則只生產紅酒，酒的風格較粗獷，口感強硬。由哲維瑞-香貝丹村開始，往南相鄰的六個村子是夜丘的精華區。此外，在夜丘區的最南端和北端各有一些較不出名的村莊，也出產葡萄酒，所生產的紅酒稱為夜丘村莊(Côte de Nuits-Villages)。

1.哲維瑞-香貝丹 Geverey-Chambertin

　　哲維瑞-香貝丹村是夜丘區面積最大的產酒村莊，將近400公頃，村子裡有九個特級葡萄園，是全布根地之冠，以Chambertin和Chambertin Clos-de-Bèze最為著名，同時還有27個一級葡萄園，是夜丘最具代表的村莊之一。黑皮諾在這裡表現了雄偉結實的風格，顏色深，多單寧，澀味重，口感較嚴謹，也有較耐久的潛力。

2.莫瑞-聖丹尼 Morey-Saint-Denis

　　莫瑞-聖丹尼村所出產的紅酒類似哲維瑞村的強勁厚實，但多一點柔和與優雅，雖然不及鄰村出名，面積僅150公頃，但也有五個特級葡萄園，以Clos de la Roche和Clos de Tart最著名，此外也有20個一級葡萄園。除了紅酒也產一點白酒。

金丘 Côte d'Or

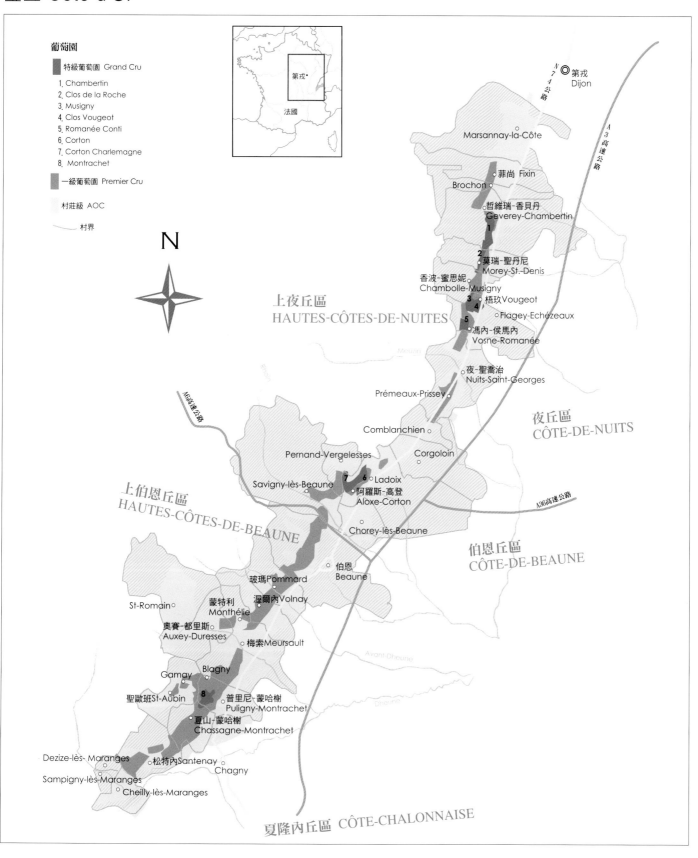

葡萄園

特級葡萄園 Grand Cru
1. Chambertin
2. Clos de la Roche
3. Musigny
4. Clos Vougeot
5. Romanée Conti
6. Corton
7. Corton Charlemagne
8. Montrachet

一級葡萄園 Premier Cru

村莊級 AOC

村界

N

第戎 Dijon
法國

N74公路
第戎 Dijon
A3高速公路

Marsannay-la-Côte

菲尚 Fixin
Brochon

哲維瑞-香貝丹
Geverey-Chambertin
1

2
莫瑞-聖丹尼
Morey-St.-Denis

香波-蜜思妮
Chambolle-Musigny
3 梧玖 Vougeot
4
Flagey-Echézeaux
5
馮內-侯馬內
Vosne-Romanée

上夜丘區
HAUTES-CÔTES-DE-NUITES

夜-聖喬治
Nuits-Saint-Georges

Prémeaux-Prissey

Comblanchien

夜丘區
CÔTE-DE-NUITS

Corgoloin

Pernand-Vergelesses

7 6 Ladoix
Savigny-lès-Beaune
阿羅斯-高登
Aloxe-Corton

A36高速公路

上伯恩丘區
HAUTES-CÔTES-DE-BEAUNE

Chorey-lès-Beaune

伯恩丘區
CÔTE-DE-BEAUNE

伯恩
Beaune

玻瑪 Pommard

蒙特利
Monthélie
渥爾內 Volnay

St-Romain

奧賽-都里斯
Auxey-Duresses

梅索 Meursault

Avant-Dheune

Gamay
Blagny

聖歐班 St-Aubin
8 普里尼-蒙哈榭
Puligny-Montrachet

夏山-蒙哈榭
Chassagne-Montrachet

Dheune

Dezize-lès- Maranges

松特內 Santenay
Chagny

Sampigny-lès-Maranges

Cheilly-lès-Maranges

夏隆內丘區 CÔTE-CHALONNAISE

3.香波-蜜思妮 Chambolle-Musigny

香波-蜜思妮村是生產夜丘區最溫柔婉約的紅酒聞名，表現出黑皮諾最細緻優雅的一面。村內有兩個特級葡萄園，以村南的Musigny最著名，名列風格最細膩的特級葡萄園。位在村北的Bonnes Mares則以濃厚結實爲特色。23個一級葡萄園以Amoureuses最出名，也是以細緻風味聞名。

4.梧玖 Vougeot

特級葡萄園梧玖莊園占了全村大部分的葡萄園，雖爲最著名的歷史名園，但梧玖莊園面積達50公頃，有85家酒莊擁有葡萄園，風格較不一致，以中坡與上坡處的表現較佳，風格偏均衡與優雅，不是特別豐滿濃郁。

5.馮內-侯馬內 Vosne-Romanée

馮內-侯馬內村位在夜丘葡萄酒產區的最精華地帶，有六片特級葡萄園，除了全球最稀有昂貴的Romanée-Conti外，還有Richebourg、La Romanée、Romanée-Saint-Vivant和La Tâche等名園，另外鄰村Flagey-Echezeaux村內也有Echezeaux和Grands Echezeaux兩個特級葡萄園併入。馮內-侯馬內的紅酒以均衡協調、骨肉勻稱聞名，在黑皮諾特有的櫻桃果香中常帶著神秘的香料氣味，成熟後還會散發櫻桃酒、乾草及蕈菇等豐富的香氣。深厚且豐滿的口感是馮內-侯馬內紅酒的一大特色，非常性感迷人。

6.夜-聖喬治市 Nuits-Saint-Georges

夜-聖喬治已經是夜丘區的最大城，城內集聚許多布根地酒商，如Boisset、Moillard-Grivot和Faiveley等等，和伯恩市同爲布根地的酒業中心。雖然夜-聖喬治並沒有特級葡萄園，但條件相當好的葡萄園卻也不少，有41個一級葡萄園，包括Les Boudots、Les Vaucrains及Les Saint Georges等優秀名園，有特級葡萄園的潛力。城北產的葡萄酒較柔和細膩，城南則以單寧強勁，口感堅實耐久聞名。

伯恩丘 Côte de Beaune

伯恩丘緊接著夜丘的葡萄園繼續往南蔓延，由拉都瓦村(Ladoix-Serrigny)連綿不斷地延伸到最南端的馬宏吉(Maranges)有更多的產酒的村莊。因爲受到許多小河谷的切割，地勢變得開闊許多，葡萄園不再僅限於細長的坡帶，開始四處延伸，地層的變動也更大，葡萄酒的風格更多變，除了出產多種風格的黑皮諾紅酒外，也有非常適合夏多內生長的環境。白酒的知名度甚至超越紅酒，是世界級的頂尖產區。

伯恩丘產的黑皮諾紅酒，一般而言，較夜丘區來得柔和多果味，酒成熟的速度也比較快，不過

上：特級葡萄園Musigny生產風格優雅的紅酒。
中：梧玖莊園因爲範圍廣闊，是水準差異最大的特級葡萄園。
下：馮內-侯馬內村的黑皮諾紅酒口感深厚圓滿。

包括高登以及玻瑪村等，也以生產特別堅實強硬的黑皮諾聞名，在最南端的松特內(Santenay)和馬宏吉兩村甚至以產粗獷紅酒著名。至於像伯恩市、薩維尼(Savigny-lès-Beaune)、渥爾內(Volnay)及Chorey村等，則表現較柔和可愛的黑皮諾，經常有迷人的飽滿果味。在伯恩丘內也有伯恩丘村莊(Côte de Beaune Villages)的葡萄酒，只產紅酒，可用區內12個村莊級AOC所產的紅酒混合釀造。

伯恩丘的白酒有兩個精華區段，北邊有位在阿羅斯-高登(Aloxe-Corton)和佩南-維哲雷斯(Pernand-Vergelesses)兩村交界的高登-查里曼(Corton-Charlemagne)，另一區則位在南部的梅索村、普里尼-蒙哈榭和夏山-蒙哈榭(Chassagne-Montrachet)三個村內。

上：高登山是伯恩丘區唯一產紅酒的特級葡萄園高登的所在。
中：渥爾內村的一級葡萄園Clos des Chênes。
下：玻瑪村紅酒常有較多的單寧，風格較嚴肅。

1.高登 Corton、高登-查里曼 Corton-Charlemagne

高登山是金丘山坡向外分離所形成的圓錐形小山，有一大片向南與面東的坡地，特級葡萄園高登和高登-查里曼就位居其上。環繞著高登山，有伯恩丘區最北端的三個產酒村莊，阿羅斯-高登村居中，拉都瓦在北，佩南-維哲雷斯村在西，這三個村莊共享這兩片著名的歷史名園。高登是伯恩丘唯一產紅酒的特級葡萄園，面積超過一百公頃，品質與風格的差距也大，優秀的高登以粗獷雄渾為特色，但較不及其他特級葡萄園的細緻。只產白酒的高登-查里曼位在高登山靠近坡頂以及面南的坡地上，水準比較整齊，出產頗為豐沛厚實的夏多內白酒，常有豐富濃郁的成熟果味，相當雄壯豐厚。

2.伯恩市 Beaune

區內最大城伯恩市是布根地最重要的酒業中心，美麗的中世紀古城內集聚了包括Louis Jadot、Joseph Drouhin、Bouchard P & F和Louis Latour等多家全布根地最知名的酒商。城內的伯恩濟貧醫院創設於一四四三年，擁有許多葡萄園，每年十一月的第三個星期日舉行當年自產葡萄酒拍賣會，是法國葡萄酒業的重要盛會。伯恩的葡萄園有450公頃，位在城西的面東山坡上，有34個一級葡萄園，除了紅酒外，也產約8%的白酒。因為酒商們在此擁有許多葡萄園，伯恩葡萄酒一直相當著名。

3.玻瑪 Pommard、渥爾內 Volnay

伯恩市以南是兩個只產紅酒的村莊，是伯恩丘紅酒的精華區之一。玻瑪村的紅酒顏色相當深黑，單寧重，結構嚴謹，比較經得起長時間的儲存，和鄰近村莊的葡萄酒風格相差甚多，反而比較像夜丘區的紅酒。有28個一級葡萄園，以Les Rugiens和Les Epenots最為著名。玻瑪南邊的渥爾內村則以生產細緻優雅的黑皮諾聞名。多達35個一級葡萄園，最著名的包括Caillerets和Clos des Chênes等等。伯恩丘在過了渥爾內之後，葡萄園沿著谷地往西延伸，由東往西有Monthélie、Auxey-Duresses和Saint Romain三個酒村，生產價格較平易近人的伯恩丘葡萄酒。Saint Romain深處

山區，主要產白酒，口感較清爽；Auxey-Duresses紅白酒都產；Monthélie以產紅酒為主，都有不錯的水準。

4.梅索 Meursault

梅索村所出產的夏多內白酒口感圓熟豐美，香氣濃郁豐富，常有熱帶水果、奶油與香草的香氣，因為滑潤的肥美口感而成為重要的夏多內典型。村內有440公頃的葡萄園，只產白酒，共有26個一級葡萄園。最精華的區域位在村南的山坡上，其中Genevrières、Charmes和Perrières等都有接近特級葡萄園的水準。

5.普里尼-蒙哈榭 Puligny-Montrachet、夏山-蒙哈榭 Chassagne-Montrachet

梅索村南邊的普里尼村是布根地最頂級的白酒產區，以出產兼有均衡、豐盛、強勁與細緻的夏多內聞名全球，酒中常有包括新鮮杏仁、礦石、蕨類植物、蜂蜜、熱帶水果及白花等香氣。普里尼村內有四個特級葡萄園，全位在與夏山村的交界處，最著名的是位在山坡中段的蒙哈榭，其餘的特級葡萄園都環繞在四周，上坡處為風格較細緻的Chevalier-Montrachet，下坡處為較豐滿濃厚的Bâtard-Montrachet和Bienvenues-Bâtard-Montrachet。17個一級葡萄園，最出名的是緊鄰著蒙哈榭的Cailleret，以及Bâtard旁的Les Pucelles。

和普里尼一起分享Montrachet和Bâtard-Montrachet的夏山-蒙哈榭村，也是著名的白酒產地，但是村南因為地質的關係，反而以產紅酒為主。村內的白酒接近普里尼村的風格，但口感較為平順柔和一點，也有細緻的表現與耐久的實力。夏山村自有的特級葡萄園只有Criots-Bâtard-Montrachet，風格較細緻柔美。有20個一級葡萄園。Saint-Aubain村位在夏山和普里尼西邊內縮的谷地，所產的白酒也有相當的水準。

左：一級葡萄園Les Pucelles。
上：梅索村產的夏多內白酒風格圓熟豐滿。
中：布根地最知名的白酒特級葡萄園蒙哈榭。
下：普里尼-蒙哈榭村的一級葡萄園L Combettes。

夏隆內丘 Côte Chalonnaise

夏隆內丘區以鄰近的夏隆市(Chalon-sur-Saône)為名，地理環境和金丘區相類似，土質仍以石灰土為主，但斷斷續續的丘陵不似金丘區集中，三千多公頃的葡萄園分散於向東或東南的坡地。主要種植夏多內和黑皮諾，但也有一些阿里哥蝶。這裡產的葡萄酒也許不及金丘區豐富精采，但價格與風味卻更平易近人。區內有五個村莊級AOC，各有不同的特色。

位置最北的布哲宏專門出產用阿里哥蝶釀造的白酒。雖然比起夏多內來得簡單平實，但常見果味與優雅花香，加上酸味高，非常清新爽口，適合年輕時品嘗。東鄰的乎利(Rully)則以夏多內白酒聞名，只產一點紅酒。頂級的乎利白酒也有深厚口感和強勁酸度，有接近普里尼-蒙哈榭的架勢。乎利也是布根地氣泡酒的知名產地。

梅克雷(Mercurey)是夏隆內丘的招牌產區，有600公頃的葡萄園，主要出產紅酒，有28個一級葡萄園。梅克雷紅酒濃郁厚實，而且澀味也較重，是夏隆內丘口感結構最緊密、最耐久存的紅酒。也以產紅酒為主的吉弗里(Givry)，產區較小，出產的黑皮諾常有柔和的口感與奔放的果香，非常迷人。最南邊的蒙塔尼(Montagny)則只產夏多內白酒，酒中常帶一點蕨類植物的味道，口感極干，不是特別圓潤，也常帶一點礦石味。

馬貢區 Mâconnais

左：普依-富塞產區的夏多內白酒比伯恩丘來得圓潤柔和。
右：梅克雷村產的紅酒濃厚堅實。

馬貢區位在布根地最南端，葡萄園比夏隆內丘區更分散，多位在向南、東南及西南的斜坡上，但產區範圍大，有5,000公頃的葡萄園。因土壤的關係，馬貢區主要出產夏多內白酒，紅酒不多。一般的馬貢白酒幾乎都是高產量、機器採收、不鏽鋼桶釀製的產品，釀成的酒帶有直接的果香與花香，平易近人又柔和清淡，採收後兩三年內就可以喝，不耐久藏。馬貢紅酒大多是加美葡萄釀成，一般單寧少，多果味，順口好喝，通常須趁年輕飲用。

馬貢區的分級有一點不同，馬貢是地方性AOC，獨自擁有2,400公頃的葡萄園，在此之上有43個村莊可以生產馬貢村莊(Mâcon-Villages)，此等級專屬於白酒，最高級的才是五個村莊級AOC產區。在馬貢區並沒有一級與特級葡萄園。五個村莊級產區大多位在南端，其中以普依-富塞最著名，也是最精華的產地，共有740公頃的葡萄園。因為天氣較為溫和，比伯恩丘的白酒更豐滿圓潤，酸味也更柔和，通常也經橡木桶發酵和儲存，出產不少精彩的夏多內白酒。鄰近的Pouilly-Loché、Pouilly-Vinzelles和Saint-Véran，風格近似普依-富塞，但卻清淡許多。單獨位在北邊的Viré-Clessé因為自然條件的關係，夏多內常可達到很高的成熟度，有非常圓潤可口的圓熟口感，香味更有濃郁的甜熟果香。在特殊年份，這裡的夏多內甚至可以釀成貴腐甜酒。

薄酒來
Beaujolais

因產新酒而聞名的薄酒來，在十四世紀之前就已經以加美葡萄釀造年輕多果味的可口紅酒，但直到一九五一年才開始推出標榜當年新產的新酒。新酒上市的日期在十一月的第三個星期四，因為法國的AOC法定產區法令規定，每年生產的葡萄酒必須在這一天之後才能上市。一開始，只在里昂(Lyon)形成風潮，之後陸續在巴黎、倫敦、紐約和東京等國際大城流行起來，到了一九八五年時，已經有超過一半、約九千萬瓶的薄酒來葡萄酒全都釀成新酒，常讓人忘記薄酒來也產一般的可口紅酒。

上：Fleurie村產的紅酒柔和可愛。
下：Saint Amour村的葡萄採收季。薄酒來是法國香檳區以外唯一禁止以機器採收的產區。

南北不同的土質

薄酒來位於蘇茵河(La Saône)右岸的山區鄉間，葡萄園的面積有2萬2,000公頃。在地質上明顯地分成南北兩個區域。大約以薄酒來區的最大鎮Villefranche為界，往南地勢較低，大多是石灰質岩層與石灰質黏土構成，排水性比較差，這邊產的加美葡萄味道比較清淡，大部分的新酒都是產自這個區域。北邊地勢高，地層大多是由火成岩所構成，有許多花崗岩、頁岩以及沖刷堆積成的砂質土壤，不僅排水佳，而且特別適合加美的生長，是精華產區，耐久存的紅酒都來自這一區。

主要葡萄品種：加美 Gamay

薄酒來可以這麼圓順可口，跟當地採用加美有關。種植面積占99%，僅有在北部靠近馬貢區產少量的夏多內和阿里哥蝶白酒。加美的果實大，汁多皮少，皮薄，單寧含量少，釀成的酒香氣簡單，多新鮮果香，味道淡，少見耐久的濃郁紅酒。除了少數生長在花崗岩上的加美外，大多是年

輕即飲的清淡紅酒。釀成新酒的加美葡萄爲了能降低澀味、提早品嘗，大多將整串葡萄不去梗破皮，直接放入密封的酒槽，採用二氧化碳浸皮法釀造。

分級制度

跟法國其他的產區一般，薄酒來的葡萄酒也分成不同的等級，產區內的12個AOC法定產區依據產酒的條件，共分爲三個等級，但是其中只有兩個比較低的等級可以生產新酒。

薄酒來 Beaujolais

這是最普通等級的薄酒來紅酒，主要產自南邊多石灰質的葡萄園，酒的香味以果香爲主，而且口感清淡順口，屬於簡單早喝的日常酒，三分之二的新酒都是屬於這個等級。

薄酒來村莊 Beaujolais Villages

這一等級的薄酒來紅酒來自生產條件較佳的葡萄園，大部分是位在北部的花崗岩地，此外也有更嚴格的生產規定，口感較爲強勁濃郁，有較多的澀味，也比較耐久存。這一等級的薄酒來也能釀成新酒，但是比例較低，僅有三分之一，主要還是釀造一般紅酒。

薄酒來特級村莊
Crus du Beaujolais

薄酒來產區內有10個最優秀的村莊被列爲薄酒來村莊，全都位在北部，直接以村名做爲法定產區的名稱，是薄酒來的明星產區，只能釀成一般的紅酒，不能生產新酒。

1. Brouilly、Côte de Brouilly

兩產區相連，前者地勢較平，後者位在圓丘的斜坡上，由於日照充足，酒的顏色深，口感較強勁濃郁，較耐久存。

2. Morgon、Régnié

Morgon常有較強的單寧澀味，除口感濃厚外，常有櫻桃香氣，有近似黑皮諾的風味，屬耐久存的類型，是最精華的薄酒來產區；Régnié位於Morgon南邊，較柔軟圓潤，以紅色小漿果香爲主。

3. Fleurie、Chiroubles

Fleurie的紅酒常帶有花香，以優雅細緻的風格著稱；Chiroubles的海拔較高，風格新鮮清淡、爽口宜人，適合年輕飲用。

4. Moulin-à-Vent、Chénas

Moulin-à-Vent以火成砂質土爲主，和Morgon並列薄酒來最佳產區，也屬於澀味較重、較耐久的酒，味道濃厚強勁。鄰近的Chénas則產口感柔順可口的紅酒。

5. Saint Amour、Juliénas

最北邊的Saint Amour已是火成岩區的盡頭，附近是白酒的主要產地。Saint Amour紅酒也相當濃厚，但單寧比較柔軟一點。隔鄰的Juliénas產的酒顏色深，單寧強，結構較嚴謹，風格較堅實。

香檳
Champagne

位在法國北部的香檳區，因出產獨特的氣泡酒而成為全世界知名的地區。即使現在全球有不少知名氣泡酒產區，但是香檳卻一直是氣泡酒中的典範，沒有其他地區可相比擬。香檳的迷人之處決不僅止於優雅細緻的風味，更重要的是因為這裡有最多元多變的風格，而更珍貴的是，香檳區裡有非常多聞名全球的香檳酒商，各自展露自家的獨特廠牌風格，是他們數十年甚至一兩百年來的努力經營，以及廠牌風格的營造，才共同造就了今日香檳繁華多樣與璀璨輝煌的格局，而且讓香檳成為全世界平均酒價最高的葡萄酒產區。

香檳酒的起源

雖然產自法國北部的香檳幾乎是全球頂級氣泡酒的代名詞，但是，香檳區原本卻只出產沒有氣泡的葡萄酒，而且因為天氣太冷，葡萄很難成熟，清淡細瘦，酒精度低，品質並不高。一直到十七世紀末，一位本篤會奧特維雷修院(Hautevillier)的教士——貝里儂(Dom Pérignon)才改變了香檳的歷史。他發現未完成發酵的葡萄酒裝瓶後會產生氣泡，氣泡的壓力常將玻璃瓶爆開，於是經過多次研究，釀造出品質穩定的冒泡葡萄。雖然在當時並沒有特別受到注意，但是，香檳氣泡酒的釀造經過兩百多年的演進，特別是在許多酒商的技術改進下，在十九世紀成為今天的模樣，而且大受歡迎，晉身奢侈品等級的高級飲料。

上：唯有在非常低溫的地下酒窖中進行非常緩慢的瓶中二次發酵，才能釀造成如此細膩的氣泡。
下：漢斯山區的奧特維雷修院。

在法國，葡萄酒產區裡最頂尖的酒款大都來自獨立酒莊(domaine)，但是香檳區卻是唯一的例外，由香檳酒商們扮演獨占的角色，酒商們只擁有14%的葡萄園，但是卻生產銷售70%的香檳。每年上市的3億瓶香檳酒中，有一半產自前十大香檳酒商。釀造高品質的香檳需要精確與高超的調配技藝與雄厚的財力，而這正是香檳酒商可以獨霸香檳的關鍵。一七二八年第一家香檳酒商Ruinart創立，接著一七四三年又有Moët & Chandon，其他名廠像Veuve Clicquot Ponsardin、Jacquesson和Lanson等也都是十八世紀就已經創設的老牌名廠。這些早期的酒商為香檳的釀造提供了許多創新的技術。越來越多的酒商加入，也讓各家酒商開始注重自家風格的建立，於是形成了今日非常多樣的香檳風味。

香檳 Champagne

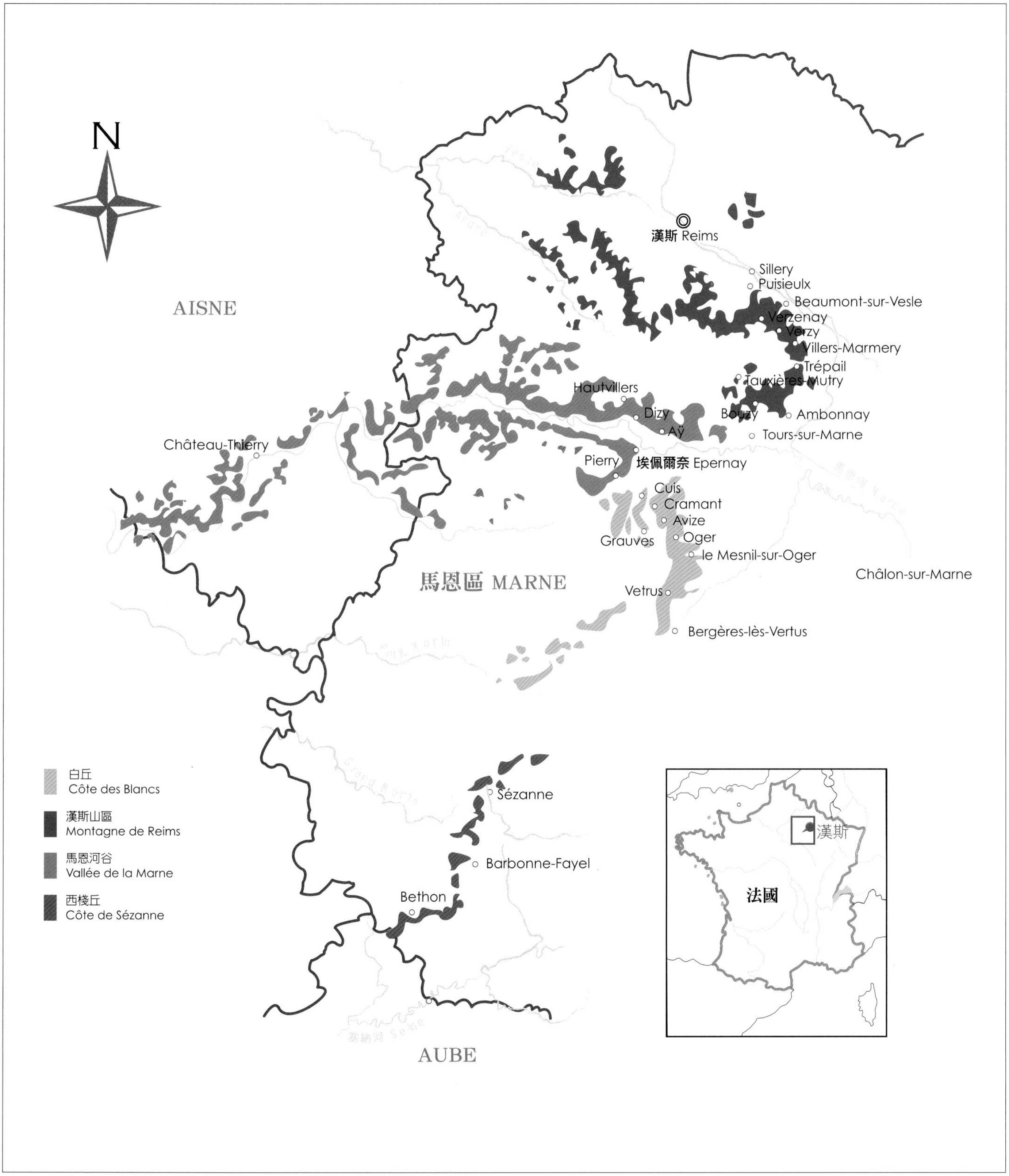
N
AISNE
漢斯 Reims
Sillery
Puisieulx
Beaumont-sur-Vesle
Verzenay
Verzy
Villers-Marmery
Trépail
Tauxières-Mutry
Hautvillers
Dizy
Aÿ
Bouzy
Ambonnay
Tours-sur-Marne
Château-Thierry
Pierry
埃佩爾奈 Epernay
Cuis
Cramant
Avize
Grauves
Oger
le Mesnil-sur-Oger
Châlon-sur-Marne
馬恩區 MARNE
Vetrus
Bergères-lès-Vertus
白丘
Côte des Blancs
漢斯山區
Montagne de Reims
馬恩河谷
Vallée de la Marne
西桟丘
Côte de Sézanne
Sézanne
Barbonne-Fayel
Bethon
漢斯
法國
AUBE

獨特的自然環境

位在巴黎東邊一百公里的香檳區，有3萬公頃的葡萄園。這裡是法國極北的葡萄酒產區，氣候寒冷，已經超過了葡萄種植的臨界，葡萄的甜度常常不夠，不太適合用來釀造一般的葡萄酒；但正因為成熟度不高，保留了細緻的香味和爽口酸度，反而成為釀造氣泡酒的最佳葡萄。最著名的產區包括漢斯山區(Montagne de Reims)、馬恩河谷(Vallée de la Marne)以及白丘三個地方。另外，在南邊還有Côte de Sézanne和Aube兩區，但不及北部三區著名。

香檳區的地下是一大片含有豐富石灰質的白堊岩。這類岩層的特性在於密布許多細小的洞孔和縫隙，除了有保存水分的功能，白色的外表具有反光的效果，可以提高葡萄的成熟度，且因為屬鹼性土質，讓葡萄能保有很強的酸度。另一方面，挖掘深入白堊岩的地下岩洞酒窖，更具有恆溫和保濕的功能，是香檳進行瓶中二次發酵最佳的場所。

釀造香檳的品種

香檳區主要的品種有三個，其中只有原產於布根地的夏多內是白葡萄，而也來自布根地的黑皮諾以及Pinot Meunier都是黑葡萄。三個品種各有特色，夏多內的酸度高，果香重，清新爽口，主要產自白丘區；黑皮諾比較強勁耐久存，以漢斯山區出產的最為著名；種植最廣的Pinot Meunier則較柔和早熟，比較耐霜害，主要種植在霜害嚴重的馬恩河谷。大部分的香檳都是由這三個品種混合調配而成，以綜合三個品種的優點，調配出更均衡與豐富的香檳。

香檳的釀造方法

香檳釀造法一開始和白葡萄酒一樣，只是因為採用許多黑葡萄，必須全由人工採收，然後用輕柔緩慢的方式直接榨汁，以免葡萄皮裡的紅色素跑出來。經酒精發酵與調配之後裝瓶，並加入糖和酵母，封瓶後繼續進行瓶中二次發酵。酒精發酵產生的二氧化碳因為被封在酒瓶中，就成為氣泡酒，而且酒精濃度也可提升1～2%。在窖藏過程中（依規定，香檳從採收後隔年元旦起，要窖藏15個月以上才能上市），死掉的酵母會沉澱在瓶裡成為酒渣，酵母水解的過程會讓香檳的口感變得更圓熟，而且產生特殊如乾果或烤麵包的香氣。一般而言，窖藏的時間越久，風味會越佳，一般無年份的香檳大約需要兩年，年份香檳則需時五年以上才會達到最佳的狀態。若含高比例Pinot Meunier，則不需窖藏太久。

留在瓶中的死酵母最後必須去除才能上市，透過搖瓶(remuage)的程序，搖瓶師傅或是搖瓶機器每天轉一下倒插的香檳，逐漸將酒渣聚到瓶口。最後再開瓶，利用氣泡的壓力將酒渣噴出

左：Pinot Meunier適合釀成柔和早熟的香檳。
右：夏多內釀成的香檳特別精巧細緻。

瓶外，添加混合糖、干邑白蘭地及香檳等的混合液之後，重新封瓶。這樣的過程稱爲香檳法(Méthode Champenoise)，同樣的方法在別處稱爲傳統法，唯有這種在瓶中進行二次發酵的起泡法，才能釀造出細膩精緻的氣泡。

分級制度

香檳是法國最早成立的法定產區，只有兩個AOC，除了一般的Champagne以外，也生產一點無氣泡酒，稱爲Coteaux Champenois，因爲氣候寒冷，成熟度低，通常酒精度低，顏色淡，口感細瘦，但因產量少，價格高。以漢斯山區的Bouzy村所出產的紅酒最爲著名。

香檳區的葡萄園也分等級，依據村莊的自然條件區分等級，但是比較少受到關注，因爲一般的香檳酒商大都混合不同等級村莊的香檳，所以分級較少出現在酒標上。香檳區內產酒的301個村莊，依照自然條件的優劣區分成介於100%到80%的不同等級，這個百分比決定葡萄的價格。100%的村莊屬於特等葡萄園(Grand Cru)，等級最高，葡萄價格也最高，僅17個村莊入選，主要位在漢斯山區和白丘兩區，占8.6%的香檳葡萄園，其中以產夏多內的Cramant和Mesnil-sur-Oger，以及產黑皮諾的Bouzy和Aÿ等等最爲著名；90%到99%則屬於一級葡萄園(Premier Cru)，有43個村莊入選，占全區的22%。

香檳的種類

雖然一般見到的香檳都是無年份的白香檳，但是香檳的種類卻相當多，可用甜度、顏色、有無年份以及採用的品種來區分，同一個酒廠通常會調配出多種不同類型的香檳（或稱爲cuvée）。

不同甜度的香檳

完成二次發酵，經過搖瓶、開瓶去酒渣之後，酒廠會再添加一點糖分進入香檳裡，讓口感更圓潤可口，因爲添加糖分的多寡而變成不同甜度的香檳：最經典也是最常見的Brut型香檳糖分較少，每公升只添加15克以下的糖，Extra Brut則更少，只有6克以下，另外，有3克以下的Brut Nature。Sec或Dry對一般的葡萄酒是指完全不含糖分，但屬於Sec型的香檳則可以含有17到35克的糖，而即使糖分更少的Extra Sec也可含有12到20克的糖；半干型Demi-Sec則在35到50克之間；甜

型Doux則超過50克。

白香檳與粉紅香檳

雖然香檳區種有比較多的黑葡萄，但99%的香檳都是白香檳，年產兩億多瓶，但是也有帶點玫瑰紅或鮭魚紅的粉紅香檳(Champagne rosé)，通常是在白酒中添加紅酒而成，味道比較濃重。因為稀有，比一般的白香檳昂貴，在一八○四年由Veuve Clicquot首先出產。

不同品種釀成的香檳

通常一瓶香檳都混有不同的品種以截長補短，但也有只採用夏多內的「Blanc de Blancs」（白葡萄釀成的白酒），酸度高，果香重，清新爽口；或者僅用黑葡萄釀造的「Blanc de Noirs」（黑葡萄釀成的白酒），口感比較強勁濃重。

▌左：香檳區地底下的白堊岩洞涼爽潮濕，是進行瓶中二次發酵的最佳地點。
▌右：Moët & Chandon是香檳第一大廠牌，不同於法國其他產區以酒莊為主，香檳酒業主要控制在大型酒商的手上。

無年份香檳與年份香檳

各家酒商為了在不同年份的變化間維持廠牌風格，許多香檳都是用不同年份的基酒調配而成，由各酒商的酒窖總管憑著敏銳的嗅覺和味蕾，每年調配出幾近一模一樣的香檳。這也是為何大部分的香檳都沒有標示年份，只在最好的年份才推出品質更優異獨特的年份香檳，依規定需要窖藏三年以上才能上市。

頂級香檳

為了爭取更高的廠牌形象，各酒廠也會竭盡所能，調配最精采也最昂貴的頂級香檳(Cuvée Prestige)，通常採少量精製的方式，最著名的包括Moët & Chandon的Dom Pérignon、Veuve Clicquot的La Grande Dame、Laurent-Perrier的Grand Siècle、Louis Roederer的Cristal，以及Taittinger的Comte de Champagne等等。

香檳的製造者

法國一般的產區分為酒商、酒莊和合作社，在香檳地區的分法更詳細，通常必須透過酒標上的裝瓶者碼來區分：「NM」是可買進葡萄的香檳酒商，「RM」是僅使用自家葡萄的酒莊，「CM」是釀酒合作社，「RC」是合作社成員，「MA」則是購買已裝瓶的香檳再貼上自己標籤的酒商。

阿爾薩斯
Alsace

　　位在法國東北部的阿爾薩斯地區，東隔著萊茵河和德國交界，無論人文或地理環境都與德國相近，表現在葡萄酒方面也不例外。這裡雖然有法國概念的特級葡萄園，但承襲自德國的品種和製酒觀念反而對葡萄酒影響更加深遠。夾雜在兩個文化之間，阿爾薩斯發展出自己的獨特風格。

左：阿爾薩斯的葡萄園主要位在弗日山脈面東的山坡上。
右：Kayserberg村內的特級葡萄園Schlossberg。

自 然 條 件 與 釀 造

　　阿爾薩斯位在已不適合葡萄生長的大陸型氣候區，幸虧有弗日山脈的屏障，讓這裡日照充足，全年雨量只有500毫米，大部分的葡萄園位在山脈東坡的向陽坡地，以獲取最多的陽光。葡萄園分布在北起Marlenheim、南至Thann的條狀地帶，綿延120公里長卻僅有四公里寬，另外還有一小區圍繞在更北邊的Wissemborg附近。產區內沿著山坡豎立著一座座保留完整的中古世紀村莊，在藍天和山頂松林的襯托下，妝點出全法國景致最優美的葡萄園風光。

　　複雜的土質依山坡高低大致可分為三大區段：陡峭的山坡高處土層通常較淺，以火成岩為主，有不少花崗岩、砂岩及頁岩；往下到和緩的山坡中段土層較深，以沈積岩土為主，大部分由石灰土、砂質土及黏土構成；坡底平原區則布滿肥沃的沖積土，已不太適合葡萄種植。

　　受到德國的影響，阿爾薩斯的單位面積產量比法國其他產區高，裝瓶的規定極為嚴格，所有的葡萄酒都必須在當地裝瓶。多數阿爾薩斯白酒都被釀成不甜的干型，不進行乳酸發酵以保有清新的果香味。有些酒莊會刻意提早結束酒精發酵，讓酒中殘留一點糖分以增添圓潤的口感。

各 具 特 色 的 葡 萄 品 種

　　阿爾薩斯葡萄酒的特色在於強調單一品種的表現，並且會在酒標上標示品種名稱。一家酒莊即使同時種植不同品種，除了釀造稱為「高貴的混合」(Edelzwicker)的白酒之外，多將品種分開裝

瓶。由於天氣寒冷，這裡種植白葡萄品種為主，黑葡萄只有黑皮諾一種，大多釀成清淡型的紅酒。相反地，白葡萄品種多達十種，其中有五種被列為優質品種(Cépages nobles)。

麗絲玲 Riesling

這個由德國傳入的優秀品種，在阿爾薩斯弗日山區複雜的土質上表現出非常多變的風味，在黏土質顯得豐厚濃郁；在石灰岩地則有細緻、清爽多酸的表現；在頁岩地則常出現礦石味和汽油的氣味。本地產的麗絲玲多為干型，非常適合佐餐。

灰皮諾 Pinot Gris

這裡又稱Tokay，是口感豐腴的品種。葡萄本身帶玫瑰色，釀造的酒顏色深，酒精度高，厚實的口味可搭配味道較重的食物，有陳放的潛力。也常被製成遲摘型的甜酒。

格烏茲塔明那 Gewürztraminer

阿爾薩斯是全球最精采的格烏茲塔明那產區之一，無論是干型或甜型都有極精采的表現。濃烈的香氣經常有玫瑰花、荔枝、芒果、肉桂、糖漬柳橙皮等香味，常伴隨著高酒精的強勁表現，足以搭配厚重的料理，如當地味道最強的Munster乳酪和採用許多香料烹調的亞洲料理。

蜜思嘉 Muscat

常被用來釀製甜白酒的蜜思嘉，在本地卻出產干型酒。常出現荔枝及玫瑰花香，酸度低、口感圓柔，是不錯的餐前酒。

阿爾薩斯 Alsace

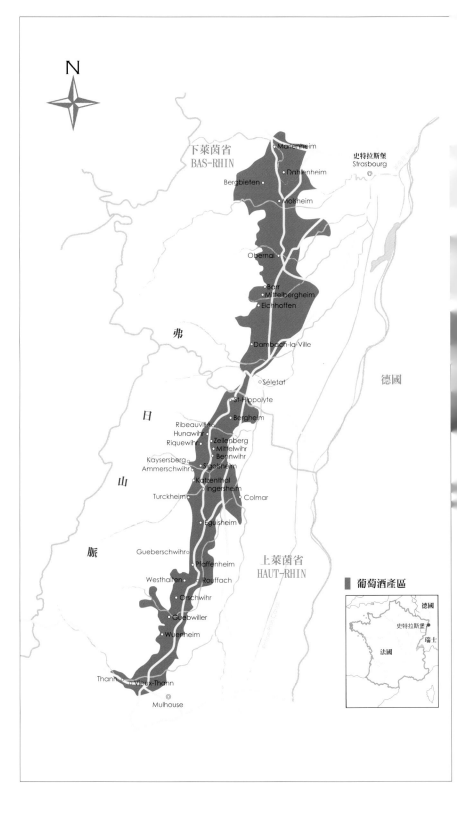

左上：以Giesberg和Osterberg等名園聞名的
Ribeauvillé村。
左下：Hunawhir村的特級葡萄園Rosacker。
右：在阿爾薩斯的酒村內，連酒莊的招牌都帶有
德國的風味。

其他白葡萄品種

希爾瓦那口感清新富有果香，適合儘早飲用（二○○六年被升格為優質品種）；白皮諾在此地又稱Klevner Blanc，常跟Auxerrois Blanc混在一起以白皮諾的名稱銷售，是不錯的日常佐餐用酒；夏思拉常被混合在Edelzwicker中；Klevener de Heiligenstein是Traminer品種中香氣較弱的一種，僅在Heiligenstein村莊周邊有釀製；夏多內則是用來釀造氣泡酒。

法 定 產 區

阿爾薩斯有三個法定產區，其中最常見的Alsace，可加以標示村莊及葡萄園名稱。有些位處山坡、條件特別好的葡萄園，則被列為阿爾薩斯特級葡萄園(Alsace Grand Cru)，自七○年代成立以來有51個葡萄園列級，面積僅占4%左右，只允許採用優質品種，單位產量及葡萄的成熟度都有較為嚴格的要求。儘管有當地老牌酒莊批評列級的條件過於寬鬆，但這個名單仍然相當具有參考價值。阿爾薩斯也生產以瓶中二次發酵的方式釀成的氣泡酒，稱為Crémant d'Alsace。

特 殊 類 型 的 葡 萄 酒

在特別的年份，正常採收期過後，如果碰上乾燥而日照充足，或是晨間多霧且多風的天氣條件，有的酒莊便會選擇保留一部分的葡萄在樹上，用來生產特殊作法的白酒，依規定只能採用五種優質品種。

遲摘葡萄酒 Vendanges Tardives

採收的日期比干白酒晚，葡萄因過熟有著更濃縮的糖分。為了確保品質，果汁在釀造前必須達到規定的含糖量，不許加糖。此類型的白葡萄酒擁有較為濃郁甜熟的香氣，絕大多數是甜酒，卻也可能釀造成高酒精度的干白酒。

選粒貴腐葡萄酒 Sélection de Grains Nobles

簡稱為SGN，採收日比遲摘型更晚，挑選因沾染貴腐黴菌而使得糖分更加濃縮的葡萄釀造，葡萄汁中的糖分比遲摘型更高，發酵完成後仍然含有許多未發酵的糖分。這類葡萄酒香氣非常濃郁豐富，隨著陳年變換各式的香味，從果香系轉變為乾果系香，可媲美波爾多的索甸區以及德國的TBA等級的貴腐甜白酒。

隆河谷地
Vallée du Rhône

隆河是一條孕育葡萄酒的河流，從瑞法邊界的日內瓦湖(Genève)開始進入法國境內，途中流經薩瓦區、隆河谷地，最後注入地中海。以隆河命名的「隆河谷地」產區，指的是北起維恩市(Vienne)、南至亞維農(Avignon)南邊之間綿延220公里長的區域，廣闊的葡萄園多達8萬公頃，是法國第三大葡萄酒產區，90%產紅酒，白酒僅占4%。

隆河谷地以生產堅實高雅的希哈紅酒聞名全球；以格那希葡萄為主，混合其他品種釀成的地中海風格的紅酒則是另一個招牌，在這兩大主流之外，還生產維歐尼耶和胡姍等許多風格獨具的白酒。在隆河以外地區也有許多仿效種植釀造的產區，共同建立了「Rhône Style」，這個在國際葡萄酒市場上占有一席之地的葡萄酒類型。

早在西元前四世紀的羅馬帝國時代，羅馬兵團就在北隆河谷地的羅第丘及艾米達吉兩個產區附近闢種葡萄園，是法國最古老的葡萄園之一。相對地，隆河谷地南部的葡萄酒業發展便晚了許多，著名的教皇新堡到十二世紀才開始栽種葡萄。十八世紀時，隆河谷地南部產的葡萄酒已經相當著名，當時裝酒的橡木桶上經常烙上「隆河丘」(Côtes du Rhône)做為辨識的印記。

▌上：不同於北區的狹隘陡峭，隆河谷南區大多是開闊的河積臺地。

▌下：隆河谷地南邊的教皇新堡產區生產濃厚多酒精的典型南部紅酒。

南 北 迴 異 的 自 然 環 境

因為自然環境的差異，隆河谷地明顯地分為南北兩部分，各自生產風格殊異的葡萄酒。北隆河丘區(Côtes du Rhône septentrionales)位於維恩市到瓦倫斯市(Valence)之間的河谷兩岸，隆河在這裡穿越山區，谷地狹窄，雖然南北長達40公里，但葡萄園面積卻僅有兩千多公頃，只是南部的三十分之一。因為氣候屬寒冷的半大陸性氣候，大多採用單一葡萄品種釀造，而且葡萄園必須位在岸邊陡峭的向陽坡或梯田上才能成熟。這裡的土質以火成岩為主，但也有小部分的葡萄園位在沉積岩層上。

南隆河丘區(Côtes du Rhône méridionales)從蒙特利馬市(Montélimar)以南到亞維農，地形開闊，葡萄園面積達七萬多公頃，屬陽光充足、溫和乾燥的地中海型氣候區，在冬季常有寒冷乾燥的密斯拖拉風(Mistral)吹襲。葡萄園多位在和緩的山坡地和布滿鵝卵石的河積平台。

隆河谷地 Vallée du Rhône

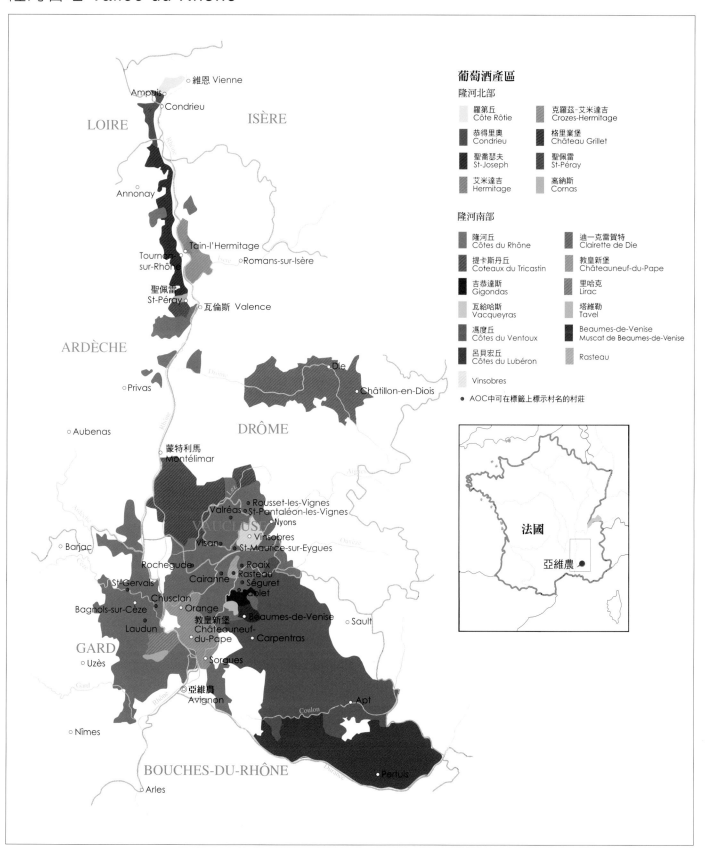

葡萄酒產區

隆河北部

羅第丘
Côte Rôtie

恭得里奧
Condrieu

聖喬瑟夫
St-Joseph

艾米達吉
Hermitage

克羅茲-艾米達吉
Crozes-Hermitage

格里業堡
Château Grillet

聖佩雷
St-Péray

高納斯
Cornas

隆河南部

隆河丘
Côtes du Rhône

提卡斯丹丘
Coteaux du Tricastin

吉恭達斯
Gigondas

瓦給哈斯
Vacqueyras

馮度丘
Côtes du Ventoux

呂貝宏丘
Côtes du Lubéron

迪一克雷賀特
Clairette de Die

教皇新堡
Châteauneuf-du-Pape

里哈克
Lirac

塔維勒
Tavel

Beaumes-de-Venise
Muscat de Beaumes-de-Venise

Rasteau

Vinsobres

● AOC中可在標籤上標示村名的村莊

法國

亞維農

隆 河 的 葡 萄 品 種

　　隆河南北兩區的葡萄品種不盡相同，北區的品種相當獨特，而且大多已經南移，混合南部的品種一起釀造。南部的葡萄品種和環地中海的葡萄酒產區類似，有很多來自西班牙，南部大多混合多品種釀造，以達到整體的和諧。

Côte du Rhône Villages的Visan村。

北部產區

1.希哈 Syrah

　　隆河區最著名的明星品種，原產北區，也是當地唯一的黑色品種，可以生產出顏色深黑、單寧重且耐久存的堅實型紅酒。最頂尖的希哈紅酒來自羅第丘、艾米達吉和高納斯(Cornas)三個產區。南區產的希哈風格較圓厚豐滿，也較多香料香氣，不過很少單獨裝瓶。

2.維歐尼耶 Viognier

　　原產北區的獨特品種，有香濃的杏桃香氣和圓厚的口感，是恭得里奧唯一的品種，在羅第丘也常混入希哈葡萄一起釀造以柔化單寧和增添香氣。南區也有種植，但常因酒精太高而失去均衡。

3.馬姍 Marsanne、胡姍Roussanne

　　是經常互相混合的兩個品種，口感相當圓厚，香氣偏蜂蠟、礦物及椴樹花香味。胡姍酸度高、香氣濃且均衡高雅，但因為難種植已經相當少見。馬姍則有較多的果香。艾米達吉是最精華的產區。隆河南區也有種植，大多混合其他品種一起釀造。

南部產區

1.格那希Grenache、卡利濃Carignan

　　兩者都是原產西班牙的品種，也都喜愛地中海沿岸乾燥炎熱的天氣。格那希以高酒精和紅色漿果香為特色，顏色較淡，也容易氧化，但是圓熟可口，種植面積超過全區一半以上，是隆河區紅酒的主幹，也釀成天然甜葡萄酒(VDN)：卡利濃則屬單寧粗澀、酒精強的品種，品質較差，除了老樹外，已經很少見。

2.仙梭 Cinsault、慕維得爾 Mourvèdre

　　仙梭顏色淡、果香重，適合釀製粉紅酒或搭配其他品種；原產西班牙的慕維得爾雖然顏色深、單寧強，帶有強烈香料及動物香味，但因為成熟慢，在還不夠熱的隆河區只有少量種植。

天然甜葡萄酒

Vin Doux Naturel(VDN)

隆河谷地有兩個天然甜葡萄酒產區，Rasteau主要生產格那希釀造的紅甜酒，相當濃甜。另外Muscat de Beaumes-de-Venise則是蜜思嘉甜白酒，採用小粒種蜜思嘉，香氣清新細緻，常有檸檬、玫瑰和荔枝香，當餐前酒或搭配水果類的甜點都很適合。Beaumes-de-Venise村所出產的紅酒則屬於獨立村莊級AOC。

3.其他白葡萄品種

　　高酒精、口感柔和的白格那希(Grenache Blanc)，和以清新果香和酸味為特色的Clairette是最重要的品種。其他還有有濃郁果香的布布蘭克(Bourboulenc)、酸味高的白于尼，以及用來釀造天然甜葡萄酒的蜜思嘉。

產區分級

　　隆河產區內主要的17個法定產區共分為三個等級，最低的等級為「Côtes du Rhône」，產區範圍廣，占了七成以上的產量，大多是有著熟果香氣、順口好喝的柔和型紅酒，但偶有濃厚多酒精的類型。在這一級之上為村莊級產區「Côtes du Rhône Villages」，必須採用來自條件較好的95個村莊的葡萄釀成，其中條件最好的18個村莊可以在標籤上標示村名。這一等級的紅酒味道比較濃重，更有個性，也較耐久存。特別是來自Cairanne和Rasteau等幾個最佳的村莊有更精采的表現。

　　在隆河丘附近有許多外圍的葡萄酒產區，其中較著名的包括Côtes du Lubéron、Côtes du Ventoux、Coteaux du Tricastin、Costières de Nîme以及產氣泡酒的Clairette de Die。

　　最高等級為獨立村莊級「Les Crus」，生產的葡萄酒多以村莊命名，北區有八個，南區有七個，各成立獨立的法定產區。皆有獨特的風格和專長的酒種，其中不乏全球聞名的頂尖產區。

北區的獨立村莊級產區 Les Crus Septentrionales
羅第丘 Côte Rôtie

羅第丘的棕丘生產較濃澀耐久的紅酒。

　　有將近兩百公頃葡萄園的羅第丘，位在維恩市以南、隆河右岸極為陡峭的山坡上，是全球希哈紅酒的聖地。開闢成梯田的狹窄葡萄園主要面向南邊和東南，可以接收到許多陽光。配上滿布雲母頁岩和片麻岩的土壤，讓希哈葡萄得以釀成嚴謹堅挺卻帶著迷人花果香氣與高雅均衡口感的世界級珍釀。

　　羅第丘雖然只產紅酒，但卻允許添加20%以內的維歐尼耶以柔化希哈紅酒的澀味，不過真的這樣做的酒莊並不多。南北綿延八公里的葡萄園精華區在Ampuis村周邊的棕丘(Côte Brune)與金黃丘(Côte Blonde)。村子西邊和北邊的棕丘，土壤帶棕褐色，含較多的黏土，釀成較為緊澀堅硬的紅酒，著名的葡萄園La Landonne和La Turque即位在這裡。南邊的金黃丘因混有一點泥灰白堊土，土質色澤較淺，且混有一些砂質，土壤較不黏密，酒的風格更均衡典雅，名園La Mouline是此區的精華區之一。除了少數單一葡萄園的酒款，大部分的羅第丘紅酒都多少混有兩邊的葡萄酒。

　　相較於更濃厚、顏色更深、口感更堅澀的艾米達吉，羅第丘在年輕時常有更多迷人的花果香氣，在口感上也有較多精巧的變化，但是，羅第丘卻一樣有相當好的久存潛力，可以變化出非常豐富多變的陳年希哈紅酒香氣。

恭得里奧 Condrieu、格里業堡 Château Grillet

　　北邊緊鄰著羅第丘的恭得里奧卻是一個完全生產白酒的產區，同樣位在狹隘梯田上的葡萄園不到一百公頃，土壤以花崗岩爲主，全部種植原產本地、風格非常特別的維歐尼耶葡萄。釀成的白酒有其他葡萄酒少見的的杏桃、水蜜桃、新鮮杏仁及茉莉花香氣，口感均衡感較差，酸度低，酒精明顯，餘味偶爾帶一點苦味，適合趁新鮮品嘗，不太耐久存。不過因爲風格特別，加上產量不多，使得酒的價格非常昂貴。恭得里奧以干白酒爲主，但也有釀成晚收的甜型白酒，常有更濃的香氣。

　　在恭得里奧的產區內有一個獨立的法定產區格里業堡，只有一家酒莊，3.8公頃極險峻的梯田葡萄園，生產類似恭得里奧的白酒。

聖喬瑟夫 Saint Joseph

　　位在隆河右岸綿延40公里，有850公頃葡萄園的聖喬瑟夫，因爲有許多葡萄園位在海拔較高的臺地上，葡萄酒的水準良莠不齊，只有南部在艾米達吉對岸的山坡上有比較精采的表現。主要以產希哈紅酒爲主，是北區最清淡柔順的紅酒產區。另外也產一點以馬姍爲主的可口白酒。

艾米達吉 Hermitage、克羅茲-艾米達吉 Crozes-Hermitage

　　隆河北部的葡萄園大多位在河的右岸，左岸的Tain-l'Hermitage城附近因爲隆河向東轉了九十度的彎，造就了一個完全面南的山坡，是全球最頂尖的希哈紅酒產地艾米達吉的所在。117公頃的葡萄園，75%種植希哈，其餘種植馬姍和胡姍。不同於右岸較多花崗岩，河流的堆積和沖刷讓艾米達吉由山下到山上有非常多樣的土質。山腳下多石灰質土，混合著黏土、砂子與鵝卵石塊，出產較柔和圓順的紅酒。山坡中段由深厚的火石和鵝卵石混合黏土，生產特別優雅細緻的紅酒，常帶著花香，單寧滑細，口感最爲細膩。山頂土壤主要以粉紅顏色的花崗岩爲主，生產澀味最重、酸味高、顏色特別深黑、風格最爲強硬的紅酒。

上：格里業堡以濃厚多香的維歐尼耶白酒聞名。
中：北隆河右岸的聖喬瑟夫產區。
下：位在朝南山坡上的艾米達吉產區。

　　艾米達吉紅酒可加入10%以內的馬姍與胡姍以柔化單寧，但不常見。這裡產的紅酒顏色深黑，酒香濃郁且變化豐富，常有紫羅蘭花和黑色漿果香氣，陳年後有荔枝乾、陳皮、香料及皮革等特殊香味。口感特別緊密且厚實，單寧含量高，澀味重但質感緊緻，是非常耐久的頂級佳釀，比羅第丘有更雄壯的架勢。

　　艾米達吉的白酒則是全隆河區最精采的，除一般果香，常有洋香槐、蜂蜜、杏仁、蜂蠟與礦石等少見的曼妙香氣。豐潤的口感配上強力的酸味，口感特別強勁，和紅酒一樣有相當的久存潛力。艾米達吉也出產法國少見的麥桿酒(vin de paille)，這種產量小的昂價甜酒是採用過熟但健康的白葡萄，置放於麥桿上風乾至少45天，等水分蒸發之後再進行榨汁發酵而成，非常甜美香濃。

　　環繞於艾米達吉的克羅茲-艾米達吉是北區面積最大的產區，有上千公頃的葡萄園，紅白酒皆有

生產。葡萄主要種植於河積臺地上，酒較清淡多紅果味，但成熟較快，可口美味。

高納斯 Cornas、聖佩雷 Saint-Péray

僅種植希哈的高納斯位在隆河左岸，面積僅有80公頃左右，但是這裡的花崗岩葡萄園卻生產出全隆河區，甚至全法國最堅硬粗獷的希哈紅酒。傳統的高納斯的紅酒顏色深黑，單寧澀味很重，雄壯粗獷，需要等待數年才能讓酒柔化。

緊鄰高納斯南邊的聖佩雷因為轉為多石灰質的土壤，僅產白酒，九成以上種植馬姍，其餘為胡姍。80%釀造成氣泡酒，有相當爽口的酸味，是清爽早熟的可口白酒。

南區的獨立村莊級產區 Les Crus Méridionales

教皇新堡 Châteauneuf-du-Pape

教皇新堡以亞維農教皇夏宮所在的小村為名，有廣達三千多公頃的葡萄園。乾熱的氣候、深厚的鵝卵石積平臺地形與混合繁多的品種，讓教皇新堡成為隆河南部最知名也最具代表的紅酒典型，高酒精、圓厚豐滿的口感配上甜熟的漿果、香料與普羅旺斯香草，交匯成屬於法國地中海岸最性感但帶一點粗獷的迷人紅酒口味。

跟大部分法國南部的紅酒產區一樣，教皇新堡混合多種品種以得到最好的均衡，但是主要以格那希做為主幹，再混合慕維得爾、希哈以及一點點當地的傳統品種。紅酒酒精強，口味濃重，有中等的耐久潛力。因為範圍廣，產區內的紅酒水準和風味差距較多。產量不多的白酒以白格那希和Clairette為主，加有一點胡姍和布布蘭克，屬圓厚型的白酒。

吉恭達斯 Gigondas、瓦給哈斯 Vacqueyras

這兩個相鄰的產區是由「隆河丘村莊」升等的產區。吉恭達斯成立較早，產紅酒和一點粉紅酒，與教皇新堡一樣以格那希為主，搭配希哈和慕維得爾，酒的風格也相當類似。瓦給哈斯紅、白、粉紅酒都產，但還是以紅酒為主，與吉恭達斯的風格類似，但平均水準較低。另外，南邊的Beaumes-de-Venise和更靠近東邊山區的Vinsobres所產的紅酒，也已升級為獨立村莊級產區。

里哈克 Lirac、塔維勒 Tavel

隆河右岸的里哈克和塔維勒雖然相鄰，但卻生產不同類型的葡萄酒，前者主產紅酒，後者卻單單生產粉紅酒。里哈克的紅酒比教皇新城來得淡，也生產粉紅酒和以Clairette為主釀成的風格較濃厚的白酒。塔維勒的粉紅酒以格那希和仙梭為主，釀成風格濃厚、酒精強的粉紅酒，不同於普羅旺斯清淡爽口的類型，口感更加濃郁。

上：紅酒風格濃厚粗獷的高納斯村。
中：教皇新堡的鵝卵石葡萄園。
下：Gigondas村多石灰質的葡萄園。

羅亞爾河谷地
Vallée de la Loire

羅亞爾河流域因爲溫和的氣候、繁盛蓊鬱的林木與四處林立的城堡，而被稱爲「法國的花園」，這裡，也是法國重要的葡萄酒之鄉，生產種類多元、風格獨特而且價格平實的葡萄酒。羅亞爾河是全法最長的河流，沿岸的葡萄園從上游中央山地到大西洋岸，長達一千公里，共有6萬8,000公頃的葡萄園，其中有4萬3,000公頃屬AOC等級，法定產區數多達70個，各產區的風味變化多端，卻因爲羅亞爾河而串聯起來。

以白梢楠(Chenin Blanc)葡萄所釀成的白酒，不論是不帶甜味或是貴腐甜酒，都是羅亞爾河谷地最具代表的酒款。此外中央區(Centre)的白蘇維濃(Sauvignon Blanc)干白酒，中部盛產以卡本內-弗朗(Cabernet-Franc)釀成的紅酒，也都是這裡的明星。

今日羅亞爾河的葡萄酒產區集中在中下游，但是最早的葡萄園卻是位在上游，在西元一世紀左右由高盧人建立，到了六世紀才發展到下游。由於鄰近巴黎和英國市場，在歷史上一直都是重要產區，不過稱不上國際知名。一直到半世紀之前，才靠著白梢楠和白蘇維濃釀成的精采白酒聞名海外。

上：Azay-le-Rideau堡。氣候溫和的羅亞爾河流域城堡林立，被譽爲法國花園。
下：綿延一千公里的羅亞爾河沿岸出產各式風格的葡萄酒。

變化多端的地理環境

距離大西洋的遠近，影響羅亞爾河谷地各產區的氣候。離海最遠的中央區已幾近大陸性氣候，較爲寒冷乾燥；大西洋沿岸的南特區，則屬溫帶海洋性氣候，因爲有暖流調節，氣候溫和也較潮濕。羅亞爾河屬歐洲西北部最北的葡萄種植區，氣候較寒冷，因爲天氣不是很穩定，每個年份之間常有極大的差別。

羅亞爾河谷地的地質環境主要分成三個區域：最西邊從南特到萊陽丘區(Coteaux du Layon)是亞摩里坎山地(Massif Armoricain)，地勢多爲低緩的丘陵，由堅硬的火成岩和花崗岩構成，間雜

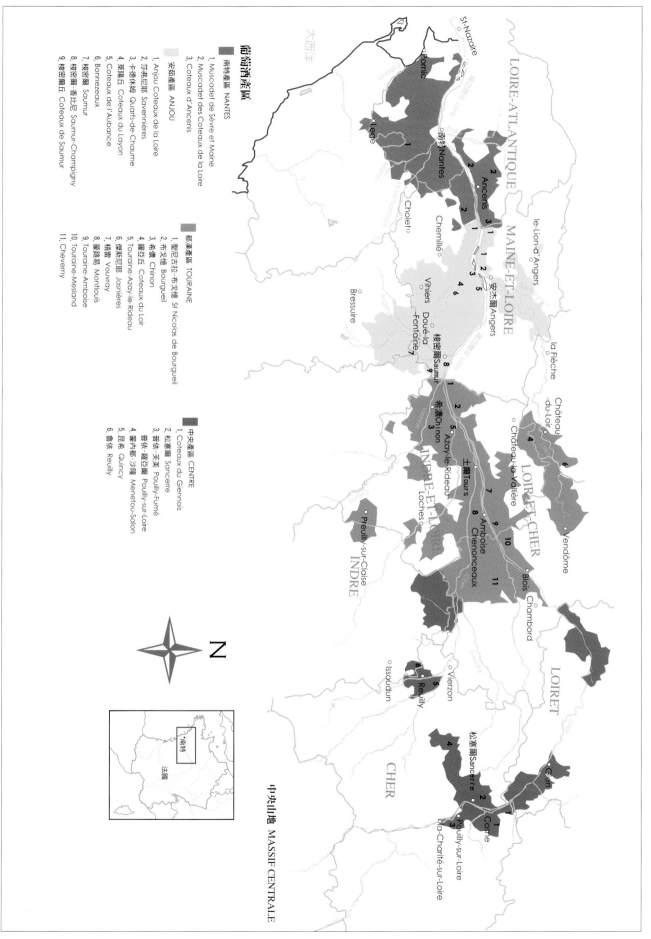

羅亞爾河谷地 Vallée de la Loire

葡萄酒產區

南特產區 NANTES
1. Muscadet de Sèvre et Maine
2. Muscadet des Coteaux de la Loire
3. Coteaux d'Ancenis

安茹產區 ANJOU
1. Anjou Coteaux de la Loire
2. 沙弗尼耶 Savennières
3. 卡德休姆 Quarts-de-Chaume
4. 萊陽丘 Coteaux du Layon
5. Coteaux de l'Aubance
6. Bonnezeaux
7. 梭密爾 Saumur
8. 梭密爾香比尼 Saumur-Champigny
9. 梭密爾丘 Coteaux de Saumur

都漢產區 TOURAINE
1. 聖尼古拉布戈憶 St Nicolas de Bourgueil
2. 布戈憶 Bourgueil
3. 希儂 Chinon
4. 羅亞丘 Coteaux du Loir
5. Touraine-Azay-le-Rideau
6. 傑斯尼耶 Jasnières
7. 梧雷 Vouvray
8. 蒙路易 Montlouis
9. Touraine-Amboise
10. Touraine-Mesland
11. Cheverny

中央產區 CENTRE
1. Coteaux du Giennois
2. 松塞爾 Sancerre
3. 普依芙美 Pouilly-Fumé
4. 普依羅亞爾 Pouilly-sur-Loire
5. 蒙內都沙隆 Menetou-Salon
6. 昆希 Quincy
6. 魯依 Reuilly

LOIRE-ATLANTIQUE

MAINE-ET-LOIRE

INDRE-ET-LOIR

LOIR-ET-CHER

LOIRET

INDRE

CHER

N

中央山地 MASSIF CENTRALE

著低矮的板岩臺地。之後由萊陽丘往西，就進入以沉積岩為主的巴黎盆地，地形主要由小圓丘構成，土質以白堊紀的柔軟岩層為主，除了富含石灰質的岩層，也間雜一些礫石地和砂地。東部的中央區則屬巴黎盆地的邊緣地帶，地勢起伏較大，岩層為侏羅紀晚期、含泥灰質的石灰岩土質的Kimmérigian岩層以及Portlandian時期的堅硬石灰岩塊。

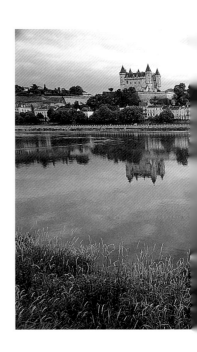

多元的葡萄品種

葡萄品種也很多元。白葡萄以白梢楠、白蘇維濃和蜜思卡得最具代表性。白梢楠原產於安茹地區，酸味強，常帶有蜂蜜、礦石和白花香，適合生產干型、半甜和貴腐甜酒等不同甜度的白酒，也可釀造氣泡酒，在法國，只有羅亞爾河中部有種植。最著名的產區包括莎弗尼耶(Savennièrs)、萊陽丘以及梧雷(Vouvray)。白蘇維濃在羅亞爾河主要種植於中央區和都漢區(Touraine)，只生產干白酒。在中央區有絕佳的表現，以特有的白色水果、黑莓葉芽香以及礦石火藥香味著稱，酸度通常很高，都漢區出產的則較為簡單清淡。蜜思卡得主要種植於南特區，酸度高，口感清新，有時略帶一點鹹味，常有豐富果香和礦石味，一般釀成年輕簡單的清淡白酒。

黑葡萄則以卡本內-弗朗最具代表，主要分布在中游的產區，除了混合其他品種，也常單獨釀造，在羅亞爾河產區表現柔和多果味的風格，單寧適中，口感均衡，也略具儲存潛力，較波爾多所出產的來得清淡早熟，但果味較豐富，口感也較為柔和。除此之外，羅亞爾河中游還種植不少加美，主要用來生產清淡型的紅酒。上游的中央區紅酒則大多採用布根地的黑皮諾釀造，通常較布根地紅酒清淡許多，甚至接近粉紅酒。

獨立的四大產區

南特 Nantes

靠近羅亞爾河出海口，地勢低平緩和，葡萄園面積有1萬5,000公頃，以生產蜜思卡得干白酒聞名。酒的酸度高，口味清淡，常有白色水果的清香，略帶一點礦石的味道。通常不適合久放，以新鮮的果香取勝，是法國最常用來搭配生蠔與海鮮冷盤的日常干白酒。屬於「sur lie」等級的，因為在發酵完成後讓死掉的酵母和酒繼續浸泡一起，酵母水解後讓酒的口感較圓潤厚實。

蜜思卡得產區有四個法定產區，其中最著名的是Muscadet Sèvre et Maine，幾乎占了85%的產量，另外還有Muscadet、Muscadet Coteaux de la Loire和Muscadet Côtes de Grandlieu，風格都相當近似。

┃ 上：梭密爾位在羅亞爾河南岸的石灰岩層上，附近出產爽口多酸的氣泡酒。
┃ 左：蜜思卡得白酒清淡易飲，是在配生蠔的最佳選擇之一。

安茹產區 Anjou

　　兩萬公頃的葡萄園，品種繁多，釀造法也很多元，造就了豐富多變的各式葡萄酒風格。安茹以粉紅酒著名，也是白梢楠白酒的最佳產地，干型和甜型都相當精采。在梭密爾(Saumur)附近更出產品質優異的氣泡酒，另外還有以卡本內-弗朗為主釀成的美味紅酒。因為地質顏色的關係，安茹分成藍色和白色兩部分，西部屬於亞摩里坎山地的火成岩土質區，非常適合白梢楠的種植，東邊屬於巴黎盆地的沉積岩土質區，盛產氣泡酒和紅酒。

　　安茹地區有17個法定產區，其中最廣泛的是Anjou，紅、白、粉紅酒、氣泡酒都有生產。Anjou Villages等級的AOC，則專門生產以卡本內-弗朗為主的紅酒。這裡產的粉紅酒有兩個獨立的AOC，分別是Rosé d'Anjou和Cabernet d'Anjou，口味清淡帶一點甜味。

　　甜白酒以南岸的萊陽丘最著名，以白梢楠為唯一品種，每年因天氣條件生產半干、半甜、甜或貴腐等不同甜度的甜白酒。酒的口感均衡不會太甜膩，常有蜂蜜、杏桃和洋槐花的香味，特優的年份可經得起數十年的儲存。生產條件較佳的地區則列為萊陽丘村莊(Coteaux du Layon Villages)，另外還有三個條件特優的葡萄園Bonnezeaux、Quarts de Chaume和Chaume，分別有獨立的AOC。

　　干白酒以河北岸的莎弗尼耶最著名，白梢楠在紫色砂岩和頁岩地表現最豐潤均衡的一面，而且常有花香、礦石與蜂蠟等香氣，是全羅亞爾河最獨特的干白酒產區。產區中有Roche-aux-Moines以及Coulée-de-Serrant兩塊特級葡萄園，因產酒條件特優，分別有獨立的AOC。

　　梭密爾產的氣泡酒則以白梢楠為主，添加一點夏多內，多果香，有清新的口感。若是粉紅氣泡酒則添加一點卡本內-弗朗。除了氣泡酒，也產紅酒、干白酒以及半干型的粉紅酒，另外也有Coteaux de Saumur專產甜白酒。鄰近的Saumur-Champigny含有較多黏土質，專產紅酒，主要以卡本內-弗朗為主，風格較為濃郁結實，是安茹區紅酒的代表。

上：羅亞爾河南岸的Saumur-Champigny是安茹地區最具潛力的紅酒產區。
右：以白梢楠釀造的甜酒產區萊陽丘。
下：希儂是羅亞爾河最著名的紅酒產區。

都漢區 Touraine

　　都漢區也同樣生產各式的葡萄酒，但只有一萬公頃的葡萄園。因為離大西洋岸已有一段距離，氣候屬介於海洋性氣候和大陸性氣候之間的過渡地帶，土壤以石灰質為主。Touraine是地方性AOC，囊括13個品種，生產紅、白、粉紅酒、新酒以及氣泡酒，是法國最清淡簡單的AOC等級平價酒。

　　都漢區西邊有三個產卡本內-弗朗紅酒的村莊級AOC，分別是希儂(Chinon)、布戈憶(Bourgueil)和St.-Nicolas de Bourgueil，在這裡，卡本內-弗朗難得單獨釀造，生產出全羅亞爾河最精采的紅酒，有鉛筆芯、紅色水果與紫羅蘭花香，以及均衡的口感，在好的年份還有耐久的潛力，但大多在年輕時就相當順口適飲。其中布戈憶位居北岸，天氣特別炎熱乾燥，而且有不少排水良好的

礫石地和山坡地,顏色最深、味道最濃。西鄰的St-Nicolas de Bourgueil砂質較多,口味比較清淡。希儂在南岸,較為柔和,有時多一分細緻,位於坡地的葡萄園水準較高,但有不少產自砂質地的希儂紅酒則屬清淡早熟的風格。

都漢區的白酒以產白梢楠的梧雷以及蒙路易(Montlouis)最為著名,也都屬於村莊級AOC產區。梧雷位在河北岸邊的的石灰質臺地,蒙路易則在南岸,因為多石灰質黏土,白梢楠所釀成的白酒比安茹區有更強烈的酸味。出產的白酒類型相當多,依每年天氣的條件,從干型白酒到各式甜白酒都有生產。這裡的氣泡酒也相當著名,因為酸度特別高,耐久的程度甚至超過莎弗尼耶和萊陽丘。

其他較特別的白酒,包括在北邊的Coteaux du Loir區域裡的Jasnières,也產不錯的白梢楠白酒,有接近莎弗尼耶的水準;南邊的Cheverny區裡的Cour-Cheverny專產以Romorantin葡萄釀成帶花香的迷人干白酒。

中央區 Centre

上游的中央區大陸性氣候的特徵更為明顯,主要生產以白蘇維濃釀成的干白酒。葡萄園多半位於石灰岩塊混合貝殼化石和打火石的山坡,讓白蘇維濃得以釀成多酸且帶礦石與火藥氣味的獨特風格。在中央區的眾多產區中,以松塞爾和普依-芙美最為著名,是全球最頂尖的白蘇維濃產區之一。

松塞爾以濃烈的香味著稱,除了水果香氣,常帶礦石與火藥氣味,以及青草與黑莓樹芽等香氣,配合有著爽口酸味的均衡口感。通常松塞爾都趁年輕時即飲用,但略可久存。松塞爾也產黑皮諾紅酒及粉紅酒,不如布根地精采,但常有新鮮宜人的櫻桃香與清爽偏瘦的口感。普依-芙美同樣生產風格類似的白蘇維濃干白酒,常帶有煙燻或火石味。隔鄉的Pouilly-sur-Loire則出產較清淡型的白酒,除了白蘇維濃,還混有夏思拉葡萄釀造。松塞爾西南邊的Menetou-Salon也一樣產白蘇維濃白酒和黑皮諾紅酒,風格類似,但價格更便宜。

上:希儂產區以卡本內-弗朗釀造成柔和均衡風格的紅酒。
中:普依-芙美產的白蘇維濃白酒常有礦石與火藥香氣。
下:Huet酒莊在舊橡木桶中進行梧雷白酒的陳年培養。

普羅旺斯
Provence

邦斗爾產區生產濃厚粗獷的紅酒，傳統主要在大型的木桶中陳年。

　　年輕新鮮、清涼止渴的粉紅酒是普羅旺斯的招牌酒款，但身為地中海沿岸的葡萄酒產區，隱藏在80%的粉紅酒背後，普羅旺斯最精采的卻是風味濃厚、帶點粗獷的南方紅酒，以及一些意想不到的奇特干白酒。

　　普羅旺斯產區直接位在法國東南部的地中海岸邊，有典型乾熱的地中海氣候與高低起伏的石灰岩地形。溫和的氣候不僅吸引北方的觀光客，也非常適合葡萄的生長。西元前六百年，腓尼基人曾在此種植葡萄，成為法國最古老的葡萄園。普羅旺斯的葡萄品種非常多，以隔鄰隆河區南部的品種為主，同時還有來自波爾多的卡本內-蘇維濃、白蘇維濃與榭密雍，本地特有的黑葡萄如Tibouren與Feulla(Folle Noir)，來自義大利的Barquet，以及在本地稱為Rolle、來自科西嘉的Vermentino白葡萄等，種類非常多元。

　　普羅旺斯丘(Côtes de Provence)是本地最主要的區域級法定產區，有1萬8,000公頃的葡萄園，以生產清淡爽口的粉紅酒為主，沒有太強烈的個性，很適合配沙拉或是添加醋與蒜頭的料理。此外也出產一點紅白酒。其他區域級法定產區還包括位居西邊的艾克斯丘(Coteaux d'Aix en Provence)，生產較多的紅酒。另外還有瓦華丘(Coteaux Varois)，以及偏北部山區、氣候涼爽的皮耶維爾丘(Coteaux de Pierrevert)。

地方級法定產區

　　普羅旺斯葡萄酒的精華區位在幾個分散各地、產區獨立而且風格非常特別的小產區裡。其中

普羅旺斯 Provence

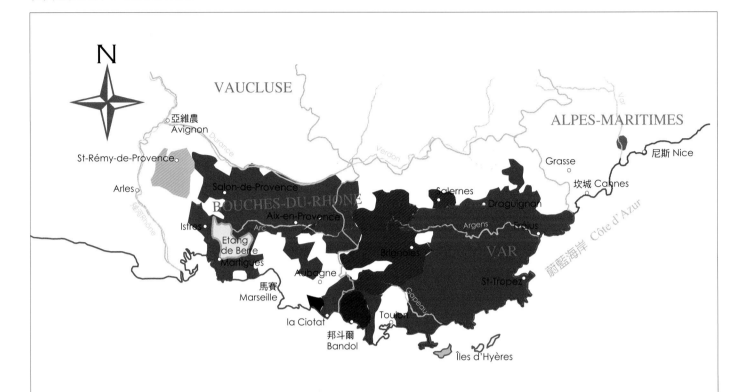

法國

馬賽

阿加修

普羅旺斯葡萄酒產區

- 普羅旺斯丘
  Côtes de Provence
- 艾克斯-普羅旺斯丘
  Coteaux d'Aix-en-Provence
- 玻-普羅旺斯丘
  Coteaux des Baux-de- Provence
- 巴雷特
  Palette
- 邦斗爾
  Bandol
- 卡西斯
  Cassis
- 貝雷
  Bellet
- 瓦華丘
  Coteaux Varois

科西嘉島葡萄酒產區

- 阿加修
  Ajaccio
- 巴替摩尼歐
  Patrimonio
- 科西嘉葡萄酒
  Vin de Corse
  1. Coteaux/Muscat du Cap Cores
  2. Calvi
  3. Figari
  4. Sartène
  5. Porto-Vecchio

科西嘉島

普羅旺斯南方180公里的科西嘉島，夾雜在法義的地理與文化之間，培育出自成一格的葡萄酒風貌。島上的紅酒除了採用隆河南區的品種外，當地特有的品種Sciaccarello也相當重要，生產顏色淡、柔和細緻，多胡椒與香料香氣的爽口紅酒；另外也有來自義大利的Nielluccio（山吉歐維列），常可釀成顏色深、單寧澀味重的紅酒。雖然位處地中海氣候區，但是科西嘉白酒卻有相當爽口的酸度與細緻的新鮮果香，主要品種是原生馬爾他島、經由西班牙傳入的Vermentino葡萄，不過產量不多。

島上的法定產區，最主要的是遍布全島四周的Vin de Corse，包含Coteaux du Cap Corse、Calvi、Sartène、Figari及Porto-Vecchio五個次產區。首府Ajaccio附近也有同名的產區，以出產可口的Sciaccarello紅酒聞名。位居北邊的Patrimonio是科西嘉最受 目的產區，葡萄園位在石灰岩層的山坡，生產島上最強勁堅實、以Nielluccio葡萄為主釀成的紅酒。白酒的品質也相當好，以Vermentino為主，香氣濃郁，口感圓潤但卻又有爽口酸味。

島的東北端有一個地形險峻、滿布頁岩的細長 角，出產全法國最優雅均衡的蜜思嘉甜白酒Muscat du Cap Corse，因為甜度較法國其他天然甜葡萄酒低，口感非常清爽協調。

最具代表的是邦斗爾。這裡炎熱的氣候讓晚熟的慕維得爾葡萄得以完全成熟，表現強勁結實卻又圓融可口的風格，1,540公頃的葡萄園有一半以上種植慕維得爾，是全法比例最高的產區。也因此，邦斗爾紅酒除了成熟的漿果香外，並以帶動物香氣聞名，也常有胡椒、普羅旺斯香草和肉桂等香料香氣；雖然口感圓厚，但也帶強勁的單寧，稍粗獷，但有耐久潛力。邦斗爾也產一點白酒和粉紅酒，較普羅旺斯丘來得濃厚，但沒有紅酒那般令人印象深刻。邦斗爾西邊的卡西斯(Cassis)是一個面海環山的小漁港，周圍的山坡生產本地少見的可口干白酒。除了濃郁的香氣外，因受到海洋的調節，葡萄保留不錯的酸度，釀成的白酒有相當均衡的口感。玻-普羅旺斯(Les Baux de Provence)則是從艾克斯丘獨立出來的產區，位在全區的最西邊，150公頃的葡萄園以出產添加較多卡本內-蘇維濃和希哈的濃厚紅酒聞名。

至於巴雷特(Palette)和貝雷(Bellet)兩個超小型的產區，雖然相當少見，但是卻像是活的博物館般保存了普羅旺斯的釀酒傳統。位在艾克斯市東郊的巴雷特，僅28公頃，以Château Simone為首，在朝北、涼爽的石灰岩坡地上種植多達二十多種的傳統葡萄酒品種。紅、白和粉紅酒都有生產，但以白酒最為特別，80%的Clairette混合其他品種，有豐富多變的香氣與油滑卻均衡的口感。貝雷則位於尼斯西北市郊的山區，僅存32公頃的葡萄園，紅酒採用義法混血的品種，來自義大利的Braquet混合Feulla和格那希。白酒主要採用Rolle，混合一點夏多內，屬圓厚香濃型的奇異干白酒，常有爽口的酸味，也頗耐久放。

左上：科西嘉島南端的Porto-Vecchio產區。
左：玻-普羅旺斯以產希哈混合卡本內-蘇維濃的紅酒聞名。
右上：因為有地中海風的調節，卡西斯出產的白酒保有不錯的爽口酸味。

西南區
Sud-Ouest

左：西南區鄰近波爾多的幾個產區，如貝傑哈克，生產風格類似波爾多的紅酒。

右：貝傑哈克產區除了紅酒，也生產相當多的貴腐甜酒。

多樣的環境和文化讓法國西南區匯集了許多風格獨特的產區，生產全法風味最多樣的葡萄酒。西南區雖然成名得比波爾多還早，但是因為波爾多的港口優勢，從羅馬時期開始，波爾多就扮演了西南區葡萄酒外銷港的角色，也讓這裡的葡萄酒幾百年來都一直籠罩在波爾多的陰影之下。波爾多有自己的葡萄園，西南區必須等波爾多葡萄酒售罄之後才能經以波爾多為名銷售到海外市場。即使現在，西南區也還沒完全擺脫「小波爾多」的印象。

事實上，西南區比較類似羅亞爾河產區，這是一個由四個獨立產區所共同組成的廣大區域，這四個產區內各自有許多法定產區，生產各類風格的葡萄酒。而真正生產比較近似波爾多葡萄酒的產區，只有直接和波爾多相連的貝傑哈克(Bergerac)和阿基坦邊區(La Bordure Aquitaine)，至於另外的高地區(Le Haut Pays)以及庇里牛斯區(Les Vignobles des Pyénées)則是出產完全不同風貌、充滿著地方風味的獨特葡萄酒。

整體而言，法國西南區的氣候跟波爾多所在的吉隆特省差不多，屬溫帶海洋性氣候區，只有東邊比較靠近內陸與中央山地的地區，受到一些大陸性氣候的影響。在地質上，西南區的地表主要是由新生世第三紀的沉積岩所構成，但因產區遼闊，地質的變化相當多元。

西南區的葡萄品種非常多元，波爾多的主要品種，包括卡本內-蘇維濃、梅洛等黑葡萄，以及白蘇維濃、榭密雍等白葡萄，在這裡一樣相當常見，特別是在波爾多表現不佳的馬爾貝克，在西南區反而有較精采的表現。在波爾多品種之外，西南部也是擁有全法國最多地方傳統葡萄品種的產區，如口感堅硬粗澀的塔那(Tannat)或是柔軟脆弱Négrette，以及散發花香、酸味強勁的小蒙仙(Petit Manseng)等等，不僅數量龐雜，而且很少種植在其他地區，常能釀成別處沒有的獨特滋味。

西南區 Sud-Ouest

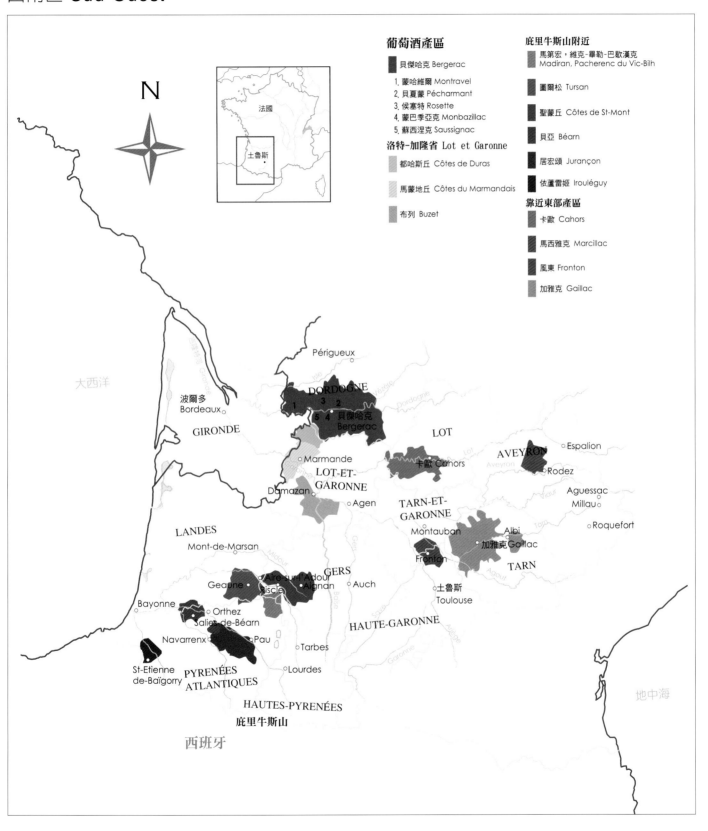

葡萄酒產區

■ 貝傑哈克 Bergerac

1. 蒙哈維爾 Montravel
2. 貝夏蒙 Pécharmant
3. 侯塞特 Rosette
4. 蒙巴季亞克 Monbazillac
5. 蘇西涅克 Saussignac

洛特-加隆省 Lot et Garonne

都哈斯丘 Côtes de Duras

馬蒙地丘 Côtes du Marmandais

布列 Buzet

庇里牛斯山附近

馬第宏，維克-畢勒-巴歇漢克 Madiran, Pacherenc du Vic-Bilh

圖爾松 Tursan

聖蒙丘 Côtes de St-Mont

貝亞 Béarn

居宏頌 Jurançon

依蘆雷姬 Irouléguy

靠近東部產區

卡歐 Cahors

馬西雅克 Marcillac

風東 Fronton

加雅克 Gaillac

四大產區

貝傑哈克 Bergerac

和波爾多右岸東側緊緊相連的貝傑哈克產區，幾乎和波爾多連成一片，不僅如此，連種植的葡萄品種以及生產的酒款也都相當類似，紅酒多採用梅洛與卡本內-蘇維濃，白酒則以榭密雍和白蘇維濃爲主。在貝傑哈克有1萬3,000公頃的葡萄園，分屬八個AOC法定產區，生產紅酒、干白酒、半干白酒以及貴腐甜酒。其中，範圍最大的是Bergerac，是這裡的地方性AOC，出產口感柔和的紅酒、清新的粉紅酒以及干白酒。在同產區內還有一個生產規定較嚴格的Côtes de Bergerac，只產較強勁的紅酒以及甜白酒。

蒙哈維爾(Montravel)位在多爾多涅省(Dordogne)西邊，與波爾多相連，原只生產白酒，分成產干白酒的Montravel、產甜型白酒的Côtes de Montravel以及甜度更高的Haut-Montavel，現也產紅酒Montravel Rouge。

蒙巴季亞克(Monbazillac)是本區內最精采聞名的貴腐甜白酒，早在中世紀就已頗具知名，位在多爾多涅河南岸的面北斜坡，以石灰質黏土爲主，秋季多霧的天氣營造了生產貴腐甜白酒的特殊環境，這裡的酒以濃厚的香味著名，洋香槐花和蜂蜜香都頗常見，口感豐盈強勁，搭配甜品、藍黴乳酪以及本地特產的鵝肝醬都非常適合。這裡出產的貴腐甜酒和波爾多的索甸區類似，但價格

便宜。在蒙巴季亞克西邊的Saussignac則生產非常濃甜濃縮的貴腐甜酒，葡萄的甜度每公升必須超過289公克的糖分，是全國AOC最高標準。

在貝傑哈克市北邊的Pécharmant屬於滿布礫石的黏土區，這裡的紅酒濃厚強勁、略帶野性，是貝傑哈克區內最精采的紅酒，常需要一段時間的等待以柔化強硬的單寧。

上：Buzet產區主要生產以波爾多品種釀造的可口紅酒。
中：卡歐產區生產風格嚴肅的馬爾貝克紅酒。
右：馬第宏產區紅酒以多單寧的塔那葡萄釀成，澀味非常重。

阿基坦邊區 La Bordure Aquitaine

這一區內有Côtes de Duras、Côtes du Marmandais和Buzet三個AOC產區，都是從羅馬時期就開始生產葡萄酒。早期受波爾多酒商的影響頗大，雖然紅、白、粉紅酒都有生產，但還是以紅酒爲主，採用的品種和波爾多區幾乎完全相同，這邊的氣候比波爾多乾燥炎熱一點，釀成的紅酒口感比較柔和，主要由釀酒合作社生產，價格低廉，有許多物超所值的葡萄酒。

左：蒙巴季亞克採收貴腐葡萄時須逐串挑選。

高地區 Le Haut Pays

1.卡歐 Cahors

西元前一世紀，卡歐就開始葡萄酒的生產，這裡的紅酒以馬爾貝克爲主，此外還混合一點梅洛和塔那。又稱爲Auxerrois的馬爾貝克在這裡有不錯的表現，可釀成顏色深黑、單寧強勁、相當耐

久存的紅酒。不過也有採用許多梅洛葡萄釀成的柔和紅酒。

2.風東 Fronton、加雅克 Gaillac

風東因特有的Négrette品種，而能出產別具風味的紅酒和粉紅酒。Négrette顏色淡，單寧柔和，果香濃，非常適合釀造粉紅酒。Gaillac產區出產各式各樣的葡萄酒，從干白酒到甜酒、各式氣泡酒、新酒、久存型紅酒等不一而足，在法國各產區中相當少見。這裡的土質相當多元，葡萄品種相當複雜，以波爾多品種搭配西南區特有的Mauzac、En de l'El、Duras和Fer等等。

庇里牛斯區 Les Vignobles des Pyénées

1.馬第宏 Madiran、Pacherenc du Vic-Bilh

塔那是庇里牛斯區中最重要的黑葡萄品種，其中以馬第宏出產的最為著名。塔那的單寧含量非常高，顏色深，超強的澀味讓年輕的馬第宏簡直難以入口，但有久存的潛力，需要等待一段時間柔化單寧與增進酒香。為了減低單寧的強度，通常會混一點Fer以及卡本內-蘇維濃、卡本內-弗朗等品種。區內的白酒叫作Parcherenc du Vic-Bilh，干型和甜型的白酒都產，採用的品種很複雜，除了波爾多的品種，來自居宏頌(Jurançon)的大蒙仙(Gros Manseng)和小蒙仙之外，還有區內特有的Arrufiac和Courbu。干型白酒以特有的花香及強烈的果香著稱，口感圓厚；甜白酒依照酒廠和年份的不同，從清淡到豐腴濃厚型的都有。

2.居宏頌 Jurançon

居宏頌是最具西南區特色的甜白酒產區，在中世紀時就已經相當著名，獨特的品種和環境在法國各甜酒產地中獨樹一格。不同於波爾多區的貴腐甜酒，這裡的甜酒產自因遲摘、變乾而使糖度增高的葡萄，大蒙仙和小蒙仙是最主要的兩個品種，此外還有一點Courbu、Camaralet和Lauzet等品種。這裡的地勢高，氣溫較低，除了甜酒，也出產品質獨特的干白酒Jurançon sec，常帶點蜂蜜和熱帶水果的香味。由於小蒙仙具有頗強的酸度，以及特有的熱帶水果與香料香，所以居宏頌甜白酒即使甜度高，口感卻相當均衡。

3.依蘆雷姬 Irouléguy

Saint-Jean-Pied-de-Port附近所出產的依蘆雷姬，為全巴斯克地區最為著名的葡萄酒，葡萄園位居陡峭梯田，自十一世紀就開始種植葡萄，以產紅酒為主，大多混合卡本內-蘇維濃和塔那，風格濃厚粗獷，有巴斯克人的強勁風味。

侏羅與薩瓦
Jura & Savoie

偏處法國東部的侏羅區，是全法國保有最多傳統風味的葡萄酒產區，葡萄園雖然不大，但是卻生產許多風格獨一無二的葡萄酒。薩瓦則是法國阿爾卑斯山區葡萄酒的代表。

侏羅區 Jura

侏羅產區跟布根地只隔著布烈斯平原(Bresse)，但是因為更深處內陸，氣候比布根地更寒冷，葡萄園必須位於面西與西南的向陽斜坡，才得以讓葡萄達到足夠的成熟度。如同本地的名稱，全區1,750公頃的葡萄園大多以侏羅紀時期的石灰質黏土為主，坡底多黏土，高處多石灰岩。

葡萄品種與葡萄酒風格

因為鄰近布根地，黑皮諾和夏多內（本地稱Melon d'Arbois）很早就引進種植，但跟原產地的風味不太一樣，特別是夏多內，口感較偏瘦，也有更多的乾果與香料香氣。侏羅區特有的三個品種中，以Savagnin白葡萄最為著名，特別適合種植於本地的藍黑色泥灰岩，可釀成酒精度高、但卻保有非常高酸味的獨特白酒，是釀造本區傳奇特產「黃葡萄酒」唯一的品種。侏羅區的葡萄酒大多採用單一品種釀造，但偶爾夏多內會混合Savagnin。黑色品種Poulsard適合黏性較高的土質，葡萄皮薄、色淡、果粒大，生產的紅酒口味清淡，有如粉紅酒。Trousseau則是顏色深、單寧含量高，適合礫石地，較難達到成熟度，風味粗獷。

侏羅區除了生產紅酒、粉紅酒、干白酒及氣泡酒外，也生產「黃葡萄酒」和「麥桿酒」。黃葡萄酒的釀造起源自夏隆堡(Château Chalon)產區，採用很成熟的Savagnin釀造，之後放進228公升的橡木桶裡儲存六年以上。在這段期間任葡萄酒揮發，不實施添桶，在本地的環境中，酒的表面會形成一層由黴菌造成的白色黴花漂浮在酒的表面，防止酒因過度氧化而變質。六年後，桶內的酒約只剩下原本的65%。黃葡萄酒因為已經完全氧化，裝瓶後可保存數十年甚至百年不壞，開瓶後亦可保存數週。酒的顏色金黃，香味非常奇特，常出現核桃、杏仁、蜂蠟與白花等濃膩的香氣，口感濃厚，而且有油滑的質感，餘香非常持久，常久留不散。通常裝在容量620ml的Clavelin瓶。

上：Arbois是巴斯德的故鄉，也生產各式的侏羅葡萄酒，以紅酒最為著名。
中：夏隆堡是黃葡萄酒的發源地。
下：以風乾葡萄釀成的麥桿酒。

麥稈酒的生產方法是將完整無破損的葡萄置於麥稈堆上，或懸吊起來風乾兩個月以上，葡萄中的糖分濃縮後，再榨汁發酵成甜白酒，通常經橡木桶培養才會裝瓶。口感濃甜，有許多葡萄乾、水果乾、乾果與香料香氣。

法定產區

侏羅丘(Côtes du Jura)是最基本的產區，另外有三個村莊級產區，位在北部的Arbois，所有型態的葡萄酒都有生產，但是以紅酒較著名；L'Etoile則專門生產白酒，另有黃葡萄酒及麥稈酒；至於夏隆堡則是本地最頂尖的產區，僅有50公頃的葡萄園，全部種植Savagnin，只生產黃葡萄酒。

薩瓦區 Savoie

寒冷的山地氣候讓薩瓦主要生產清淡的白酒，但是也有一些有特色的品種在特別的葡萄園裡，生產風味獨特的山地葡萄酒。因為產量不多，主要供應當地居民和滑雪遊客，在薩瓦以外的地區相當少見。

位處阿爾卑斯山區的薩瓦產區。

葡萄品種與葡萄酒風格

寒冷的氣候與高低起伏的地形讓薩瓦區的葡萄園只能零星分布，面積僅有2,000公頃。葡萄園必須位於日照效果佳、排水好、少霜害且有河、湖水反射光線的斜坡上，才能有好的表現。面積雖小，但薩瓦的葡萄品種卻相當多元。最常見的是來自瑞士的夏思拉和本地原產的Jacquère，主要生產清淡、酸味高、多新鮮果香、酒精度低、微帶一點點氣泡的干白酒。不過，最能代表薩瓦白酒的品種則是又稱為Altesse的Roussette葡萄，據傳於中世紀自賽浦勒斯引進，產量低，酒精度高，口味圓潤，香氣濃郁，且略有久存的潛力，常添加一點夏多內葡萄釀造。另外，來自隆河谷地，在本地稱Bergeron的胡姍則多種植於Chignin村附近，是薩瓦最精采的白酒之一。黑葡萄種植的面積不到三分之一，外來的黑皮諾和加美主要生產清淡型的紅酒；本地原產的Mondeuse則表現好壞相差很大，上好的Mondeuse顏色深，有迷人的紅色漿果與香料香氣，口味濃厚，單寧緊密細緻，甚至可以久存。

法定產區

Vin de Savoie及Roussette de Savoie是薩瓦最普遍的法定產區。前者有15個特優村莊可標上村莊名稱，如位於日內瓦湖畔、以夏思拉著名的Ripaille，產氣泡酒的Ayze，以及胡姍的最佳產區Chignin等等。Roussette de Savoie則全部生產白酒，以Roussette葡萄釀成，最佳的產區在Frangy、Marestel、Monterminod和Monthoux四個村莊。除此之外，日內瓦湖南岸以產夏思拉聞名的Crépy，以及產白酒和氣泡酒聞名的Seyssel，也都有成立獨立的法定產區。

隆格多克與胡西雍
Languedoc & Roussillon

法國南部地中海沿岸的隆格多克與胡西雍產區，由隆河出海口一直綿延到與西班牙交界的庇里牛斯山區。這一片非常適合葡萄生長的土地，是全法國面積最大的葡萄園，21萬公頃的葡萄園年產超過12億公升的葡萄酒，產量占全國的四分之一。因為位於交通便利的地中海岸，葡萄酒的歷史相當久遠，早在西元前八世紀，希臘人就已經在這裡開始葡萄酒的生產，兩千多年來，葡萄酒一直都是非重要的產業。

隆格多克因為地區廣闊，葡萄生長容易，在十九世紀與大半的二十世紀都以出產大量廉價的日常普通餐酒為主，供應全法國數量龐大的葡萄酒日常消費。但是，因為法國的葡萄酒消費越來越精緻，低價的日常葡萄酒銷量銳減，使得隆格多克從二十世紀的六〇年代開始，進行了一連串的改造，無論品種、葡萄種植與釀造各方面都有很大幅度的進步。現在，隆格多克和胡西雍是法國生產地區餐酒的最大重鎮，年產量7億公升，占法國的百分之六十，是最具有國際行銷規模與優勢的法國產區。區內的地區餐酒產區多達六十多個，但其中以Vin de Pays d'Oc最為重要，年產近4億公升。

除了地區餐酒，隆格多克也以盛產帶地中海風味、酒精度高、口感濃厚的紅酒以及天然甜葡萄酒聞名，是一個越來越受矚目、融合傳統與現代、潛力無窮的葡萄酒產區。

柯比耶產區是隆格多克最廣闊的AOC法定產區，主要生產地中海風味的濃厚紅酒。

乾 燥 炎 熱 的 地 中 海 氣 候

隆格多克和胡西雍的氣候是相當典型的地中海型氣候，也是全法國最炎熱且最乾燥的葡萄酒產區，年雨量僅有400毫米。即使如此，本區卻也經常出現暴雨，同時有水患與乾旱的威脅。此外，還有來自北邊寒冷的密斯拖拉風和來自西部強勁的塔蒙丹風(Tramontain)。雖然氣候似乎相當嚴酷，但是卻非常適合葡萄的生長。

一般生產地區餐酒的葡萄園主要位於海岸邊的平原區，但是更精采的傳統葡萄園則大多位在乾燥貧瘠的山坡與矮丘上。區域內的土質非常多元，平原區主要是多砂、礫石與河泥的沉積地形，但更多的山區則是多石的石灰岩塊地形，此外也有一些特殊的頁岩地形。

隆格多克與胡西雍 Languedoc & Roussillon

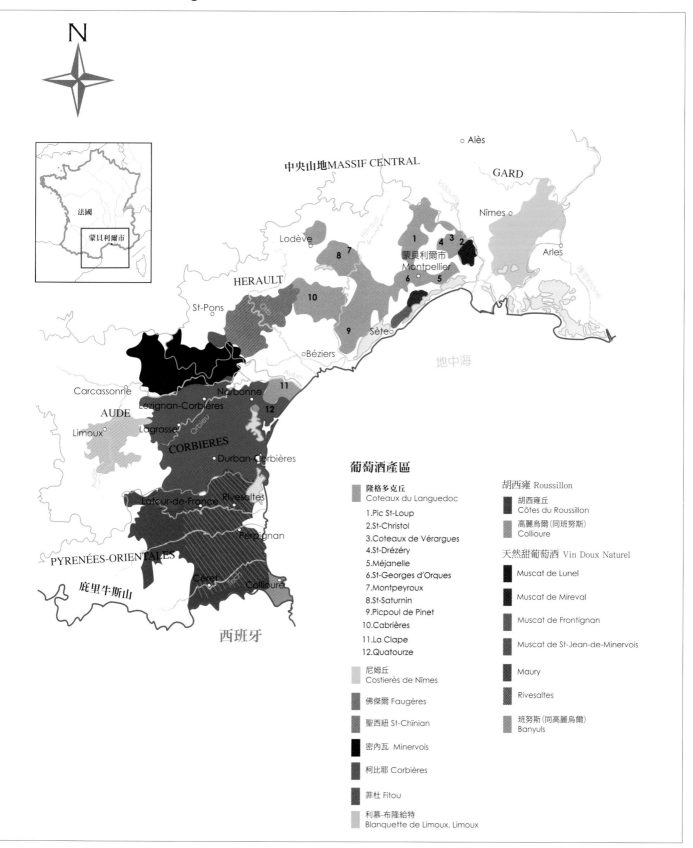

N

中央山地MASSIF CENTRAL

法國

蒙貝利爾市

○ Alès

GARD

Nîmes ○

○ Arles

Lodève

蒙貝利爾市
Montpellier

1
7
8
4 3 2
6 5

HERAULT

St-Pons

10

9
Sète ○

○ Béziers

地中海

11

Carcassonne
Lézignan-Corbières

12

AUDE

Limoux ○

Lagrasse

CORBIERES

Durban-Corbières

Latour-de-France
Rivesaltes

Perpignan

PYRENÉES-ORIENTALES

庇里牛斯山

Céret

Collioure

西班牙

葡萄酒產區

隆格多克丘
Coteaux du Languedoc

1.Pic St-Loup
2.St-Christol
3.Coteaux de Vérargues
4.St-Drézéry
5.Méjanelle
6.St-Georges d'Orques
7.Montpeyroux
8.St-Saturnin
9.Picpoul de Pinet
10.Cabrières
11.La Clape
12.Quatourze

尼姆丘
Costierès de Nîmes

佛傑爾 Faugères

聖西紐 St-Chînian

密內瓦 Minervois

柯比耶 Corbières

菲杜 Fitou

利慕-布隆給特
Blanquette de Limoux, Limoux

胡西雍 Roussillon

胡西雍丘
Côtes du Roussillon

高麗烏爾（同班努斯）
Collioure

天然甜葡萄酒 Vin Doux Naturel

Muscat de Lunel

Muscat de Mireval

Muscat de Frontignan

Muscat de St-Jean-de-Minervois

Maury

Rivesaltes

班努斯（同高麗烏爾）
Banyuls

傳統與流行相雜的葡萄品種

生產單一葡萄品種的地區餐酒，主要以國際市場上流行的卡本內-蘇維濃、梅洛和夏多內等品種為主。至少本地的傳統酒款，則大多混合多種葡萄品種釀成，主要以地中海氣候區常見的品種為主，黑葡萄有多酒精的格那希、濃郁粗獷的慕維得爾、柔和清淡的仙梭、有胡椒味且強勁厚實的希哈和日漸減少的卡利濃等品種。白葡萄的種植面積不大，以白格那希、Clairette、Picpoul、布布蘭克和釀造天然甜葡萄酒的蜜思嘉等較為常見。

隆格多克的法定產區

隆格多克和胡西雍是分開的兩個產區，因為地緣關係而被合成一區，隆格多克的產區廣闊多元，分屬16個AOC法定產區。依計畫，未來將會有一個稱為Languedoc的AOC法定產區，包含所有隆格多克和胡西雍區內的產區。

隆格多克丘 Coteaux du Languedoc

位在隆格多克北部，紅、白和粉紅酒都有生產，但還是以紅酒為大宗。1萬公頃的產區四散分布，還細分出八個分區，包括品質優異的Pic-Saint-Loup、只產白酒的Picpoul de Pinet和緊鄰地中海的La Clape。另外還有十個特殊產區，其中包括以優質希哈紅酒聞名的Montpeyroux。

佛傑爾 Faugères、聖西紐 Saint-Chinian

這兩個相鄰的產區位處較高的丘陵區，坡度較陡，也有許多頁岩地，只產紅酒和粉紅酒。聖西紐以生產傳統型強勁濃厚且單寧重、帶普羅旺斯香草味的紅酒聞名。佛傑爾的風格類似，但較為優雅均衡。

密內瓦 Minervois、柯比耶 Corbières、菲杜 Fitou

密內瓦區內的葡萄園以石灰岩質為主，多位在向南的斜坡，主要還是以紅酒著名，除了用二氧化碳浸皮法製成的柔和型紅酒外，傳統型強勁雄厚的紅酒也相當精采。密內瓦南部的柯比耶是區內最大的AOC，有1萬5,000公頃的葡萄園，氣候和土質相當多元；越往西邊，地勢較高，地中海的影響越少，以出產常有香料香、口感濃厚、單寧重、耐久存的紅酒著名，但也產一點粉紅酒和白酒。菲杜位在最南邊，與胡西雍相鄰，也產相當濃郁的傳統紅酒。產地被切成兩塊，近海區以石灰質土為主，種植較多的慕維得爾，風格較為粗獷；靠近內陸的頁岩區，比較多希哈，較高雅堅實。在更西邊還有新增的Malepère和Cabardès兩個AOC產區，生產風格介於西南部與地中海風味的葡萄酒。

上：胡西雍丘就位在庇里牛斯山腳下。
中：菲   產區的酒莊。
下：位處山區的密內瓦村附近可以生產濃厚強勁的南方紅酒。

利慕 Limoux

利慕產區因地勢高，離地中海較遠，氣候比較寒冷，使得白葡萄生長緩慢，且保有絕佳的酸味，生產的葡萄酒擁有南方白酒少有的清新口感。這裡有五個AOC，主要出產以Mauzac種為主所製成的傳統釀法氣泡酒Blanquette de Limoux，另外還有含夏多內和白梢楠較多的Crémant de Limoux。除了氣泡酒，這裡也出產無氣泡、全部必須在橡木桶中發酵及培養的Limoux白酒，規定只能採用夏多內、Mauzac和白梢楠三個品種。紅酒則稱為Limoux Rouge，含有50%以上的梅洛。

蜜思嘉甜酒 Muscat

隆格多克區內有四個生產蜜思嘉甜酒的AOC，包括Muscat de Lunel、Muscat de Miravel、Muscat de Frantignan以及Muscat de Saint-Jean-de-Minervois，15%以上的酒精濃度，甜度都在每公升125克以上，常散發蜜思嘉種特有的玫瑰花、荔枝等甜香，口味相當甜美。在Frontignan區有部分酒廠採用大型橡木桶培養，香味屬乾果、葡萄乾等濃重香氣。位於山區的Saint-Jean-de-Minervois因為氣候較寒冷，酸度通常較高，有比較平衡的口感。

胡西雍的法定產區

靠近西班牙邊境的胡西雍產區，位在庇里牛斯山腳，地勢較北邊的隆格多克來得高且崎嶇。除了是法國最重要的天然甜葡萄酒產區，也以出產地中海風味的紅酒聞名。以胡西雍丘(Côtes du Roussillon)為名的AOC是最常見的酒款，除了紅酒也產一些白酒和粉紅酒。但位在北部的胡西雍村莊(Côtes du Roussilllon Villages)只產紅酒，有更優異的環境，生產的葡萄酒有更多的單寧，口感更濃郁厚實，在漿果香外，還常有香料與香草的香氣。與西班牙交界的海岸懸崖邊則有出產紅酒與粉紅酒的Collioure AOC產區，紅酒的顏色深，酒精強，口感頗為強勁厚實。

天然甜葡萄酒 Vin doux naturel(VDN)

葡萄酒發酵半途添加酒精停止酵母發酵，保留一部分糖分在酒中，即成為天然甜葡萄酒，和加烈酒釀法類似。胡西雍是法國最大VDN產區，除了麗維薩特蜜思嘉(Muscat de Rivesaltes)，主要有三個VDN產區。Maury專產甜紅酒，顏色深、單寧強勁、口感圓厚，採用格那希釀造，風格獨特，紅漿果、乾果、咖啡和巧克力香味，香甜濃厚的口感，是黑巧克力的絕配。班努斯位在庇里牛斯山與地中海交界的懸崖邊，葡萄園擠在陡峭的狹窄梯田，只產甜紅酒，除一般班努斯，也有特級班努斯(Banyuls Grand Cru)，須經30個月以上培養才能上市。這些甜紅酒因儲存時間長短而有多種類型，年輕時以酒漬水果香為主，陳年者常有乾果、香料、咖啡等香味，是法國最精采的加烈酒。麗維薩特(Rivesaltes)三種顏色都有生產，紅酒較不及Maury厚實，也比班努斯簡單一點。

義大利
Italia

上：頂級義大利紅酒Brunello di Montalcino即是產自蒙塔奇諾村附近的葡萄園。

下：產自義大利中部的古典奇揚替是全世界最知名的義大利葡萄酒。

　　位處南歐地中海畔的義大利半島，除了海拔較高的山區，幾乎全島各地的自然環境都非常適合種植葡萄，葡萄園遍及全義各省份，每年約生產50億公升的葡萄酒，和法國輪流成為全球最大的葡萄酒產國，出產全球近五分之一的葡萄酒。義大利的葡萄酒歷史相當悠久，釀酒葡萄的種類也非常多元，各地都有獨特的品種，可釀造成相當具有地方特色的葡萄酒，種類之多只有法國可與相比。

　　義大利半島大多屬於乾燥炎熱的地中海型氣候，但南北長達1,200公里，自然氣候不同，北義的氣候較接近溫帶大陸性氣候，南義則更為炎熱乾燥。縱貫南北的亞平寧山脈(Apennines)讓義大利半島形成了許多不同的小氣候區。三面環海的條件也讓半島上的炎熱氣候得到調節，可以保有更多的均衡。橫亙義大利北邊的阿爾卑斯山區更為義大利帶來了較為寒涼的氣候，得以生產涼爽氣候區的葡萄酒。

　　義大利的分級系統從一九六三年開始成立，一共分為四個等級。最低等級的葡萄酒稱為Vino da Tavola（日常餐酒），通常都是簡單清淡、沒有太多個性的葡萄酒，對於生產的規定最不嚴格。在標籤上只能標示酒的顏色和商標，其他的標示像品種、年份和產地等，都不允許。義大利曾經有一些高品質的葡萄酒，因不符法定產區的要求，只能以Vino da Tavola出售，但新的規定實施後大多改為IGT等級的葡萄酒。IGT（地區餐酒）是Indicazione Geografica Tipica的縮寫，約略等同於法國的Vin de Pays等級，來自一個大範圍的產區，以產區為名，有時也會標上葡萄品種等細節。在義大利，這一等級的葡萄酒越來越重要，目前已經有一百多個IGT產區，雖然規定並不特別嚴格，但是有許多非傳統風味的頂級葡萄酒也都屬於IGT等級，不同於法國較保守的釀酒風格，義大利有較多帶國際風味或使用外來品種的頂級葡萄酒。

　　DOC（法定產區）是Denominazione di Origine Controllata的縮寫，約略等同於法國的AOC等級。自創立以來，目前義大利已經有超過330個DOC法定產區，有將近四分之一以上的義大利葡萄酒屬於這個等級。不過，DOC的擴張太快，甚至出現七個DOC產區完全不生產葡萄酒的情況。不同於前兩個等級的葡萄酒，DOC等級的產區都有一個依據自然條件劃定的產區範圍，特殊限定的葡萄

義大利 Italia

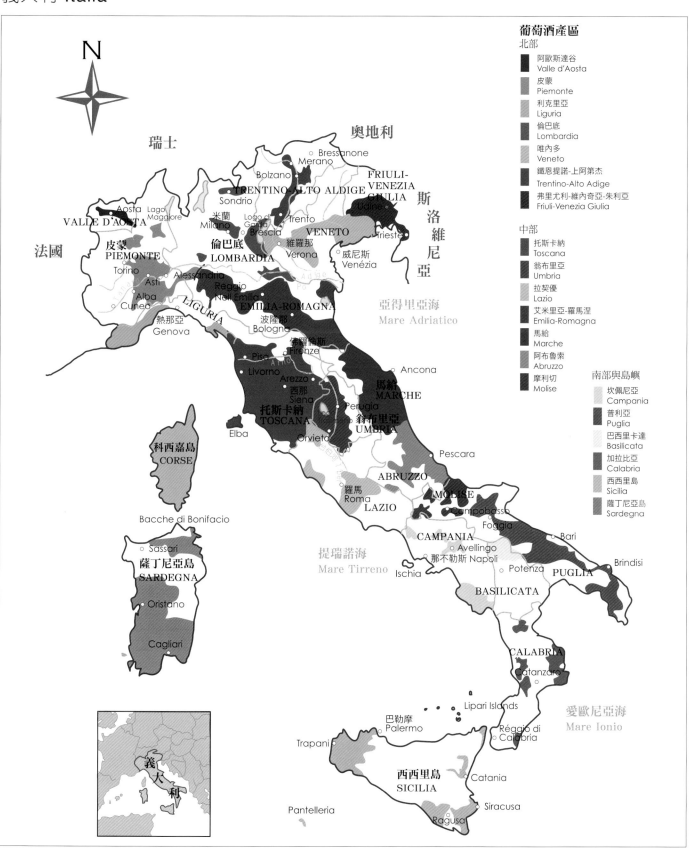

N

瑞士
奧地利

法國

葡萄酒產區
北部

■ 阿歐斯達谷
　Valle d'Aosta

■ 皮蒙
　Piemonte

■ 利克里亞
　Liguria

■ 倫巴底
　Lombardia

■ 唯內多
　Veneto

■ 鐵恩提諾-上阿第杰
　Trentino-Alto Adige

■ 弗里尤利-維內奇亞-朱利亞
　Friuli-Venezia Giulia

中部

■ 托斯卡納
　Toscana

■ 翁布里亞
　Umbria

■ 拉契優
　Lazio

■ 艾米里亞-羅馬涅
　Emilia-Romagna

■ 馬給
　Marche

■ 阿布魯索
　Abruzzo

■ 摩利切
　Molise

南部與島嶼

■ 坎佩尼亞
　Campania

■ 普利亞
　Puglia

■ 巴西里卡達
　Basilicata

■ 加拉比亞
　Calabria

■ 西西里島
　Sicilia

■ 薩丁尼亞島
　Sardegna

Bressanone
Merano
Bolzano
米蘭 Milano
Sondrio
Logo di Genta
Brescia
Trento
維羅那 Verona
威尼斯 Venézia
Udine
Trieste

TRENTINO-ALTO ALDIGE
FRIULI-VENEZIA GIULIA
VENETO

斯洛維尼亞

Aosta
Lago Maggiore
VALLE D'AOSTA
皮蒙 PIEMONTE
倫巴底 LOMBARDIA
Torino
Asti
Alba
Cuneo
Alessandria
Reggio Nell Emilia
LIGURIA
熱那亞 Genova
EMILIA-ROMAGNA
波隆那 Bologna
傅羅倫斯 Firenze
Pisa
Livorno
Arezzo
西那 Siena
托斯卡納 TOSCANA
Elba
Orvieto
翁布里亞 UMBRIA
Perugia
馬給 MARCHE
Ancona

亞得里亞海 Mare Adriatico

科西嘉島 CORSE

Bacche di Bonifacio

Sassari
薩丁尼亞島 SARDEGNA
Oristano
Cagliari

提瑞諾海 Mare Tirreno

羅馬 Roma
LAZIO
ABRUZZO
Pescara
MOLISE
Campobasso
Foggia
CAMPANIA
Avellingo
那不勒斯 Napoli
Ischia
Potenza
BASILICATA
Bari
PUGLIA
Brindisi

CALABRIA
Catanzaro

Lipari Islands
Régio di Calabria

愛歐尼亞海 Mare Ionio

巴勒摩 Palermo
Trapani
西西里島 SICILIA
Catania
Siracusa
Pantelleria
Ragusa

義大利

義大利葡萄酒標籤導讀

酒莊

Brunello di Montalcino產區

DOCG產區

年份

在Castelgiocodo酒莊裝瓶

酒莊地址

勿隨意丟棄酒瓶

酒精濃度

容量

義大利出產

義大利葡萄酒標籤常見用語

Amabile：半甜

Annata：年份

Azienda：獨立酒莊

Bianco：白酒

Cantina Sociale：釀酒合作社

Classico：傳統產區（通常是產區內條件比較好的葡萄園）

Dolce：甜

Frizzante：微泡氣泡酒

Imbottigliato all'Origine：原廠裝瓶

Passito：用風乾葡萄釀成的葡萄酒

Recioto：用風乾葡萄釀成的葡萄酒

Riserva：經過一段期間培養儲存才上市的葡萄酒

Rosato：粉紅酒

Rosso：紅酒

Secco：干

Spumante：氣泡酒

Vin Santo(Vino Santo)：用風乾葡萄釀成的葡萄酒

Vino Novello：新酒

Vino：葡萄酒

品種。DOC等級大多是傳統產區，依據傳統制定生產條件，規定也較嚴格。

DOCG（保證法定產區）是Denominazione di Origine Controllata e Garantita的縮寫，理論上，這是義大利等級最高的葡萄酒，生產的條件與規定最嚴格，而且除了DOC規定的科學檢驗，每一個新年份的DOCG葡萄酒都必須通過委員會的品嘗認可才能上市。依規定，要成為DOCG等級的產區必須先成為DOC五年以上才有可能升級，所以目前全義大利只有三十多個產區列級，但未來將會繼續增加。這一等級的每一瓶葡萄酒的瓶口，都必須貼上產區公會的編號封籤，以防止假冒。

在義大利的法定產區之間常會出現加上Classico的產區，例如一般的Chianti和Chianti Classico分屬兩個不同的法定產區，加了Classico的通常是傳統產區，有比較好的生產條件。另外，有許多義大利的法定產區有屬於Riserva等級的葡萄酒，這一等級的酒通常需要經過較長的橡木桶培養與窖藏才能上市。Superiore這個字在某些義大利產區代表較高的酒精濃度，甚至較高的等級，現在只有在北部較常被採用。

▌DOCG等級古典奇揚替在瓶口都貼有驗證標籤。

義大利北部
Italia del Nord

皮蒙區內的巴巴瑞斯柯是全世界最知名的內比歐露產區之一。

　　義大利北部夾在阿爾卑斯山與亞平寧山之間，西鄰法國蔚藍海岸，東接巴爾幹半島上的斯洛維尼亞，這一大片波河(Po)流經的廣闊土地，由地中海通到亞得里亞海，是全義大利最肥沃也最富有的地區。全義大利有一半以上的法定產區葡萄酒產自北義，但除了產量第一，北義的葡萄酒類型也是義大利之最，其中以內比歐露葡萄所釀成的全義大利最耐久的巴羅鏤紅酒，以風乾葡萄釀成的Amarone干紅酒和Recioto甜酒，甚至更獲大眾喜愛、以蜜思嘉(Moscato)釀成的香甜氣泡酒以及巴貝拉、多切托、瓦波利切拉和巴多力諾(Bardolino)等許多柔和可口的紅酒，全都是北義大利獨步全球的經典葡萄酒類型。

　　除了這些聞名全球的葡萄酒，在北義大利的八個各自獨立、而且自然條件與葡萄酒風格完全殊異的產區中，還存在著非常多其他地區絕無僅有的葡萄品種和具備傳統特殊風格的葡萄酒，一起匯聚成北義大利這個充滿地區獨特風味的葡萄酒樂園。

北義產區

皮蒙 Piemonte

　　西北部阿爾卑斯山下的皮蒙是全義大利最精緻迷人的葡萄酒與美食故鄉。在這裡，大部分的葡萄酒採用單一品種釀造，品種的個性主宰了皮蒙區葡萄酒的風格。內比歐露是皮蒙區最精采的品種，在巴羅鏤和巴巴瑞斯柯兩個最著名的產區釀造成風格強勁、非常耐久存、甚至全義大利最精采的紅酒。巴貝拉和多切托則是以柔和的風格成為皮蒙區迷人且重要的紅酒品種。而白酒以蜜思嘉葡萄釀成的氣泡酒Asti，是全球最著名的氣泡甜白酒。皮蒙區出產的葡萄酒種類繁多，將在後頁專章介紹。

阿歐斯達谷 Valle d'Aosta

瑞義法交界的阿歐斯達谷位處阿爾卑斯山區，寒冷而且地形狹迫，葡萄園大多位於Dora Baltea河流經的兩岸峽谷山坡上。因為地緣關係，雖然葡萄酒的產量不大，但是卻有非常多元的葡萄酒品種，包括義大利、瑞士、法國以及當地原生的二十多種品種。Valle d'Aosta是本區的DOC名稱，因流通法文，有時也寫成Vallée d'Aoste，有七個副產區，河谷最高處的Blanc de Morgex et de La Salle位於白朗峰山下，非常寒冷，以同名品種生產清淡的白酒。紅酒主要產自較下游的Arnad-Montjovet和Donnas，以內比歐露為主。因為是位於高海拔葡萄酒產區，類似瑞士，酒的風格較清雅細瘦。

利克里亞 Liguria

熱那亞(Genova)附近的地中海岸邊山勢陡峭，形成許多幾乎直接落海的懸崖。在這個狹迫的地形裡，葡萄園常擠在狹小梯田裡，是北義另一個小產區利克里亞的所在。雖然葡萄園不多，但是卻有六個DOC產區，以Cinque Terre和Dolceacqua最著名，生產的葡萄酒主要供應當地的市場。黑葡萄的主要品種是Ormeasco（多切托的別名），白葡萄則是Vermentino，生產強勁多酸、有個性的干白酒。

在Cinque Terre，Vermentino會添加Bosco和Albarola等品種，釀成相當可口的白酒。當地也產風乾葡萄釀成的甜型白酒Sciacchetrà。

倫巴底 Lombardia

倫巴底是義大利重要的產酒區之一，年產1億5,000萬公升，但是因為產酒的類型和風格介於皮蒙和唯內多(Veneto)之間，並不特別知名。位在北部靠近瑞士邊境的Valtellina產區，身處阿爾卑斯山區，位於Adda河北岸陡峭的向陽坡上，以生產內比歐露（當地稱為Chiavennasca）釀成的紅酒聞名，依規定要採用70%的內比歐露，風格較皮蒙產的來得清淡一些，但已經是皮蒙之外質量皆最重要的內比歐露產區。Valtellina Superiore則來自區內Sassella、Grumello等四個品質優異的村莊，已是一個DOCG等級產區，生產較濃郁耐久存、含90%以上內比歐露的紅酒。

倫巴底的葡萄酒產區主要集中在中部加達湖(Garda)和依歐歐湖(Iseo)附近。加達湖位於與唯內多交接處、湖邊的Garda DOC產區橫越兩大區，西岸的Garda Bresciano是加達湖附近最重要的產地，除少量白酒外，通常混合Groppello、山吉歐維列、Marzemino和巴貝拉等品種，釀成新鮮可口的清淡紅酒或粉紅酒Chiaretto。新近的Garda Classico產區則包含來自區內25個村莊的葡萄園，生產類似風格的葡萄酒。加達湖南邊的Lugana則以白酒聞名，以Trebbiano di Lugana葡萄釀成相當細緻且圓厚的干白酒。

歐歐湖則以Franciacorta最為著名，以夏多內、白皮諾和黑皮諾三個品種，釀成細緻的氣泡酒。

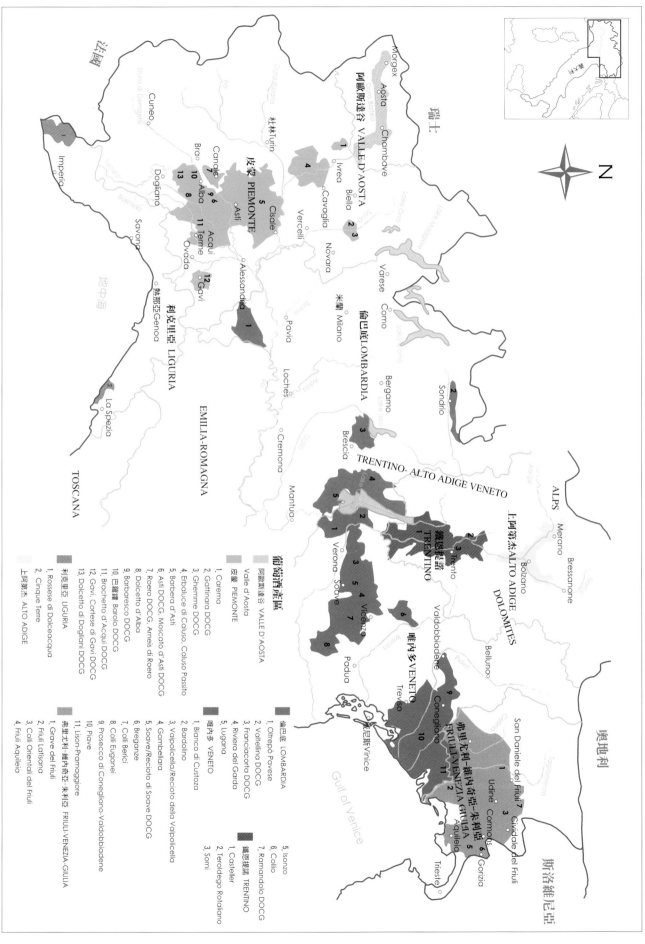

N

葡萄酒產區

阿歐斯達谷 VALLE D'AOSTA
皮蒙 PIEMONTE
1. Carema
2. Gathinara DOCG
3. Ghemme DOCG
4. Erbaluce di Caluso, Caluso Passito
5. Barbera d'Asti
6. Asti DOCG, Moscato d'Asti DOCG
7. Roero DOCG, Arneis di Roero
8. Dolcetto d'Alba
9. Barbaresco DOCG
10. Barolo DOCG
11. Bracchetto d'Acqui DOCG
12. Gavi, Cortese di Gavi DOCG
13. Dolcetto di Dogliani DOCG

利古里亞 LIGURIA
1. Rossese di Dolceacqua
2. Cinque Terre

倫巴底 LOMBARDIA
1. Oltrepò Pavese
2. Valtellina DOCG
3. Franciacorta DOCG
4. Riviera del Garda
5. Lugana

維內多 VENETO
1. Bianco di Custoza
2. Bardolino
3. Valpolicella/Recioto della Valpolicella
4. Gambellara
5. Soave/Recioto di Soave DOCG
6. Breganze
7. Colli Berici
8. Colli Euganei
9. Prosecco di Conegliano-Valdobbiadene
10. Piave
11. Lison-Pramaggiore

弗里尤利-維內奇亞-朱利亞 FRIULI-VENEZIA-GIULIA
1. Grave del Friuli
2. Friuli Latisana
3. Colli Orientali del Friuli
4. Friuli Aquileia
5. Isonzo
6. Collio
7. Ramandolo DOCG

鐵恩提諾 TRENTINO
1. Casteller
2. Teroldego Rotaliano
3. Sorni

上阿第杰 ALTO ADIGE

阿歐斯達谷 VALLE D'AOSTA
皮蒙 PIEMONTE
利古里亞 LIGURIA
倫巴底 LOMBARDIA
維內多 VENETO
弗里尤利-維內奇亞-朱利亞 FRIULI-VENEZIA-GIULIA
鐵恩提諾 TRENTINO

(Map labels: 法國, 瑞士, 地中海, Morgex, Aosta, Chambave, Turin 杜林, Ivrea, Biella, Cavaglià, Vercelli, Novara, Varese, Como, Milano 米蘭, Lakes, Cuneo, Bra, Canale, Alba, Asti, Alessandria, Gavi, Acqui Terme, Ovada, Dogliano, Imperia, Savona, Genoa 熱那亞, La Spezia, Pavia, Cremona, Mantua, Bergamo, Brescia, Sondrio, ALPS, Merano, Bolzano, Bressanone, Trento, Verona, Vicenza, Padua, Valdobbiadene, Belluno, Treviso, Conegliano, Venice 威尼斯, Gulf of Venice, Udine, Cormons, Cividale del Friuli, San Daniele del Friuli, Gorizia, Aquileia, Trieste, 奥地利, 斯洛維尼亞, VALLE D'AOSTA 阿歐斯達谷, PIEMONTE 皮蒙, LIGURIA 利克里亞, LOMBARDIA 倫巴底, EMILIA-ROMAGNA, TOSCANA, TRENTINO- ALTO ADIGE, VENETO, ALTO ADIGE 上:阿第杰, DOLOMITES, TRENTINO 鐵恩提諾, VENETO 唯內多, FRIULI-VENEZIA GIULIA 弗里尤利-維內奇亞-朱利亞)

左：採高架式種植的瓦波利切拉葡萄園。
中：風乾的Corvina葡萄是釀造Amarone紅酒的主要原料。
右：Allegrini酒莊以傳統的大型木桶培養Amarone紅酒。

一般無年份需熟成25個月以上，年份氣泡酒甚至要37個月，是義大利品質最高，甚至法國香檳以外的最佳氣泡酒產區，為DOCG等級。氣泡酒之外，Terra di Franciacorta則產無泡、大多以外來品種釀成的紅、白酒。

位在倫巴底最南邊的Oltrepò Pavese生產非常大量的平價葡萄酒，但也有一些不錯的巴貝拉、Bondarda和義大利少見的黑皮諾紅酒，以及帶點氣泡的干型紅酒Buttafuoco。

唯內多 Veneto

以威尼斯為名的唯內多區，從亞得里亞海經平原到阿爾卑斯山，到處滿布著大片的葡萄園，是全義大利DOC以上等級產量最大的葡萄酒產區。而東部的維羅那省(Verona)更是全區最大的酒業中心，不僅產量占全區的三分之二，而且葡萄酒種繁多、聞名國際，特別是用葡萄乾釀成的葡萄酒，是全世界產量最多的地區。

巴多力諾、Soave和瓦波利切拉是維羅那最著名的三個產區。位在加達湖東畔的巴多力諾，出產由Corvina、Rondinella、Molinara和Negrara等當地傳統品種釀成的可口紅酒，風格淡雅清新，略帶輕微苦味，有時還留有一點點氣泡。跟加達湖西岸的Garda Bresciano一樣，也產粉紅酒Chiaretto，此外也產新酒Novello和氣泡酒。產自傳統產區可以加上Classico。Bardolino Superiore的等級較高，酒的風格較濃郁也較堅實耐久一點，是DOCG等級產區。

維羅那市是義大利北部最大的釀酒中心，知名的瓦波利切拉產區就位在城北的山坡上。Corvina是最重要的品種，另外再混合Rondinella和Molinara等品種。一般而言，瓦波利切拉屬於清淡型的紅酒，顏色呈寶石紅，以櫻桃與新鮮紅果香為主，酸度高，帶一點點單寧的澀味和苦味。瓦波利切拉跟巴多力諾所採用的品種類似，但是風格比較強勁一點。Valpolicella Classico是指位在斜坡上

Valpolicella Classico是條件較優異的傳統產區。

的傳統產區，因爲條件較佳，單位產量小，比一般平地產的更殷實濃厚。Superiore則是採用成熟度更高的葡萄釀成，有時會加入以下介紹的風乾葡萄酒渣釀造，有粗獷濃郁的風味。

爲了釀造更濃郁的紅酒，瓦波利切拉產區還保有非常古老的傳統，將精選採收的葡萄風乾，讓釀成的葡萄酒變得更濃縮。風乾葡萄時可以將葡萄懸吊起來或是放在麥桿上，也有酒莊將葡萄直接裝在木箱裡。風乾葡萄有時會長貴腐黴菌，除了自然風乾，有些酒莊會用大型風扇，甚至控制空氣濕度以保留葡萄的果味。經過上百天的風乾之後，葡萄除了變得更甜之外，也產生許多獨特的香味，甚至連單寧的質感也有所改變，如果釀成甜酒，稱爲Recioto della Valpolicella，有如波特酒一般濃甜，不過酒精較低；如果所有糖分全部發酵則成爲干型，酒精常高於15%的Amarone della Valpolicella。無論是Recioto或Amarone，釀成的酒香味都非常豐富，有時帶點氧化的氣味，口感非常濃重，單寧很多，但是卻很柔軟，而且酒也變得非常耐放。

瓦波利切拉東鄰的Soave是唯內多區最著名的白酒，也是全義大利產量第三大的DOC產區。採用至少70%的Garganega釀造，其他還可搭配Trebbiano、夏多內和白皮諾等品種。有相當爽口的酸度，以及蘋果、苦杏的果香。產自平原區的Soave比較清淡無個性，但也有位居山坡、條件好的Classico產區，和以風乾葡萄釀成的香甜DOCG等級甜酒Recioto di Soave。

除了東部的維羅那，唯內多的中部也有許多產區，除了Gambellara生產類似Soave的白酒之外，其他產區大多採用國際品種釀造現代風味的葡萄酒爲主。唯內多的西北部雖也有不少以國際品種釀造的產區，但是卻以義大利第二大氣泡酒產區Procecco最著名。當地以同名的白葡萄釀造清淡柔和、帶點杏仁香氣的氣泡酒爲主，除了不同強度的氣泡酒，也產無泡的干白酒。

左：鐵恩提諾最知名的紅酒產區Teroldego Rotaliano。
右：以Nosiola白酒聞名的Sorni DO產區。

鐵恩提諾 Trentino

由維羅那沿著阿第杰(Aldige)河谷往北，就進入鐵恩提諾產區。葡萄園位在河谷兩岸的狹窄平原與山坡上，鐵恩提諾是主要DOC，生產各式的單一品種葡萄酒，干白酒與氣泡酒有不錯的表現，包括清爽風格的夏多內和灰皮諾(Pinot Grigio)，德國的麗絲玲、米勒-土高以及當地的Nosiola等等。紅酒有外來的卡本內-蘇維濃、梅洛、黑皮諾，以及本地風格清淡的Schiava和Marzemino，有時釀成微泡的甜紅酒。位於左岸山坡的Sorni村以Nosiola白酒聞名。在鐵恩提諾也生產以風乾葡萄釀成的聖酒，必須採用85%的Nosiola釀製。

Teroldego Rotaliano則是較具地方風格的DOC產區，在Campo Rotaliano平原的礫石地，以當地特有的Teroldego釀造成顏色深、粗獷帶苦味的紅酒。

上阿第杰 Alto Adige

上阿第杰位在鐵恩提諾區的上游，不僅海拔高，也是全義大利最北邊的產區，氣候相當涼爽。因爲鄰近奧地利，不論語言和文化都有很深的影響，以Alto Adige爲名的DOC，有時也使用德文名Südtirol。本地產的葡萄酒大多以單一品種釀造，品種繁多，白葡萄主要包括德國的米勒-土高、希爾瓦那和麗絲玲，以及白皮諾、灰皮諾和格烏茲塔明那等外地品種，但是卻有相當好的水準，是義大利少見的清爽多酸的白酒產區。相反地，紅酒除了少數的卡本內-蘇維濃、梅洛和黑皮諾外，也有許多當地品種，包括生產清淡紅酒的Schiava，以及較有潛力、顏色深、帶一點微苦的Lagrein。Schiava以當地首府Bolzano市北邊的Santa Maddalena產的最著名，Lagrein則是以城西的Gries品質最佳。

弗里尤利-維內奇亞-朱利亞 Friuli-Venezia Giulia

義大利北部最東端的弗里尤利（Friuli-Venezia-Giulia的簡稱）是介於阿爾卑斯山與亞得里亞海之間的丘陵與山區，葡萄酒產區大多位在南半部，特別是在東部靠近斯洛維尼亞邊境的丘陵區，有Collio和Colli Orentali del Friuli兩個最著名的DOC產區。弗里尤利以口感清新、果香豐富、表現品種特性的干白酒，成爲全義大利最受矚目的白酒產區，大概僅有上阿第杰區可與相比。酒的風格相當現代，大部分國際知名品種都已經引進，大多生產單一品種的葡萄酒。除了白蘇維濃、麗絲玲和夏多內等品種之外，灰皮諾在這邊也有不錯的表現，而當地的Tocai Friulano也相當特別，釀成的白酒常帶有獨特的花香和杏仁香氣，不過最獨特的是Picolit品種，釀成相當老式的白酒，已經成爲DOCG產區。這裡也產一些紅酒，有卡本內-蘇維濃、梅洛以及被誤認成卡本內-弗朗的Carmenère等國際品種，當地的品種以Refosco最著名。甜酒以DOCG產區Ramandolo最特別，以Verduzzo Friulano葡萄釀成帶澀味的甜白酒。

皮蒙 Piemonte

雖然中部的托斯卡納在義大利以外的地方更加受注意，但是，毫無爭議的，皮蒙區卻是全義大利最精采、最多在地特色，也最能從葡萄酒中表現土地精神的葡萄酒產區。

皮蒙因爲西邊和北邊由義法以及義瑞交界的阿爾卑斯山所環繞而得名（Piemonte有山腳的意思），到處是連綿的丘陵與山脈，雖然離地中海不遠，但是因爲南部也爲阿爾卑斯山南端和亞平寧山的北端所環繞，所以皮蒙的氣候卻是屬於大陸性氣候區，冬季長而寒冷，夏季卻相當乾燥炎熱，秋季常有潮濕的細雨。葡萄園大多分布在比較溫和的東南部朗給(Langhe)和蒙非拉多(Monferrato)兩個丘陵區，前者以阿爾巴市(Alba)爲中心，釀造出全球最精采的內比歐露紅酒巴羅鏤，後者則以阿斯第市(Asti)爲中心，因爲蜜思嘉氣泡酒Moscato d'Asti聞名全球。

巴羅鏤產區靠近Monforte d'Alba村的葡萄園，以產濃烈強勁的紅酒爲特色。

Coli Orientali del Friuli是義大利最靠東邊的產區之一，生產風格非常多元的葡萄酒。

葡萄品種

　　皮蒙是一個專產單一品種葡萄酒的產區，是許多世界知名品種以及風味獨特的地區性品種原產地。在黑葡萄酒部分，內比歐露是皮蒙最精采也最著名的品種，除了巴羅鏤，也是巴巴瑞斯柯、加替那拉(Gattinara)和Ghemme等DOCG等級產區所採用的主要品種。由於屬晚熟而且相當挑剔的品種，必須栽種在條件最好的地區，特別是排水良好的南向斜坡，才能達到足夠的成熟度。內比歐露釀成的紅酒顏色不是特別深，而且往往很快就轉變成橘紅色，少有卡本內-蘇維濃的藍紫色。獨特的酒香常有紫羅蘭、黑色漿果、焦油、松露與玫瑰等香味。因為酸度高又含有非常多的單寧，澀味相當強勁，年輕時的口感常顯得酸澀嚴峻，需要經過非常長的瓶中培養才能逐漸柔化單寧，有非常耐久的潛力。

　　巴貝拉是皮蒙種植面積最廣的品種，有一半的紅酒都是用巴貝拉釀成的。過去主要生產酸度高、簡單清淡的日常餐酒，但是現在已經可以釀成顏色深、多果味、單寧細緻而且酸味適中、能耐久存的精采佳釀，Barbera d'Alba和Barbera d'Asti是最著名的產區。多切托是另一個常見的紅色品種，如同其名「小甜」，即使種在較濕冷的環境也容易成熟，釀成的紅酒單寧少，帶迷人果香，口感相當柔和，早熟、美味而且平價，是皮蒙區最佳的佐餐酒。其他的黑葡萄還包括帶著蜜思嘉香氣、常釀成甜紅氣泡酒的Brachetto，以產自蒙非拉多的DOCG產區Brachetto d'Acqui最著名。Freisa則常釀成帶覆盆子香的微泡淡紅酒；Grignolino則常釀成顏色淡、多澀味的粗獷紅酒。

　　皮蒙的白葡萄比較重要的除了帶有濃郁花果香氣、主要釀造成Asti DOCG氣泡酒的蜜思嘉外，還有多酸味、帶梨子香氣的Cortese，是Gavi DOCG產區所採用的唯一品種。Arneis原用於柔化巴羅鏤紅酒，現則釀成多香氣的干白酒。

重要產區

　　皮蒙區因為酒種多元，而且沒有生產IGT等級的地區餐酒，所以區內的DOC以上等級的產區多達五十多個，其中包括七個DOCG產區，範圍最廣的則直接稱為Piemonte，在義大利的系統，一般只有IGT等級的葡萄酒才會以全區域的名字命名。因為皮蒙主要生產單一品種葡萄酒，於是，很多DOC產區都以品種和產區一起命名，如Dolchetto d'Alba、Barbera d'Asti等等，也因此，在最密集的阿爾巴與阿斯第附近，數個、甚至十多個產區之間彼此重疊分布。東西相連的朗給和蒙非拉多兩區占了皮蒙九成的葡萄園，另外在北部也有一些葡萄園。

朗給產區 Langhe

　　阿爾巴市周圍的朗給丘陵區是全世界最知名的白松露產區，但也是北義最優秀品種內比歐露表現最好的區域。巴羅鏤和巴巴瑞斯柯兩個DOCG產區分別位在阿爾巴市的南北兩側。鎮南的巴羅鏤是一片低緩起伏的美麗丘陵，也是全球最優秀的內比歐露產區，產區範圍包括La Morra、Barolo、Castiglione Falletto、Serralunga d'Alba以及Montforte d'Alba等幾個著名的產酒村。對於環境相當挑剔的內比歐露占據了區內最好的向陽坡地，屬於巴羅鏤的葡萄園僅有1,200公頃，其餘較差的地方則種植巴貝拉和多切托。

　　巴羅鏤的土質與環境變化相當大，不同的村子甚至於不同的葡萄園，都會讓釀成的葡萄酒表現出截然不同的風味，於是，

在這裡以及北邊的巴巴瑞斯柯產區也發展出類似於法國布根地產區的單一葡萄園葡萄酒，如同於布根地將每一片特殊的葡萄園稱為cru，在朗給區則稱為bricco或sorì，每一片bricco也都有自己的名稱，葡萄農會將特殊葡萄園產的葡萄分開釀造和裝瓶，有時也會調配在一起。

　　一般而言。巴羅鏤跟其他內比歐露紅酒比起來，顏色最深，酒精和單寧都最多，口感也最殷實濃厚，而且更是最結實耐久。不過，不同區域也有所不同，大致分成東西兩區，西部土質以石灰質泥灰岩為主，和北邊的巴巴瑞斯柯類似，內比歐露有比較細緻的表現。包括Barolo和La Morra等村，出產比較溫和均衡、且較快成熟的紅酒。最著名的葡萄園包括La Morra村南的Brunate、Cerequio、La Serra，在Barolo村北則有知名的Cannubi和Sarmassa。

　　而東部的Castiglione Falletto、Serralunga d'Alba以及Montforte d'Alba地形比較崎嶇，土壤更加貧瘠，也含有較多的砂岩和含高鐵質石灰質土，內比歐露以特別濃烈強勁、非常耐久存為特色，是最濃厚結實的皮蒙紅酒。知名的葡萄園包括Montforte北邊的Bussia、Ginestra和Pianpolvere；在Serralunga的Vigna Francia、Vigna Rionda、Ornato；在Castiglione則有Bric dël Fiasc、Villero和Falletto Rocche等。

　　位在阿爾巴市東北邊的巴巴瑞斯柯面積比較小，葡萄園位在Barbaresco、Neive和Treiso三個村莊。土質多為富含石灰質的泥灰岩，土質或酒風格類似巴羅鏤西部產區，出產的內比歐露紅酒一

左：巴羅鏤產區內的內比歐露可以釀成非常堅實耐久的頂尖葡萄酒。

中：巴羅鏤村附近的葡萄園生產口味較為細緻溫和的巴羅鏤紅酒。

右：Asti產區可口多香、新鮮甜美、簡單易飲的Moscato氣泡酒。

般而言比巴羅鏤稍微淡一點，但仍相當堅實強勁，南部Treiso的海拔較高，生產最細緻但輕巧的巴羅鏤紅酒。最著名的葡萄園包括北邊Neive的Santo Stefano和Bricco de Neive，Barbaresco村南的Sorì Tildin、Asili、Montestefano和Martinenga，在Treiso則有Pajorè。

傳統的巴羅鏤或巴巴瑞斯柯大多是在以斯洛維尼亞橡木製成的大型木桶槽中進行培養，釀成的酒常需要非常長的時間才會成熟適飲。自20年前開始有酒莊採用小型法國橡木桶來進行培養，釀成比傳統風格更圓熟豐滿、更多橡木香氣，而且也更早可以適飲的內比歐露紅酒，也許不用再等待20年，但常常仍需十年以上的時間。

蒙非拉多產區 Monferrato

這一大片以石灰質土為主的丘陵區內，最著名的當屬阿斯第所出產的同名DOCG等級氣泡酒Asti，是義大利產量僅次於奇揚替的第二大產區，也是法國香檳外最著名的氣泡酒。由於採用香味特殊的蜜思嘉釀成，有蜜思嘉慣有的玫瑰花香、荔枝等香氣，香濃直接，通常製成甜型或半甜型，一般趁年輕品嘗，非常可口迷人。稱為Asti或Asti Spumante為氣泡較多、甜味稍低、酒精稍高的類型，另外也有微泡型的Moscato d'Asti，氣泡較少，酒精度常不到6%，所以甜味較高，是全球最佳也最可口的氣泡甜酒，香甜且多新鮮果味，非常適合飯後搭配甜點或水果。

阿斯第產區內的紅酒以採用巴貝拉釀成的Barbera d'Asti最具代表，品質也最佳，比阿爾巴地區產的來得柔和且多果味，但是比柔和清淡且有時帶微泡的Barbera del Monferrato來得更濃郁。Freisa、多切托和Brachetto也是常見的品種，生產清淡柔和、可口易飲、而且還帶點微泡的紅酒。在蒙非拉多的東南角落有皮蒙最著名的干白酒Gavi，採用Cortese釀成爽口多酸、帶有怡人果香、適合年輕飲用的干白酒。

北部產區

皮蒙北部的產區中，最著名的是三個以內比歐露為主的紅酒產區，在本地，內比歐露叫作Spanna。加替那拉以內比歐露為主，可混10%的其他品種來柔化。內比歐露的紫羅蘭花香和焦油味特別明顯，顏色比較偏橘紅，略帶一點苦味，風格接近巴羅鏤，但因位置較北，不及濃郁耐久，屬DOCG等級產區。另一個DOCG產區為Ghemme，隔著Sésia河西鄰加替那拉，採用75%以上的內比歐露釀造成粗獷風格的強勁紅酒。Carema產區則位在阿歐斯達谷邊界，氣候較為寒冷，內比歐露較難成熟，葡萄園不多且多位於陡坡，雖不及南部產的厚實，但常具優雅風格。

義大利中部
Italia Centrale

貫穿義大利半島的亞平寧山脈,將義大利中部分成東西兩面,一共七個葡萄酒產區。東面靠亞得里亞海一側由北到南有艾米里亞-羅馬涅(Emilia-Romagna)、馬給(Marche)、阿布魯索(Abruzzo)和摩利切(Molise)四個產區。西面提瑞諾海(Mar Tirreno)這一邊則有托斯卡納、翁布里亞(Umbria)和拉契優(Lazio)三個產區。靠近海岸的區域都屬於乾燥炎熱的地中海型氣候,非常適合葡萄的生長,有廣大面積的葡萄園。

義大利中部的葡萄酒以西面的托斯卡納最為著名,除了包括了Chianti Classico、Brunello di Montalcino以及Vino Nobile di Montepulciano這三個全球最精采的山吉歐維列紅酒產區,托斯卡納也以生產走國際風格、稱為Super Tuscan的頂尖酒款名聞國際,是義大利在西北部的皮蒙區之外最受矚目的產區。除了國際級的明星產區,與外來的明星品種,義大利中部也還保留著非常多傳統的葡萄品種與葡萄酒,不僅富饒地方風味,也充滿著發展的潛力。

艾米里亞-羅馬涅產區的Enoteca。

葡萄品種

在廣闊的義大利中部,最具代表的葡萄品種是全義大利種植面積最廣的山吉歐維列。因為釀成的葡萄酒有如血般鮮豔的顏色,原稱為丘比特之血(sanguis jovis)。山吉歐維列已存在五百多年的歷史,而且在義大利種植的環境廣闊多變,數世紀以來繁衍出許多因基因變異而產生的變種,風格差別很大,最著名的是來自蒙塔奇諾區(Montalcino)、由Biondi-Santi酒莊所選育出來的布雷諾(Brunello)變種,可以釀成強勁堅實的精采紅酒。

山吉歐維列顏色不很深,年輕時常有黑櫻桃果香,酸度強,單寧含量高,口感不是很圓潤,在條件好的環境下可以產出濃厚且結構緊密的耐久紅酒,風格偏嚴肅堅實,常須混合Canaiolo、

義大利中部 Italia Centrale

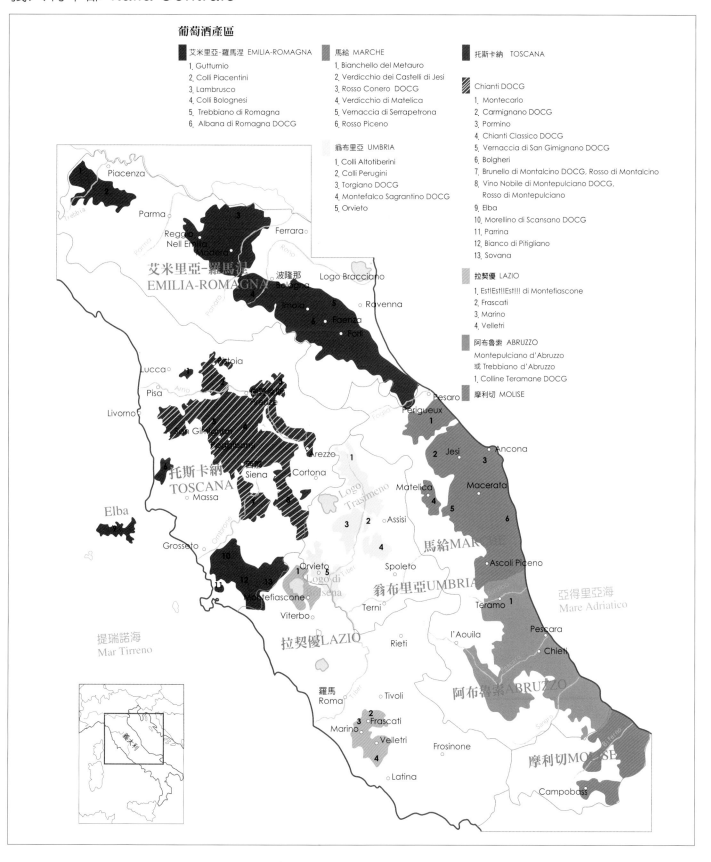

葡萄酒產區

艾米里亞-羅馬涅 EMILIA-ROMAGNA
1. Gutturnio
2. Colli Piacentini
3. Lambrusco
4. Colli Bolognesi
5. Trebbiano di Romagna
6. Albana di Romagna DOCG

馬給 MARCHE
1. Bianchello del Metauro
2. Verdicchio dei Castelli di Jesi
3. Rosso Conero DOCG
4. Verdicchio di Matelica
5. Vernaccia di Serrapetrona
6. Rosso Piceno

翁布里亞 UMBRIA
1. Colli Altotiberini
2. Colli Perugini
3. Torgiano DOCG
4. Montefalco Sagrantino DOCG
5. Orvieto

托斯卡納 TOSCANA

Chianti DOCG
1. Montecarlo
2. Carmignano DOCG
3. Pormino
4. Chianti Classico DOCG
5. Vernaccia di San Gimignano DOCG
6. Bolgheri
7. Brunello di Montalcino DOCG, Rosso di Montalcino
8. Vino Nobile di Montepulciano DOCG, Rosso di Montepulciano
9. Elba
10. Morellino di Scansano DOCG
11. Parrina
12. Bianco di Pitigliano
13. Sovana

拉契優 LAZIO
1. Est!Est!!Est!!! di Montefiascone
2. Frascati
3. Marino
4. Velletri

阿布魯索 ABRUZZO
Montepulciano d'Abruzzo 或 Trebbiano d'Abruzzo
1. Colline Teramane DOCG

摩利切 MOLISE

Ciliegiolo、Colorino及Malvasia nera等當地傳統品種柔化，甚至也添加法國的卡本內-蘇維濃和梅洛等品種。最著名的產區包括托斯卡納的蒙塔奇諾、蒙鐵布奇亞諾(Montepulciano)以及古典奇揚替(Chianti Classico)。另外在西部海岸邊稱為Morellino，因為氣候較炎熱，有更圓熟可口的表現。

其他著名的黑葡萄品種還有Montepulciano和Lambrusco以及產量少的Sagrantino。Montepulciano原產自托斯卡納，雖和蒙鐵布奇亞諾村同名，但和山吉歐維列不同品種，口感柔和可口，以亞得里亞海岸的馬給和阿布魯索出產的最著名。Lambrusco也是相當古老的品種，現存非常多的別種，如酸度高的Lambrusco di Sorbara、單寧比較強的Lambrusco Grasparossa等等。主要種植於艾米里亞-羅馬涅，專門用來生產酸度高、半甜型、而且帶點氣泡的清淡紅酒。Sagrantino的品質則相當優異，產自翁布里亞的Montefalco，可釀成色深味濃的紅酒。

義大利中部的白葡萄品種不及黑葡萄酒重要，Trebbiano（白于尼）是種植最廣的品種，大多釀成清淡酸度高、香氣不多的干白酒。從希臘傳入的馬爾瓦西在義大利中部也相當普遍，除了干白酒，也適合釀造聖酒。義大利中部最著名的白酒產區，包括翁布里亞區的歐維耶多(Orvieto)、拉契優的Est!Est!!Est!!!以及羅馬南邊產的Frascati，都是以這兩個品種為主釀造而成。其他品種還包括托斯卡納有杏仁香氣的Vernaccia，和馬給區多酸的Verdicchio等等。

產 區

托斯卡納 Toscana

美麗的鄉間景致與文藝復興城市，讓托斯卡納成為全義大利最著名的觀光勝地，這裡以山吉歐維列為主釀造的Chianti紅酒，更讓托斯卡納成為著名的葡萄酒產區。這裡不僅生產許多精采的傳統葡萄酒，而且還有許多品質優異特出的創新酒款。加上近年來，托斯卡納的海岸地區充滿潛力且快速的發展，讓托斯卡納成為義大利中部葡萄酒業的精華核心地區，將在後頁專章介紹。

翁布里亞 Umbria

位處義大利中部核心的翁布里亞產區，以生產和歷史古城歐維耶多同名的白酒而聞名，混合Trebbiano、馬爾瓦西、Verdello以及特別適合釀造聖酒的Grechetto等品種釀造。傳統的歐維耶多為甜型的白酒，但現在多為干型。紅酒最著名的是採用Sagrantino葡萄釀成的DOCG產區Montefalco Sagrantino，常有非常深濃的顏色，單寧強勁，口感非常濃厚。雖然現多釀成干型，但也出產一點用風乾葡萄釀成的甜紅酒Sagrantino di Montefalco Passito。另外一個DOCG產區為Torgiano Rosso Riserva，以山吉歐維列為主，配上Chiliegiolo、Montepulciano和Canaiolo等品種，須經過三年以上的培養和儲存，這個以Lungarotti酒廠為主的小產區出產濃厚且強勁高雅的頂級紅酒。除了這三個知名產區之外，翁布里亞還有包括Assisi等其他八個DOC產區。

上：翁布里亞除了歐維耶多白酒之外，現在也以Sagrantino di Montefalco紅酒聞名。
下：Torgiano產區的Lungarotti酒莊。

上：Lambrusco的葡萄園。
下： 艾米里亞-羅馬涅最著名的氣泡紅酒
Lambrusco。

拉契優 Lazio

雖然這裡已經開始生產優質的紅酒，但是，拉契優是一個以產白酒聞名的產區，特別是羅馬市南郊的丘陵區有許多生產干白酒的產區，其中以Frascati與Marino產的白酒最為著名，是羅馬市民的最愛。原為顏色金黃、帶點氧化氣味的白酒，現在大多是以Trebbiano和馬爾瓦西釀成的清爽白酒。北部與翁布里亞隔鄰的地區除了也生產歐維耶多白酒外，也有一個自中世紀就以產白酒著名的產區Est!Est!!Est!!! di Montefiascone，採用的品種還是以Trebbiano和馬爾瓦西為主，比羅馬南邊產的白酒來得柔和一點，除了干型外還出產甜白酒。

艾米里亞-羅馬涅 Emilia-Romagna

位處義大利北部和中部交界的艾米里亞-羅馬涅，雖然不是特別著名的產區，但卻是年產11億公升的最大產區之一，包含二十多個DOC。雖然產區非常多，但這裡產的葡萄酒比較少精英性格，反而是非常大眾的酒款，而且很適合搭配當地的美食，特別是帶著氣泡與甜味的淡紅酒Lambrusco，以便宜的價格大量銷往全義以及海外市場。西部的艾米里亞地區是Lambrusco的主要產區，是以同名的葡萄釀成，酒色呈紫紅，清淡酸度高，帶點氣泡和甜味，因為產地以及採用的Lambrusco的別種不同，又分成最經典的Lambrusco di Sorbara、Lambrusco Grasparossa di Castelvetro以及Lambrusco Salamino di Santa Croce等DOC產區。

西部的羅馬涅產區除了生產許多Trebbiano白酒外，以Albana釀成的白酒和山吉歐維列釀成的紅酒最具本地特色。Albana葡萄釀成的Albana di Romagna，是義大利最早成為DOCG等級的白酒產區，Albana的特性並不強，釀成的干白酒或半甜酒簡單可口，以風乾葡萄製成的Passito甜白酒則有不錯的表現。在紅酒方面則以山吉歐維列的表現最好，雖然不及托斯卡納出產的那麼堅實強勁，但是卻因為較柔和圓潤，而更適合佐配當地的荣肴。

馬給 Marche

馬給區最著名的是以Verdicchio釀成的清爽多酸、適合佐伴魚料理的簡單干白酒，有Verdicchio dei Castelli di Jesi和Verdicchio di Matelica兩個DOC產區。紅酒主要以山吉歐維列和Montepulciano為主，前者以Rosso Piceno最著名，後者則以亞得里亞海岸邊的DOCG產區Cònero表現最好，都屬於顏色深、豐厚可口的平實紅酒。

阿布魯索 Abruzzo、摩利切 Molise

馬給南邊的阿布魯索雖然稱不上知名，但卻是義大利中部第二大的產區，年產量高達5億瓶。境內多山區，有相當多變的生產條件，以Montepulciano釀成的紅酒是阿布魯索最重主要的類型，DOC的名稱為Montepulciano d'Abruzzo，可以添加15%以內包括山吉歐維列在內的其他品種。除少

數例外，大多為粗獷卻又柔和風格的紅酒，色深多單寧，但又頗圓潤，有時也可耐久，例如產自已經成為DOCG產區的Colli Teramane的Riserva等級Montepulciano，不僅豐富厚實，也有相當好的久藏潛力。除了紅酒，也釀成粉紅酒Cerasuolo。白酒方面則是以Trebbiano為主，通常清淡爽口沒有太多個性。

最南邊的摩利切產區不大，出產的葡萄酒並不特別精采有特色，最著名的產區是Biferno，生產以Montepulciano和Trebbiano為主的紅酒和白酒，也種有一些義大利南部最精采的黑葡萄Aglianico。

托斯卡納 Toscana

托斯卡納是全義大利最知名的明星產區，除了悠久的歷史與絕佳的自然條件，更重要的是托斯卡納酒業在過去三十多年的改革與轉化，才形成今日多彩多樣的托斯卡納葡萄酒王國。

如同其他地中海型氣候區，托斯卡納有溫和的冬季，夏季則非常炎熱乾燥。境內大多是連綿起伏的丘陵地，大多為鹼性的石灰質土和砂質黏土，一種稱為galestro的泥灰質黏土在托斯卡納特別受到注重，是相當適合山吉歐維列葡萄酒生長的土質。全球最著名的山吉歐維列產區全部集中在托斯卡納境內，包括中部的古典奇揚替、蒙塔奇諾、蒙鐵布奇亞諾和Carmignano。在西部海岸邊的Maremma地區還有Morellino di Scansano以及Sovana等等。

來自法國波爾多的品種，例如卡本內-蘇維濃和梅洛，在托斯卡納也有非常傑出的表現，過去因為法令的關係，大多只能釀造成品質優異、價格昂貴、但法令等級卻是最低的Vino da Tavola，這

上：蒙塔奇諾的碉堡每年二月舉辦新酒品嘗會。
下：古典奇揚替的歷史名莊Fonterutoli。

一類的酒被稱為Super Tuscan。但現在，連同其他國際品種已經被許多DOC所接納，甚至連最具歷史與代表的Super Tuscan名酒Sassicaia都成為獨立專屬的DOC Bolgheri Sassicaia。

托斯卡納的白酒雖然還是以Trebbiano和馬爾瓦西為主所釀造的清淡型干白酒，但還是有一些特殊風格的白酒，其中以中部的聖吉米亞諾(San Gimignano)所出產的Vernaccia di San Gimignano最著名，以同名的品種釀造成具有清新口感、帶新鮮杏仁以及桃子核仁香氣、帶一點輕微細緻苦味的干白酒。另外，在Maremma海岸邊還有一些迷人多酸的Vermentino干白酒。

在托斯卡納，也生產用葡萄乾釀成的甜酒，但不同於其他地區稱為Recioto或Passito，在托斯卡納則稱為聖酒。葡萄採收後經過數月的風乾再榨汁，經過緩慢的發酵和兩年以上的培養，釀成香濃甜美的甜酒，除了濃郁的水果乾香味，也常有核桃和榛果香，大部分為白酒，但偶而可見以黑葡萄釀成的Vin Santo Occhio di Pernice。在眾多產區之間，以Vin Santo di Montepulciano最為著名。此外，在托斯卡納海岸邊也生產以Aleatico葡萄釀成的甜紅酒，有頗迷人的微苦與野櫻桃香氣，以Elba島上產的最為著名。

奇揚替、古典奇揚替 Chianti & Chianti Classico

奇揚替是義大利以外最常見到的義大利葡萄酒，產自托斯卡納中部廣達7萬公頃的葡萄園，雖然屬DOCG等級，也以山吉歐維列為主來釀造，但大部分的奇揚替紅酒還是屬於柔和可口、清淡多酸的清淡型紅酒。最精采的奇揚替主要產自文藝復興古城佛羅倫斯與席恩那(Siena)之間的古典奇揚替區內。這裡是奇揚第區內最早種植葡萄的地帶，也是自然條件最好的區域，特別是位在Radda、Gaiole以及Castellina三個村子之間的最精華區內，除了少數的例外，最頂尖的古典奇揚替全產自這個「金三角」裡。古典奇揚替公會以黑公雞(gallo nero)圖案做為認證標示，合格的酒才可在瓶頸上貼上黑公雞貼紙。

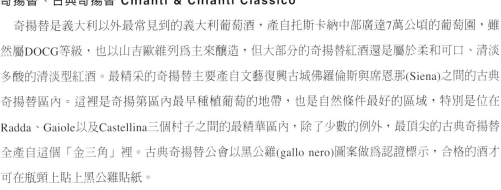

近年來古典奇揚替進行了多次改革，山吉歐維列的比例已經提高到80%以上，原本允許的白葡萄自二〇〇六年起也禁止使用，除了當地的傳統品種如Canaiolo和Colorino外，卡本內-蘇維濃和梅洛葡萄酒也可加到20%，而每公頃的產量也限制在5,250公升以下，並且要在產區培養一年以上，在當地裝瓶後才能銷售。古典奇揚替也不再如過去那般良莠不齊，有更高的平均水準。雖因山吉歐維列的關係，釀成的酒顏色並不特別深黑，但是單寧澀味重，常有強勁嚴謹的口感，並帶有櫻桃與紫羅蘭花香，屬於需五至六年以上久藏的紅酒。等級更高的Riserva，一般挑選最好的葡萄釀造，而且經過兩年以上的窖藏，是托斯卡納最精采的紅酒之一。

除了古典奇揚替之外，在奇揚替區內還分出其他七個風格獨特的分區，例如Rùfina和Colli Senesi等，可以將產地名標示在Chianti之後，水準比一般的Chianti還來得高，也更有特色，例如Colli Senesi就以迷人的櫻桃果香聞名。

蒙塔奇諾 Montalcino

在托斯卡納生產傳統類型紅酒的產區中，風格雄壯結實的蒙塔奇諾是最閃亮的明星產區，也是全義大利唯一可以和巴羅鏤相提並論的頂尖紅酒。蒙塔奇諾位在托斯卡納南邊一片起伏的山區，比其他區來得乾燥與溫暖，而且土壤貧瘠，讓山吉歐維列的別種布雷諾可以釀成非常強勁的紅酒。蒙塔奇諾最頂級的酒稱為Brunello di Montalcino，不像其他產區大多要添加其他品種來柔化，而是只能採用100%的山吉歐維列釀造，有特別深厚的果味，口感強勁，單寧緊澀，但均衡密實，屬於非常耐久型的紅酒，年輕時候口感較為堅硬，需要一些時間才能展現成熟豐富的香氣和滑潤柔化的單寧質感。

蒙塔奇諾有近兩千公頃的葡萄園，位於古城周邊是全區海拔最高的地方，出產的酒最為強硬，包括老牌的Biandi-Santi、Fattoria dei Barbi和Il Poggione都位在這裡，現在當紅的Case Basse以及Poggio Antico也在這個精華區內。城北的區域海拔較低，有最均衡的表現，像知名的Altesino和Valdicava等等。另外在產區邊緣的區域地勢更低，常表現出較濃厚的風格，像最大酒莊Banfi、老牌的Col d'Orcia、Castelgiocondo、Agriano以及新秀Casanova di Neri等等。

Brunello di Montalcino因為風格強硬，規定必須在橡木桶內培養兩年以上，而且在採收之後第五年的元月之後才能上市。而屬於Riserva等級要到第六年才能上市。除了布雷諾，這裡的酒莊也常推出價格和風味都比較平易近人的Rosso di Montalcino，通常順口多果味，也更早熟。蒙塔奇諾較少生產聖酒，但卻生產在中世紀曾經相當聞名的Moscadello di Montalcino，是香濃多酸的甜酒。新近成立了Sant'Antimo DOC，讓蒙塔奇諾的酒莊得以採用國際品種釀造多重風格的紅、白酒。

蒙鐵布奇亞諾 Montepulciano

在蒙塔奇諾東邊的蒙鐵布奇亞諾是座古老精緻的中世紀小城，古城周圍的美麗鄉間所出產的酒稱爲Vino Nobile di Montepulciano，在十五世紀時就已經非常著名。這裡的山吉歐維列稱爲Prugnolo Gentile，釀成的紅酒粗獷多澀味，較少圓熟的果味，常會混合其他品種柔化，也許不及蒙塔奇諾來得深厚強勁，但頗耐久存。雖是最早成立的DOCG產區之一，但名氣排在蒙塔奇諾和古典奇揚替之後，風格介於兩者間。另外，這裡的酒莊也出產Rosso di Montepulciano，風味柔和可口。

博給利 Bolgheri

位於西部海岸邊的博給利雖是一個新成立的DOC產區，但因爲是Sassicaia和Ornellaia等知名Super Tuscan的所在，而成爲非常受矚目的產區。博給利地勢低平多沙，但卻特別適合卡本內-蘇維濃和梅洛葡萄的生長，可以釀成既強勁深厚、而且高雅均衡的國際級頂尖珍釀。除了紅酒，也生產粉紅酒和以Vermentino與白蘇維濃葡萄釀成的可口白酒，以及以黑葡萄酒釀成的聖酒。在博給利南邊的Val di Cornia產區也是一個頗具潛力的產區，特別是以波爾多品種與山吉歐維列爲主釀成的紅酒。

史坎薩諾 Scansano

在西部海岸南邊的史坎薩諾附近地區，有一個山吉歐維列的別種稱爲Morellino，當地出產的DOCG葡萄酒稱爲Morellino di Scansano，必須採用85%以上的Morellino釀製，是義大利近年來發展最迅速的新產區。因爲更加溫和的氣候與托斯卡納少見的酸性土，讓這裡所出產的山吉歐維列表現出非常濃郁、風格粗獷，但卻又圓熟討喜、美味易喝的獨特風格。在史坎薩諾南邊的Sovana地區則主要出產混合山吉歐維列和Chiliegiolo的可口紅酒。

由左至右：
托斯卡納海岸區的Massa Maritima。
托斯卡納最知名的白酒Vernaccia di San Gimignano。
在玻璃瓶中進行熟成的聖酒。

義大利南部及島嶼
Italia del Sud e Isole

即使沒有明星級的產區，但是義大利南部的四個產區坎佩尼亞(Campania)、普利亞(Puglia)、巴西里卡達(Basilicata)和加拉比亞(Calabria)，以及地中海上的西西里(Sicilia)與薩丁尼亞(Sardegna)兩座島嶼，卻是義大利非常重要的葡萄酒產區，至少，在產量上是如此，出乎大多數人的意料，普利亞和西西里都是義大利產量最大的產區之一，分別年產11億與10億公升的葡萄酒。但是在義大利南部龐大的酒海間，卻還保留著許多原產的優異品種，出產風味獨具的葡萄酒。

乾燥炎熱的地中海型氣候讓義大利南部非常適合葡萄生長，幾乎隨處都可以種植葡萄。義大利南部雖然引進不少北部、中部以及國際葡萄品種，但也保留非常多的原產或引入數百年甚至千年的品種，可以釀出不僅精采、而且風格獨一無二的葡萄酒。其中最知名、潛力最佳的是黑葡萄Aglianico，因為非常晚熟，只有種植於南部才得以成熟，而且非常適合義大利南部的火山土質，是希臘人在西元前七世紀就已經引進的品種。另外還有跟加州金芬黛同樣源自巴爾幹半島的Primitivo、西西里的Nero d'Alvora、普利亞的Negroamaro以及加拉比亞的Gaglioppo等等。白葡萄也有兩千多年前自希臘引入的Greco Bianco和Falaphina，以及羅馬時期就已經存在的Fiano等等。

┃ 上：Salento半島上的葡萄園，Negroamaro和Primitivo是此區最具代表的葡萄品種。
┃ 下：位在普利亞最知名的DOC產區Castel del Monte內的Bocca di Lupo酒莊。

主要產區

坎佩尼亞 Campania

曾經，坎佩尼亞是義大利半島上最受讚賞的葡萄酒產區，但是，直到近十多年來，才又回復過往的名聲，不同於北鄰的拉契優以白酒聞名，坎佩尼亞因為Aglianico紅酒的精采表現，而成為義大利南部最受矚目的紅酒產區，以Aglianico釀造、產自Avellon東北邊的Taurasi，更成為南義第一個DOCG等級的產區。不僅顏色深黑，且單寧澀味重而濃厚，但又有很多的酸味，香氣中除了紅色漿果香外還常帶有焦油，是一個相當耐久放，而且很少有其他品種可以釀成類似風味的紅酒。在坎佩尼亞境內現已有二十多個DOC產區，大部分的紅酒如Aglianico del Taburno、Falerno del Massico，都以Aglianico為主或添加一部分釀成。

白酒則以Fiano最著名，帶有西洋梨、香料與乾果等濃重卻迷人的香氣，以DOCG產區Fiano di

義大利南部及島嶼 Italia del Sud e Isole

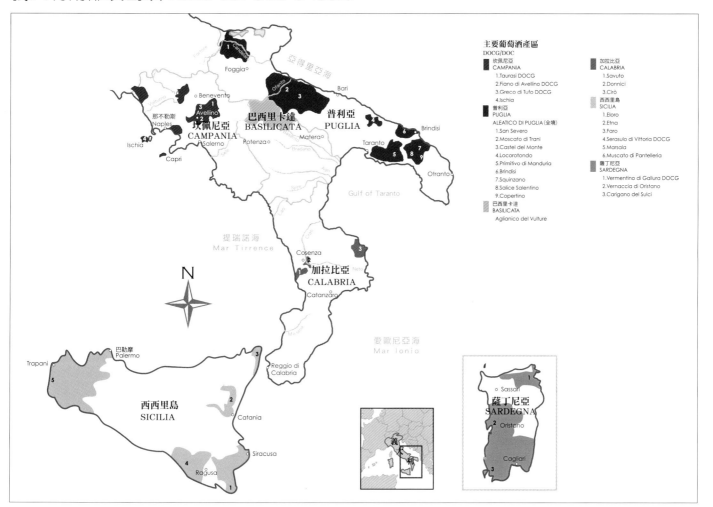

主要葡萄酒產區

DOCG/DOC

■ 坎佩尼亞
CAMPANIA
　1.Taurasi DOCG
　2.Fiano di Avellino DOCG
　3.Greco di Tufo DOCG
　4.Ischia

■ 普利亞
PUGLIA
ALEATICO DI PUGLIA (全境)
　1.San Severo
　2.Moscato di Trani
　3.Castel del Monte
　4.Locorotondo
　5.Primitivo di Manduria
　6.Brindisi
　7.Squinzano
　8.Salice Salentino
　9.Copertino

巴西里卡達
BASILICATA
　Aglianico del Vulture

■ 加拉比亞
CALABRIA
　1.Savuto
　2.Donnici
　3.Cirò

■ 西西里島
SICILIA
　1.Eloro
　2.Etna
　3.Faro
　4.Serasulo di Vittoria DOCG
　5.Marsala
　6.Muscato di Pantelleria

■ 薩丁尼亞
SARDEGNA
　1.Vermentino di Gallura DOCG
　2.Vernaccia di Oristano
　3.Carigano del Sulci

Avellino最著名，有時還可有七至八年的久藏潛力。Greco Bianco也是坎佩尼亞重要的白葡萄，以產自Avellino北部、火山泥灰岩區的Greco di Tufo最為著名，比Fiano有更多的果味，酸度也較高，已經升格為DOCG。

　　拿波里附近的島上也產葡萄酒，較著名的為Ischia島，出產特有的Biancolella葡萄釀成的清爽白酒和多果味的Piedirosso紅酒。

巴西里卡達 Basilicata

　　雖然義大利其他產區都發展出數量龐大的DOC，但是在巴西里卡達卻仍僅有一個。即使如此，這唯一的DOC Aglianico del Vulture，卻有非常精采的表現，產自北部Vulture火山的面東坡上以及Vulture南邊的丘陵地。雖然不及北邊的Taurasi來得深厚強勁，但這裡的火山土壤還是可以讓Aglianico釀成單寧強的濃厚紅酒。

普利亞 Puglia

位在義大利半島亞得里亞海岸最南邊的普利亞，是南義最大的葡萄酒產區，即使生產大量廉價的日常佐餐酒，但也有多達25個DOC產區。北部的產量雖然最大，但普利亞最特別的產區卻是位在最南邊鞋跟處、Táranto港與Brindisi港以南的Salento半島上。因為兩面臨海，氣候非常炎熱，是Negroamaro最精采的產區，得以釀成顏色深黑、香味強勁、口感厚實、單寧強的南方紅酒，有時喝起來甚至像不帶甜味的波特酒那般濃重且多酒精，通常會添加Malvasia Nera葡萄柔化過重的口感，包括Alezio、Brindisi、Copertino、Leverano和Salice Salentino等多個DOC產區，都是以Negroamaro紅酒聞名。在Salento半島上也生產不錯的Primitivo，特別是產自Manduria附近的Primitivo di Manduria，除了釀成高酒精的干紅酒，有時也釀成甜紅酒。

身為義大利酒倉的普利亞中、北部，除了種植許多以義大利中部常見的山吉歐維列、蒙鐵布奇亞諾和Trebbiano以外，也有許多國際品種，而當地的黑葡萄酒品種則以Uva di Troia最重要。最著名的是Castel del Monte產區，通常也會混合蒙鐵布奇亞諾等品種一起釀造。Castel del Monte除了產以Uva di Troia為主的紅酒，也生產其他類型的紅、白酒。也一樣相當重要的Primitivo則在Gioia del Colle有好表現。

加拉比亞 Calabria

加拉比亞位在義大利半島的鞋尖部分，品質優異的Gaglioppo是區內最具代表的黑葡萄，特別是產自Cirò Classico產區的Gaglioppo，有潛力釀成深黑、高酒精、濃厚、帶點粗獷的南方紅酒，甚至還需要添加一點白葡萄酒淡化這般濃厚且多酒精的紅酒。白葡萄則以Greco Bianco最為特別，可以釀成平凡但可口的干白酒，但卻更適合釀成甜白酒，以Bianco附近產的Greco di Bianco DOC產區最著名，這種老式的甜酒常以風乾的Greco Bianco釀造，顏色呈老金色，而且帶有檸檬、柑橘以及新鮮香草的香氣，口感柔和甜潤。

西西里島 Sicilia

身為地中海第一大島的西西里也是義大利最大的葡萄酒產區之一，氣候乾燥炎熱，但卻多山多丘陵，是一個非常適合葡萄生長且可釀出多重風格葡萄酒的地區。不過，現在西西里島上產的大多是品質平凡的日常餐酒。在十八到二十世紀之間，西西里曾經因為出產加烈酒馬沙拉而成為國際知名的葡萄酒產區，但現在，在加烈酒不再流行的時代，西西里開始以不帶甜味的南方濃重紅酒重新進入國際葡萄酒舞台，其中，最著名的是以又稱為Calabrese的Nero d'Avola葡萄所釀造的紅酒，主要產自東南角的Eloro產區，特別是Pachino附近產的Nero d'Avola最為濃厚耐久。此外島上還有另一個重要且具潛力的黑葡萄Nerello Capuccio，主要產自東部的Etna火山東坡的Etna產區以及東北角的Faro。口味清淡的Cerasuolo主要種於東南角的Vitória，是島上唯一的DOCG產區。

上：Feudo Maccari酒莊產的Nero d'Avola，這個品種在西西里島上可以釀成相當濃厚的紅酒。

下：西西里島上Etna產區的葡萄園。

知名的馬沙拉產區則位在島的西邊，主要用Catarratto、Grillo和Inzolia等多種葡萄釀造，除了白葡萄，也有黑葡萄釀成的琥珀紅色Rubino馬沙拉。一七七三年英國酒商John Woodhouse為了讓由馬沙拉港出發運往倫敦的酒不會變質，在酒中添加白蘭地，開始了馬沙拉甜酒的歷史。同是加烈酒，但釀造方法不同，除了添加烈酒，也添加新鮮或是加熱濃縮的葡萄汁。除了一般需熟成一年的Marsala Fine，需要在木桶中熟成兩年的Superior或四年的Superior Riserva通常有更精采的表現。不過最迷人的類型是添加相當少的酒精、而且甜度低的Marsala Vergine或Malsala Soleras，有非常豐富的香氣，接近Amontillado雪莉酒的風格。熟成五年以上的稱為Straveccio，十年以上才能稱為Riserva。

西西里的蜜思嘉甜酒雖然產量已經不多，但卻相當出名，主要產自東南部的Moscato di Noto。西南部靠近突尼西亞的Pantelleria島上也產蜜思嘉甜酒，以Zibbibo種的蜜思嘉釀造，還分為酒精度比較低的Naturalmente dolce、蜜思嘉氣泡酒以及風乾葡萄釀成的Passito等多種類型。另外，在西西里東北邊的Lipari群島則以出產以馬爾瓦西釀造的甜酒聞名，稱為Malvasia delle Lipari，顏色呈琥珀色，散發杏桃乾、柑橘、香料與花香，口感甜美。

薩丁尼亞島 Sardegne

歷史背景相當多元的薩丁尼亞，在葡萄酒上展現了多元的風格，自立於義大利本土的葡萄酒風格之外。在十八世紀之前，薩丁尼亞曾經隸屬於西班牙，受伊比利半島的影響相當大，島上的主要品種像Carignano為西班牙的Cariñena，Cannonau為西班牙的Granacha。至於白葡萄則以Vermentino最為重要，也同樣是源自西班牙。

薩丁尼亞的氣候乾燥而炎熱，特別是西南部的平原區，常受乾旱的威脅。因為整個島有85%是山區，大部分的葡萄園都位在西南部的平原區。薩丁尼亞最具代表的白酒為Vermentino釀成的干白酒，Vermentino di Gallura是最著名的產區，產自較為涼爽的東北部，有非常爽口的酸味，均衡且細緻，香氣迷人，已經成為DOCG產區。另有一個分布全島的DOC，Vermentino di Sardegna，除了Vermentino，其他較重要的白葡萄還包括Torbato和Nuragus等等。在白酒部分，還有一些比較奇特的類型，如Oristano出產的類似雪莉酒的Vernaccia di Oristano，以及產自Bosa的Malvasia甜酒。

紅酒以Cannonau最常見，可以釀成顏色淡、但溫和多酒精的可口紅酒，有專屬的DOC，Cannonau di Sardegna，除了干型酒，也用來生產像波特酒的甜紅酒Liquoroso。東北部的Nuoro附近是島上Cannonau的最佳產區。Carignano則以在西南平原區的Carignano del Sulcis有最好的表現，可釀成風格比Cannonau強硬的紅酒。另外Monica葡萄也常在島上釀成柔和可口的Monica di Sardegna。

西班牙
España

在歐洲傳統葡萄酒產國中，西班牙是近十年來釀酒水準進步最快速的國家，現在，西班牙變成了全歐洲最前衛的葡萄酒產國，其釀酒傳統在新的觀念以及新的釀酒技術帶動下，不僅釀酒水準大幅提升，而且出現了許多新興的、具有濃厚地方特色的世界級新產區，也成立了非常多的新興酒莊，成為舊大陸裡的新大陸。西班牙是全世界葡萄種植面積最大的國家，超過百萬公頃，但是因為嚴酷乾燥的生長環境和比較粗放式的種植方式，葡萄園的平均產量非常低，每年約生產35億公升的葡萄酒，是全球第三大的葡萄酒產國。

西班牙中部高原的氣候嚴酷極端，讓斗羅河岸產區得以釀造出雄偉結實的濃厚紅酒。

分級制度

西班牙的葡萄酒分級制度跟其他歐盟產國略有不同，Vino de Mesa和Vino Comarcal是最低的一級，酒質平淡，價格非常低廉，後者可以在標籤上標示產區名稱。Vino de la Tierra約等同於法國的Vin de Pays，生產的規定少，標準較低。Denominatión de Origen又簡稱為DO，是西班牙最主要的高級葡萄酒等級，生產的標準較高，全國各地已經有60個DO葡萄酒產區。Denominatión de Origen Calificada，又稱為DOCa，或是加泰隆尼亞語的DOQ，是西班牙最高等級的葡萄酒，生產的標準最高，而且必須先成為DO產區十年以上才能申請，目前只有一九九一年最早升級的利奧哈，以及新近升級的普里奧拉和斗羅河岸三個產區。

西班牙二〇〇三年的新葡萄酒法加入了Vinos de Pago等級，為產自優秀酒莊、條件獨特的葡萄園的頂級葡萄酒，不限定是否位於法定產區內，至二〇〇七年中為止，僅有包括馬德里附近的Dominio de Valdepusa在內的三家酒莊列級。

西班牙 España

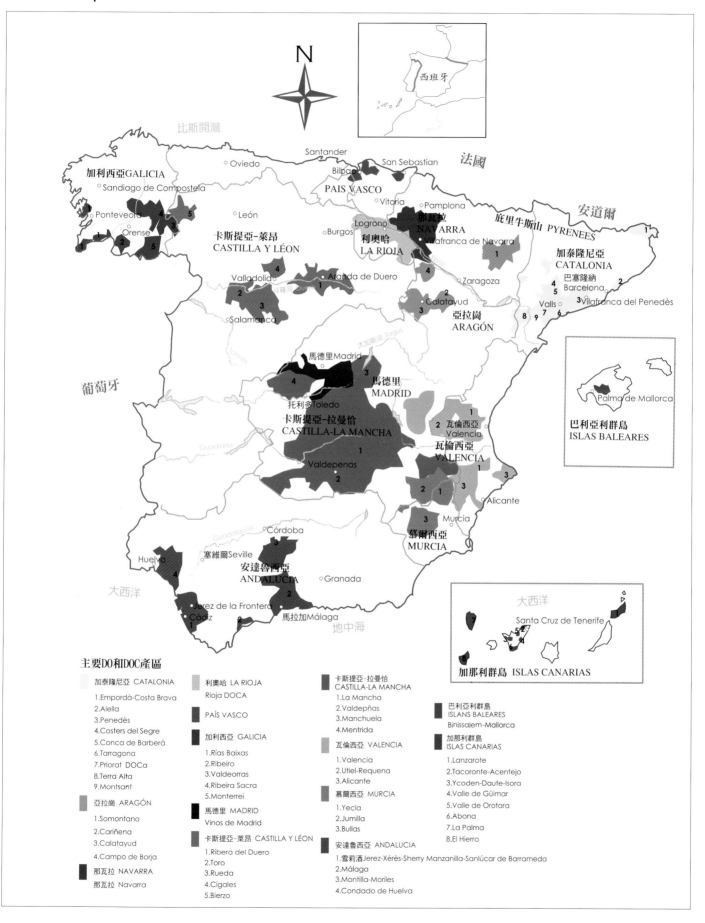

主要DO和DOC產區

加泰隆尼亞 CATALONIA
1.Empordà-Costa Brava
2.Alella
3.Penedès
4.Costers del Segre
5.Conca de Barberá
6.Tarragona
7.Priorat DOCa
8.Terra Alta
9.Montsant

亞拉崗 ARAGÓN
1.Somontano
2.Cariñena
3.Calatayud
4.Campo de Borja

那瓦拉 NAVARRA
那瓦拉 Navarra

利奧哈 LA RIOJA
Rioja DOCA

PAÍS VASCO

加利西亞 GALICIA
1.Rías Baixas
2.Ribeiro
3.Valdeorras
4.Ribeira Sacra
5.Monterrei

馬德里 MADRID
Vinos de Madrid

卡斯提亞-萊昂 CASTILLA Y LÉON
1.Ribera del Duero
2.Toro
3.Rueda
4.Cigales
5.Bierzo

卡斯提亞-拉曼恰 CASTILLA-LA MANCHA
1.La Mancha
2.Valdepñas
3.Manchuela
4.Mentrida

瓦倫西亞 VALENCIA
1.Valencia
2.Utiel-Requena
3.Alicante

慕爾西亞 MURCIA
1.Yecla
2.Jumilla
3.Bullas

安達魯西亞 ANDALUCIA
1.雪莉酒Jerez-Xérès-Sherry Manzanilla-Sanlúcar de Barrameda
2.Málaga
3.Montilla-Moriles
4.Condado de Huelva

巴利亞利群島 ISLANS BALEARES
Binissalem-Mallorca

加那利群島 ISLAS CANARIAS
1.Lanzarote
2.Tacoronte-Acentejo
3.Ycoden-Daute-Isora
4.Valle de Güimar
5.Valle de Orotara
6.Abona
7.La Palma
8.El Hierro

西班牙葡萄酒標籤導讀

西班牙產品

酒廠名

Rioja產區

DOCa等級法定產區

Gran Reserva等級

在自有莊園裝瓶

Rioja DOCa
認證標章

酒精濃度

容量

生產者與地址

西班牙葡萄酒標籤常見用語

Bodega：酒廠

Bruto：氣泡酒用語，酒中每公升糖分需低於15克才能有此標示

Cepa Vieja：老樹

Cooperativa Viticola：釀酒合作社

Cosecha：年份

Crianza(con Crianza)：指經多年培養的優質紅酒，各產區的規定不同，通常是兩年以上培養

Demi-Seco：半干型

Denominatión de Origen：法定產區等級葡萄酒(D.O.)

Denominatión de Origen Calificata：西班牙最高等級的葡萄酒，縮寫成DOCa

Dulce：甜型

Embotellado por~：由~裝瓶，若是標示Vino Embotellado則是指在原廠裝瓶

Gran Reserva：指經兩年以上橡木桶和三年以上瓶中培養的優質紅酒，若是粉紅酒或白酒則只要四年，須有六個月的橡木桶培養

Pago：葡萄莊園

Reserva：指經一年以上橡木桶和兩年以上瓶中培養的優質紅酒，若是粉紅酒或白酒則只要兩年就可以，但必須有六個月的橡木桶培養

Rosado：粉紅酒

Seco：干型葡萄酒，不含糖分

Sin Crianza：沒有經過橡木桶培養的葡萄酒

Vino Blanco：白葡萄酒

Vino de Comarcal：比Vino de Mesa高一等級的酒

Vino de la Tierra：地區葡萄酒

Vino de Mesa：普級桌酒

Vino Joven：新鮮飲用的葡萄酒

Vino Rosado：粉紅酒

Vino Tinto：紅葡萄酒

Vino：葡萄酒

＊有關雪莉酒的標籤用語，請參考後頁雪莉酒的介紹。

利奧哈是西班牙最早成立的DOCa等級產區。

自 然 環 境

位在南歐伊比利半島上的西班牙，大部分的土地都屬於高原地形，即使是海岸邊，平原地帶也都非常狹迫。高原內陸雖然地勢平坦，容易種植葡萄酒，但氣候相當乾燥，在中部的拉曼恰(La Mancha)年雨量常只有400公釐，而且夏季非常炙熱，冬季卻又非常寒冷，屬極端的大陸性氣候區，主要生產酒精相當高、但酸味卻非常低的葡萄酒。只有在海岸邊有較為溫和的氣候環境，在東邊海岸區因為濱臨地中海而多為溫暖多陽光的地中海型氣候區，西部則有較多來自大西洋的影響，比較潮濕多雨，為溫帶海洋性氣候區。例如西北部的加利西亞(Galicia)因為西、北兩面都臨大西洋，是西班牙最涼爽潮濕的地區，當地多花崗岩層，以生產新鮮酸度高的干白酒聞名。

左：利奧哈位在地中海型、海洋性與大陸性氣候的交界地帶。
右：深處中部高原的多羅產區位在典型的大陸性氣候區，有非常極端的日夜溫差。

西法邊境的庇里牛斯山阻隔了來自北方的寒冷氣流，但也阻擋了大西洋的水氣，使得北部的利奧哈產區較海岸區乾燥許多。利奧哈西部海拔較高，較為涼爽，當地的石灰質黏土地以生產細緻的紅酒聞名，東部海拔較低，氣候較炎熱乾燥，地中海型氣候明顯，生產酒精度較高的紅酒。東部地中海岸邊的加泰隆尼亞和瓦倫西亞等地，地形崎嶇破碎，由海岸平原區逐漸往庇里牛斯山與高原攀升，由溫和的地中海氣候區逐漸過渡到大陸性氣候。

南部廣闊的安達魯西亞(Andalucía)大多屬地中海氣候，晴朗多陽光，夏季漫長炎熱，冬季溫和宜人，除了葡萄，還種有許多橄欖和柑橘。西邊濱臨大西洋岸邊的的雪莉酒產區因為有來自海洋的調節，有多暖夏涼的特殊氣候，白色的石灰土質含水性佳，為乾燥的夏季預留水分，也讓葡萄保有足夠酸味，造就了雪莉酒的獨特風味。

葡 萄 品 種

西班牙的葡萄品種雖然並不及法國或義大利來得多元，但是卻有許多風格獨特的西班牙原產葡萄品種，除了少數地中海沿岸地區的黑葡萄傳到法國外，大部分的品種都很少種植到其他國家。雖然在國際葡萄酒市場上，西班牙主要以紅酒聞名，但是白葡萄的種植面積卻相當廣，特別是阿依倫(Airén)白葡萄，種植於中部的拉曼恰地區，生產簡單易飲的干白酒，但近年來已大量減少。西班牙重要的白葡萄品種還包括釀造雪莉酒的品種巴羅米諾，在中部和西北部也都有種植；安達魯西亞產區還有用來釀造甜酒的Pedro-Ximénez；在西北部的加利西亞有香濃多酸的阿爾巴

左：田帕尼優是西班牙最具代表的葡萄品種。
右：原本不太受重視的Cariñena葡萄現在也開始
在普里奧拉地區釀成精采的紅酒。

利諾(Albariño)：中北部產區有胡耶達區(Rueda)酸味與香氣皆迷人的青葡萄(Verdejo)、釀造利奧
哈白酒的Viura（在東北部又稱為Macabeo），以及常用來製造Cava氣泡酒的沙雷洛(Xarel-lo)和
Parellada。

　　西班牙原產的黑葡萄以格那希（Garnacha，傳到法國南部稱為Grenache）種植的面積最廣，在
東北部的地中海氣候區如利奧哈、那瓦拉(Navarra)、加泰隆尼亞等地都相當常見，除了產酒精濃
重的紅酒外，也常釀成粉紅酒。田帕尼優是西班牙最受注重的品種，皮厚顏色深，主要種植於北
部產區，在利奧哈、斗羅河岸(Ribera del Duero)和多羅(Toro)等地可以釀成強勁細緻又耐久的頂級
紅酒。其他值得注意的黑葡萄還包括產自西北部、風格優雅的Mencía，東南部地中海岸非常晚熟
濃重的慕維得爾（Monastrell，傳到法國南部稱為Mourvèdre）和風格粗獷的博巴爾(Bobal)。

重要葡萄酒產區

　　即使西班牙的葡萄酒不及法國和義大利來得多元，但是自古即是多種文化混合之地，除了摩
爾人(Moorish)的影響，至今西班牙都還保有卡斯提亞、加泰隆尼亞、巴斯克與加利西亞四個獨立
的語言與文化區，配合自然環境，在全國各地生產出許多風味獨具的葡萄酒。過去，西班牙葡萄
酒的精華區集中在雪莉酒產區，主產紅酒的利奧哈和斗羅河岸以及東北部的佩內得斯(Pénedes)地
區，但是，現在在西班牙各區已經出現更多具地方特色，而且品質大幅提升的精采佳釀。雖然西

班牙由17個自治區所組成，但是，在葡萄酒的地圖上比法國和義大利都來得簡單明瞭，大略可分成七個區。

加泰隆尼亞 Cataluña

位在西班牙東北邊與法國接壤的加泰隆尼亞，是全西班牙最富有繁華的地區，也是有自己獨特語言和文化的國中之國，葡萄酒風格獨樹一幟，非常的地中海，融合些微的西班牙風，加入許多國際新潮流與創新風味。加泰隆尼亞的葡萄酒種類相當多元，像產量僅次於香檳的Cava氣泡酒，酒精強勁、結實雄厚的普里奧拉紅酒，香甜的蜜思嘉甜酒，以及新舊風格雜陳的佩內得斯紅、白酒，都有著各自的迷人風采，將於後頁專章介紹。

左：加泰隆尼亞新興的紅酒產區Conca de Barbera。
中：亞拉崗自治區以格那希紅酒聞名的Campo de Boja。
右：那瓦拉產區的名酒莊Chivite。

埃布羅河上游 Alto Ebro

流經西班牙東北部的埃布羅河是西班牙非常重要的葡萄酒產區，包括利奧哈、那瓦拉和亞拉崗(Aragón)三個自治區。其中，位於上游的利奧哈是西班牙僅次於雪莉酒的最著名產區，更在一九九一年成為西班牙第一個DOCa產區，產區範圍達6萬公頃，以出產經過美國橡木桶長期培養的紅酒聞名，田帕尼優和格那希是主要的品種，釀成的紅酒常帶有許多來自橡木桶的香氣。因為價格合理，而且上市時大多已經適飲，相當受歡迎。利奧哈除了紅酒，也生產少量的白酒，而且近年來除了傳統類型，也出現許多新風格的紅酒，將於後頁專章介紹。

利奧哈產區東邊的那瓦拉自治區也盛產葡萄酒，同名的DO產區主要位在中部和南部，當地的氣候受到來自地中海的影響，和利奧哈東部類似，葡萄園大多位於石灰質地或河積礫石地上，過去種植非常多的格那希葡萄，而且大多釀成清淡爽口的粉紅酒以及粗獷多酒精的紅酒。近年來田帕

尼優的種植面積不斷增加，並且引進不少卡本內-蘇維濃和梅洛，生產較爲濃厚、耐久、風格較細緻的紅酒，另外也產一些干白酒，除了傳統品種，國際風的夏多內白酒也頗常見。

　　那瓦拉西邊的亞拉崗自治區幅員遼闊，區內一共有四個DO產區。葡萄園主要位在埃布羅河南邊的Campo de Borja、Cariñena和Calatayud三個產區，獨立酒莊少，大多爲釀酒合作社所主導。最主要的品種是格那希，在這個環境嚴酷、冬寒夏熱的地方，釀成的葡萄酒酒精度非常高，常超過15%以上，味道濃重，帶點粗獷，過去雖曾相當著名，但一般主要生產平價的紅酒。近年來採用格那希老樹，也釀成香氣濃郁、具圓熟口感的迷人紅酒。亞拉崗北部、海拔較高的Somontano產區，因爲氣候較涼爽，酒精度稍低，酒的風格也較優雅一些，除了格那希和田帕尼優，主要生產以國際流行品種釀造的新式葡萄酒爲主。

左：西班牙第一名莊Vega Sicilia位於斗羅河岸的葡萄園。
中：亞拉崗自治區的Somontano產區。
右：利奧哈產區風格傳統老式的Gran Reserva等級紅酒。

卡斯提亞-萊昂 Castilla y Léon

　　深處內陸的卡斯提亞-萊昂，位居西班牙中央高地的北面，海拔介於800到1,000公尺之間，是典型的大陸性氣候區，非常極端而且嚴酷，但在這般艱困的環境中，卻出產許多精采的好酒，而且種類與風格也比想像中來得多元，田帕尼優在這裡稱爲Tinto fino，在Ribera del Duero可以釀成非常精采的頂級紅酒；西邊的斗羅更是以粗獷濃烈多酒精的紅酒聞名。另外還有專產白酒的胡耶達產區，以青葡萄釀成香濃多酸的可口白酒，原產粉紅酒現以紅酒聞名的西加雷斯(Cigales)，以及西北部鄰近加利西亞的畢耶羅(Bierzo)產區，生產西班牙相當少見、風格優雅的迷人紅酒。關於卡斯提亞-萊昂的葡萄酒將於後頁專章介紹。

西北大西洋岸 Espagña Verde

　　西班牙西北部因爲濱臨大西洋，且有暖流經過，氣候溫和潮濕，是西班牙少見的溫帶海洋氣候區，因爲景致綠色蓊鬱，又稱爲綠色西班牙。這裡雖然有四個自治區，但是只有在最西邊與葡萄牙接壤的加利西亞，以及東部和法國相鄰的巴斯克(Euskadi)有較多的葡萄園。因爲氣候的緣故，西北部主要生產干白酒。

　　偏處西北的加利西亞是西班牙最受矚目的白酒產區，區內有五個DO產區，其中最著名的是下海灣(Rías Baixas)產區。在這個西班牙極西邊的產區內，阿爾巴利諾葡萄在崎嶇多山的花崗岩海岸地

上：因為氣候潮濕多雨，加利西亞的葡萄園大多採棚架式種植。
左：巴斯克自治區氣候潮濕，只能釀成清淡多酸的白酒查口利。
右：下海灣產區的Palacios de Fefiñnes酒莊出產較能耐久的阿爾巴利諾白酒。

區釀成有爽口酸味、帶著迷人花果香氣的可口干白酒，酒精度稍低，而且常微帶一點氣泡，是搭配加利西亞海鮮的最佳佐餐酒。阿爾巴利諾曾被認為是由朝聖客自德國所帶來的麗絲玲葡萄。除了阿爾巴利諾，有時也會混合當地的Treixadura、Loureira和Godello釀造。過去加利西亞的白酒常被視為風格接近南鄰的葡萄牙所產的綠酒(Vinho Verde)，但是，現在下海灣區的白酒品質不斷提升，優雅爽口卻又香氣濃郁，具有獨特的風格，決非清淡的綠酒可比。因為地形限制，產區的葡萄園不多，僅2,000公頃，但卻分成六個分區，其中以Val do Salnés有最多葡萄園，但天氣也最寒冷潮濕，較多酸清淡；南部近海的O'Rosal以混合多種品種釀造為主，香氣最為豐富；較偏內陸的Condado do Tea是最精華區，有更豐厚的架構。

加利西亞其他四個DO產區位居東邊較內陸的地區，分別是Ribeiro、Ribeira Sacra、Valdeorras和Monterrei。其中以Ribeiro最重要，雖也產紅酒，但以口感清爽、香氣獨特的白酒最為特別，主要混合Treixadura、Torrontés、Loureira和Godello等當地傳統品種釀造。Ribeira Sacra則以Mencía葡萄釀成的紅酒最值得注意，位在最東邊的Valdeorras則以Godello釀成圓潤多香的干白酒聞名。

巴斯克的葡萄酒雖然不是很受矚目，但是卻帶著濃郁的地方特色。法國的巴斯克地區以紅酒聞名，但西班牙的巴斯克是以酒精度低、清淡，但酸味很高，以Ondarrubi Zuri葡萄釀成的查口利(Txacoli)白酒為代表。除了白酒，其實也產一點紅的查口利，以Ondarrubi Beltza葡萄釀成清淡紅酒。因為地形狹隘，巴斯克的葡萄園大多位在面海的陡坡上，又分成三個風格類似的DO產區，主要釀造清淡爽口、有時還帶點氣泡、酸味很高、但很配當地海鮮料理的淡白酒，其中以Getariako Txakolina產區最早成立，品質也最佳。

黎凡特地區 El Levande

在加泰隆尼亞南邊的黎凡特地區，包括了瓦倫西亞與慕爾西亞兩個自治區，氣候環境跟加泰隆尼亞類似，都屬溫和乾燥多陽光的地中海型氣候區，非常適合葡萄的生長，只是這裡比北部要炎熱許多，傳統的葡萄酒都屬於高酒精濃度的濃重型紅酒，主要以博巴爾和近年來非常受到矚目的慕維得爾釀造而成。除了紅酒，黎凡特地區也生產可口的粉紅酒、Merseguera和Verdil等品種釀成的干白酒以及香甜的蜜思嘉甜酒。

兩個自治區共有六個DO產區，葡萄園廣達12萬公頃。在瓦倫西亞區內，除了以生產干白酒為主的Valencia外，南部阿力坎特省的Alicante則以慕維得爾為主釀成的濃厚紅酒聞名，卡本內-蘇維濃與希哈也有不錯的表現；位處內陸山區的Utiel-Requena則是本區最大的葡萄酒產區，主產紅酒，以博巴爾為主，添加一些田帕尼優和格那希，紅酒風格強勁，少數的新銳酒莊已釀出相當高雅堅實的風格。

南部的慕爾西亞也有三個DO產區，包括Yecla、Jumilla和Bullas等，都是以生產濃厚粗獷、但風味獨特的慕維得爾紅酒聞名，以Jumilla最為重要。產自本地的慕維得爾顏色深，帶著成熟的果味與香料香氣，並且有常超過15%的酒精濃度，常添加一些格那希、田帕尼優與卡本內-蘇維濃等葡萄，讓酒變得更均衡。

上：Jumilla產區盛產以Monastrell葡萄釀造的濃厚紅酒。

下：以博巴爾葡萄為主釀造紅酒的Utiel-Requena產區。

高原地區 La Meseta

位在馬德里以南、橫亙在西班牙中部的卡斯提亞-拉曼恰(Castilla-La Mancha)，是西班牙最大的葡萄酒產區，擁有一望無際的葡萄園，即使單位公頃產量不及2,000公升，但總產量還是占全國的三分之一。這個混合地中海與大陸性氣候的平坦高原區，非常酷熱乾燥而且多陽光，所生產的葡萄酒酒精濃度高，但酸度低。以阿依倫釀成的日常白酒是這裡的最大宗酒款，大多由大型的釀酒合作社釀造，拜提早收成與低溫發酵等技術，現在已經能保有酸味、也較少氧化的氣味。紅酒的產量逐年提高，以南部鄰近安達魯西亞的Valdepeñas產區最著名，主要以田帕尼優（當地稱為Cencibel）釀造成濃厚但卻均衡、且價格低廉的紅酒。

除了Valdepeñas，其他還有八個DO產區。以有近20萬公頃葡萄園的拉曼恰產區最為重要，主要由釀酒合作社生產供應全球市場的平價紅、白酒。在馬德里附近的Vinos de Madrid則生產較多新式風格的葡萄酒。最靠近地中海的Almansa產區種植大量的Granacha Tintorera紅汁葡萄，生產顏色深黑、味道濃重的紅酒。拉曼恰區內有三個西班牙最早成立的Vino de Pago，主要採用非傳統品種釀造，最著名的為位在Toledo附近、由Marqués de Griñon酒莊所獨有的Dominio de Valdepusa，以生產混合卡本內-蘇維濃和梅洛等品種的紅酒聞名。

西班牙西部與葡萄牙交界的埃斯特雷馬杜拉(Extremadura)自治區地廣人稀，氣候乾燥炎熱，以產白酒為主，主要以Cayentana Blanca釀造，大多為簡單、酸味低的類型，紅酒以田帕尼優為主。

上：Almansa產區的Santa Quiteria釀酒合作社。
下：拉曼恰產區有將近20萬公頃的葡萄園，是全西班牙最廣闊的DO產區。

新近成立的Ribera del Guadiana是區內唯一的DO產區。

安達魯西亞 Andalucía

　　位在西班牙最南端的安達魯西亞是全西班牙最炎熱的地區之一，雖然氣候環境似乎很難釀造出精緻的葡萄酒，但是安達魯西亞最著名的葡萄酒卻幾乎全部是白酒，其中，產自西部近大西洋的雪莉酒更是名聞全球，靠著大西洋的調節與多石灰質的土壤，得以在火熱之地釀出均衡的白酒來。雪莉酒有相當獨特的製造方法和各式不同的種類，將在後頁專章介紹。

　　除了雪莉酒和隔鄰的Manzanilla以外，安達魯西亞還有四個DO產區，也都是主產白酒。位於南部太陽海岸(Costa del Sol)的馬拉加所出產的甜白酒，從羅馬時期就已經頗為著名，採用的品種很多，以Pedro-Ximénez和蜜思嘉最為重要，出產的葡萄酒大多屬酒精強化葡萄酒，雖也產干白酒，但是以甜型的Dulce較為精采。為了增加葡萄酒的甜分，有時會讓葡萄經過日曬以提高濃度，或添加煮沸的葡萄汁arrope。在雪莉酒產區使用的索雷拉混合法(Solera)，也常被用來作為培養Málaga的方法。在馬拉加山區因為海拔較高，氣候比較涼爽，有一個專產非加烈葡萄酒的DO產區Sierra de Málaga，主要生產新式風格的紅酒與白酒。

　　在馬拉加北邊的Montilla-Morilles產區則以出產和雪莉酒類似的葡萄酒為主，不過採用的品種卻是以適合釀造甜雪莉酒的Pedro-Ximénez為主，因為雪莉酒的風格逐漸不受重視，連陳年老酒的價格都相當便宜。Montilla-Morilles現在以濃甜的Pedro-Ximénez甜酒聞名。在大西洋岸邊的Huelva省內，也有另一個生產類似雪莉酒以及簡單干白酒的DO產區Condado de Huelva。

島嶼區 Las Islas

　　西班牙位在地中海的巴利亞利群島(Islas Baleares)和大西洋上、鄰近非洲的加那利群島(Islas Canarias)也都有生產葡萄酒。不過由於產量不高，而且兩地都是觀光重鎮，大部分僅供當地所需，很少出現在外地的市場上。在巴利亞利群島，葡萄酒的生產以最大島Mallorca最為重要，以石灰岩為主的島上有兩個DO產區，島中央的Binissalem主要生產由當地特有品種Manto Negro所釀成的香濃厚重、多酒精的紅酒，Callet則可釀成顏色淡、多草味的奇特紅酒。紅酒外也產一些粉紅酒與白酒；東南部的Plá I Llevant是島上最大的產區，最具代表的酒款是以Fogoneu葡萄釀成的清淡粉紅酒。

　　由七個島嶼組成的加那利群島則多為火成岩區，葡萄酒主要產自最大島Tenerife、La Palma以及Lanzarote島上。加那利雖然產量不多，卻劃分為七個DO產區。這裡主要的白葡萄品種有白Listán、馬爾瓦西，黑葡萄為Negramoll和黑Listán等，以甜白酒和帶礦石味的紅酒最為特別。

利奧哈
Rioja

　　利奧哈是西班牙最著名的葡萄酒產區，以出產經美國橡木桶培養的紅酒聞名，除了莓果香氣，經過桶藏的利奧哈紅酒常有香草、烤麵包、奶油和咖啡等橡木桶香。利奧哈主產紅酒，但也產一點白酒和玫瑰紅。雖然西班牙新興產區輩出，但利奧哈因著優異的品質和合理的價格，仍舊是西班牙最著名的紅酒產區，年產2億瓶的葡萄酒。

　　隨著時代的改變，現在利奧哈的風格比過去變得更多元，也出現更多國際風味的頂級酒款。雖然當地的葡萄酒史可上溯到羅馬時期，但最關鍵的改變卻是在十九世紀下半，由新大陸傳進歐洲的各種葡萄的病蟲害，使得法國波爾多大量減產，於是便有許多波爾多酒商來到尚未被病蟲害侵襲的利奧哈設立酒廠，以取得穩定的酒源。這一波移民無論在技術或資金方面都帶來非常大的影響，特別是帶來波爾多式的釀酒技術，讓利奧哈逐漸成為高品質葡萄酒的產區。

上：利奧哈最大的酒廠Juan Alcorta，酒窖內有7萬個橡木桶和700萬瓶葡萄酒正在進行利奧哈葡萄酒的熟成。
右：上利奧哈的知名酒村San Vincente。

葡萄品種

　　田帕尼優和格那希是利奧哈最重要的兩個品種，尤其前者更是利奧哈的明星品種，一般而言，等級較高的紅酒都含有高比例的田帕尼優，不僅風格細緻、顏色深，也非常適合在橡木桶內進行培養。相較起來，格那希雖然酒精度高，口感圓潤，但是卻較容易氧化，比較經不起長年的橡木桶培養，不過格那希老樹在品質優異的葡萄園仍可釀成非常迷人的優秀紅酒。紅酒的品種還有Mazuelo（卡利濃）和Graciano，後者的品質相當優異，顏色深且多酸，但因產量不高，種植並不多。白酒主要的品種有馬爾瓦西、Viura和Garnacha Blanca（白格那希），現在也可添加夏多內與白蘇維濃等外來品種。最主要品種為Viura，口味較平淡，新式的技術可釀成果香重的清新白酒，

但不及紅酒精采。

葡萄酒產區

廣達6萬公頃的葡萄園位在埃布羅河上游河谷的南北岸，東西綿延120公里，還分三個分區，生產的葡萄酒有各自的風格。位在東部的下利奧哈(Rioja Baja)因為地勢最低，而且最接近地中海，氣候炎熱乾燥，適合種植較晚熟的格那希，釀成的紅酒比較甜潤、酒精度高，但比較不耐久藏。位在西北部的上利奧哈(Rioja Alta)和Rioja Alavesa海拔較高，且有大西洋與大陸性氣候的影響，氣候比較涼爽，非常適合種植早熟的田帕尼優。在上利奧哈，葡萄成熟較慢，酒的風味比較優雅細緻，是條件最好的產區。Rioja Alavesa則含有較多的石灰質黏土，以生產豐沛果味的紅酒聞名。

在利奧哈有許多規模龐大的酒廠，跟西班牙大部分的酒廠一樣，他們除了採用自己種植的葡萄釀酒，也經常跟葡萄農購買來自不同區的葡萄釀造，之後後再依需要調配，混合出最均衡豐富的葡萄酒。因為規模大，使得利奧哈能一直以合理的價格供應高品質的葡萄酒。

等級制度

受到來自波爾多的影響，利奧哈的酒莊習慣採用225公升裝的橡木桶來培養葡萄酒，不過，除了少數的法國橡木桶外，利奧哈區使用最多的是美國橡木桶，也因此常讓利奧哈紅酒含有較多的香草、焦糖和咖啡，也較快能帶有陳年風味。利奧哈是西班牙葡萄酒生產規定最嚴格的葡萄酒產區，特別是等級最高的Reserva和Gran Reserva等級，對於培養和儲存的時間都有規定，例如Gran Reserva等級的酒都至少需經過五年以上的培養才會上市，許多酒廠儲存的時間通常都會比規定還要長，所以酒剛出廠就已經成熟適飲，對喜愛陳年葡萄酒又沒有儲酒環境的人是最體貼的做法。

利奧哈的葡萄酒分為經培養成熟(Con crianza)和未經培養成熟(Sin crianza)兩種，雖然差別只在有無經橡木桶培養，但大部分的酒廠會挑選比較濃厚、較耐久存的酒來做橡木桶的儲存。所以未經培養的酒通常比較清淡、容易入口，飽含豐富的新鮮果香，又稱為年輕酒(Joven)，不過，即使是此一等級有時也會在橡木桶中儲存短暫的時間。

每一等級的利奧哈都會在酒瓶的背後貼上不同顏色的背標以方便辨識。標示Joven是一般等級的葡萄酒，主要來自下利奧哈地區的葡萄，年輕多果味，順口好喝，不適久藏，價格非常便宜。Crianza等級必須有兩年以上的培養，其中一年必須是在橡木桶中進行。Reserva紅酒則要有一年以上橡木桶和兩年以上的瓶中培養。Gran Reserva紅酒就要有兩年以上橡木桶和三年以上瓶中培養才行。因為Gran Reserva橡木桶的培養時間非常長，所以有些酒莊的最頂級酒不一定是Gran Reserva，特別是新式的頂級酒大多是屬Reserva等級或甚至一般的Joven等級。在利奧哈白酒方面，過去也有經長期橡木桶培養的類型，但新式的低溫發酵與較短的培養，讓利奧哈白酒有更多迷人的新鮮果味與爽口酸味。

卡斯提亞-萊昂
Castilla y León

Vega Sicilia酒莊位在Valbuena的釀酒窖。

卡斯提亞-萊昂自治區是西班牙最典型的地區，不僅因為這裡的天主教王國成功趕走了占領西班牙八百年的摩爾人，也不只是卡斯提亞語後來成為風行全球的西班牙文，更重要的是深處內陸高原的卡斯提亞-萊昂有著西班牙高原上最典型的景致，廣闊的土黃色大地上，立著古老的城市與城堡，粗獷荒涼中卻帶著懷舊式的繁華。同樣典型的是這裡的大陸性氣候，嚴寒的冬季之後是酷熱的夏季，極端的氣溫配上極乾燥的氣候，在西邊的斗羅區，年雨量甚至僅有300毫米，除了葡萄，很少有其他作物可以生長於此。在這般艱困的環境，卻出現了許多西班牙最精采也最典型的葡萄酒產區，特別是位在斗羅河(Duero)兩岸的斗羅河岸與斗羅兩個產區，以田帕尼優葡萄釀出濃烈豐滿、但又帶著貴族氣的久藏型紅酒。

葡萄品種

田帕尼優在這裡稱為Tinto fino，是種植於斗羅河岸產區的別種，是卡斯提亞-萊昂最精采也是最重要的品種，常釀成顏色深黑、濃厚多酒精也多單寧的強勁紅酒，而且均衡耐久。風格特殊的黑葡萄還包括西北部畢耶羅產區的Mencía，因為酒精度較低，具有如絲般質感的單寧，是西班牙最優雅的黑葡萄品種之一。此外，包括格那希、卡本內-蘇維濃與梅洛等黑葡萄也都有種植，大多用來與田帕尼優混合以增添豐富性。白色品種則以胡耶達的青葡萄最具地方特色，法國的白蘇維濃也都有具規模的種植。

產區

面積廣闊的卡斯提亞-萊昂，光是DO等級的葡萄園面積就有3萬6,000多公頃，大部分都位在斗羅河流域，特別集中在瓦亞多利德市(Valladolide)附近，全區的五個DO產區有四個圍繞在其四周，只有畢耶羅獨自位在西北邊境，不同於許多自治區的DO產區風格類似，卡斯提亞-萊昂的五個DO都各自有相當獨特的風格。

左：斗羅河岸的名莊Dehesa de los Canónigos。
中：斗羅河岸產區的Valduero酒莊將葡萄酒儲存於地下酒窖。
右：西班牙傳統的葡萄酒窖都位在冬暖夏涼的地下酒窖內，村旁的山坡上常露出通氣用的煙囪。
下：胡耶達產區的名園Finca la Colina。

斗羅河岸 Ribera del Duero

　　位在斗羅河上游的斗羅河岸，是西班牙最精采的紅酒產區之一，除了利奧哈之外，沒有其他產區像這裡一樣，有如此為數眾多的頂尖酒莊集聚。而這裡也一樣是以田帕尼優葡萄釀成的紅酒聞名，可以釀成比利奧哈更濃郁深厚的紅酒。全區有1萬7,000公頃的葡萄園，分布在東西長達一百多公里的斗羅河南北兩岸。因為離海遠，且海拔高度相當高，葡萄園大多位在750到850公尺之間，這裡的氣候屬於寒冷的大陸性氣候區，而且在夏季有非常明顯的日夜溫差，即使八月常有高達35到40℃的高溫，但夜間卻也常常降至20℃以下，非常有利於生產皮厚、顏色深、成熟多酸且味道濃重的葡萄。

　　最著名的產區主要位在西部、靠近Peñafiel和Valbuena附近，海拔較低，較多石灰岩，是開發較早的傳統產區，斗羅河岸的創始先鋒Vega Sicilia酒廠就位在Valbuena附近的斗羅河南岸，不過此區的葡萄園不多，在Bourgo省內有較大面積的葡萄園。斗羅河岸主要生產田帕尼優釀成的紅酒，偶有酒莊添加小比例的波爾多品種。酒中的單寧和酒精都多，雖屬濃重型的紅酒，但口感均衡厚實，也具有耐久存的潛力。

胡耶達 Rueda

　　胡耶達產區位在瓦亞多利德的南方，自十七世紀即是相當知名的白酒產區，不過傳統的胡耶達白酒屬高酒精濃度，久存氧化，顏色深如琥珀，類似雪莉酒的類型。現在的胡耶達卻是以清新爽口多酸味聞名，在新鮮的果味中偶而帶一些核果的香氣。胡耶達的土質以石灰質為主，底土為黏土層，不僅可以保持水分，也可以讓葡萄保有較多的酸味，不過鵝卵石地也相當多。全區有七千多公頃的葡萄園，主要種植青葡萄，是本區的明星品種，常混合Viura或白蘇維濃。原產於胡耶達的Verdejo酒精度高，也較易氧化，須提早採收，且在不鏽鋼桶內進行低溫發酵，才能釀成酒精度在12%左右、均衡多酸的可口白酒。除了西北部加利西亞的下海灣區的阿爾巴利諾白酒外，胡耶達的Verdejo是全西班牙最受歡迎的非加烈干白酒產區。

多羅 Toro

位處胡耶達西邊的多羅，是西班牙進入二十一世紀之後最當紅的葡萄酒產區，這裡的自然環境比東邊的產區更加乾燥嚴酷，葡萄園大多含有許多黏土質，並混合一些石灰質，非常適合這裡的主要品種田帕尼優的生長，可以釀出比東邊的斗羅河岸來得更強勁圓熟、而且更濃厚驚人的紅酒。在多羅區，田帕尼優稱為Tinta de Toro，是一個更加早熟的別種，因為成熟度更高，酒的顏色更深，味道更濃，單寧更澀，酒精度也更高。多羅產區有五千多公頃，只產紅酒，除了田帕尼優，也常添加小量的格那希。濃郁的熟果香氣配上豐潤圓滿的口感，讓多羅紅酒在年輕的時候就可以開瓶品嘗，但是因為大量的單寧也讓多羅紅酒可能具有久存的潛力。也許還缺少了些均衡和精巧的質地，但多羅紅酒的風味確實展露了西班牙高原上粗獷直接的濃烈個性。

西加雷斯 Cigales

雖然環繞在頂級紅酒與白酒產區之間，位在瓦亞多利德北邊的西加雷斯卻是一個以出產粉紅酒聞名的產區。近三千公頃的產區內也種植許多青葡萄和巴羅米諾等白葡萄，但是大多和田帕尼優與格那希一起混合，釀造成清淡易飲的粉紅酒。因為區內擁有許多老樹，近年來也成為生產濃厚紅酒的新銳產區，有相當好的品質。

▌ 左上：西加雷斯除了粉紅酒，也生產非常濃厚的田帕尼優紅酒。
▌ 左下：畢耶羅產區以Mencía葡萄釀成全西班牙最細緻的紅酒。
▌ 右上：斗羅河經過斗羅河岸、胡耶達與西加雷斯產區後流經多羅產區。
▌ 右下：多羅以出產全西班牙最濃厚粗獷多酒精的紅酒受到舉世注目。

畢耶羅 Bierzo

因為主要位處大陸性氣候與地中海型氣候區，西班牙的紅酒在風格上大多偏濃厚高酒精的類型，以細膩優雅的風味為特色的紅酒產區並不多見，畢耶羅正是西班牙這類紅酒最具潛力的產區。位在卡斯提亞-萊昂與加利西亞自治區交界處的畢耶羅，夾處於坎塔布里亞山脈與萊昂山之間的盆地，這裡剛好是潮濕溫和的溫帶海洋性氣候與乾燥嚴酷的大陸性氣候相交界的過渡地帶，葡萄園從450公尺的河谷爬升到近千公尺的山區。在這樣的特殊環境裡，主要種植的葡萄品種為Mencía，一個被認為是接近卡本內-弗朗的別種，占了區內70%的面積。Mencía的顏色不特別深，在莓果香氣外還多了青草與花香，雖然酸味不高，但保有非常新鮮的果味，以及柔和順口的單寧，除了生產柔和可口的清淡紅酒，也可以釀成高雅均衡的精采紅酒。

加泰隆尼亞
Cataluña/Catalunya

Cava是全世界產量最大的氣泡酒,西班牙的Cava大多產自加泰隆尼亞自治區。

位處西班牙東北部與法國接壤的加泰隆尼亞,不論語言或文化都跟西班牙其他地區不同,是全西班牙最繁華、也最自由開放的地區,這裡所生產的葡萄酒也一樣風格獨具而且種類多元,不僅是Cava氣泡酒的主要產區,也產濃郁豐滿的地中海式紅酒,以國際品種釀成的新式國際風格紅、白酒,以及香甜濃重的蜜思嘉甜白酒。

葡萄品種

加泰隆尼亞雖屬地中海型氣候,但因多山,地形與氣候變化多端,海岸邊炎熱乾燥且多陽光,越往內陸海拔越高,氣候也越涼爽,不過離海太遠卻又變成氣候極端的大陸性氣候。這裡的葡萄品種也極多元,除了傳統黑葡萄如格那希、田帕尼優、卡利濃、慕維得爾之外,卡本內-蘇維濃與梅洛也有具規模的種植,白葡萄以酸味高、帶香料味的Viura、強勁堅實的沙雷洛和柔和多果香的Parellada等傳統品種為主,但也有夏多內、麗絲玲和白蘇維濃等外來品種。

產區

加泰隆尼亞已經有10個DO和一個DOCa產區,分布在自治區內的各個省份,但其中Cataluña是包含全區的DO,產區範圍遼闊,可以混合全區各地的葡萄釀造,在標籤上也可能寫成加泰隆尼亞語的Catalunya。原則上,本地的DO產區都有兩個名字,酒廠可以選擇其一標示在酒標上。

佩內得斯 Penedès

位在巴塞隆納南面的佩內得斯是加泰隆尼亞最重要的葡萄酒產區。佩內得斯的成名,和Torres酒廠建基於此、並引進釀造與種植的技術有關。此外,西班牙最著名的氣泡酒廠也群集在佩內得斯區內的Sant Sadruni d'Anoa鎮上,更讓佩內得斯成為西班牙最重要的釀酒中心之一。

佩內得斯有2萬7,000公頃的葡萄園,位在三個不同自然條件的地區,葡萄酒也非常多元。下佩內得斯(Baix Penedès)位在海岸邊,地勢比較平坦,但氣候炎熱,是傳統蜜思嘉甜酒產區。也生產

格那希和卡利濃等傳統品種釀成的濃厚型紅酒。往內陸地勢較高的中佩內得斯(Mitja Penedès)是最主要產區，除了一般葡萄酒，也是氣泡酒Cava的主要產區，Macabeo、沙雷洛、田帕尼優和卡本內-蘇維濃都有不錯表現。位處山區的上佩內得斯(Alt-Penedès)氣候寒冷，主產白酒，適合夏多內和Parellada等品種的種植，可以保有相當爽口的酸味。

普里奧拉最知名的葡萄園l'Ermita，種有百年的格那希老樹。

　　Cava是全球產量僅次於香檳的氣泡酒，產地遼闊，西班牙有許多地區都可生產，佩內得斯卻是最重要的產區。Cava以瓶中二次發酵的傳統製法釀成，主要採用當地的Viura、沙雷洛和Parellada葡萄。相較於香檳，Cava較不耐久放，較多青草與礦石香氣，但口感和價格都更平易近人。

普里奧拉 Priorat

　　塔拉戈納(Tarragona)是加泰隆尼亞最南邊的省份，擁有非常優異的自然條件，但過去僅由釀酒合作社生產出平凡無奇的日常葡萄酒。十多年前，René Barbier等一群先鋒釀酒者在普里奧拉投入釀酒之後，才真正彰顯了這裡充滿潛力的獨特條件，一夕之間成為全西班牙最當紅的新興傳奇產區，二○○一年更成為利奧哈之外第二個DOCa等級產區。普里奧拉鄰近的葡萄酒產區也因此受到更多注意。省內還有另外四個DO法定產區，除了面積最廣闊多元的塔拉戈納同名產區外，還有環繞在普里奧拉周圍的Montsant和更加位處內陸的Terra Alta，以及北邊的Conca de Barberà。

　　普里奧拉是一個既傳統卻又非常國際風的產區，產區位在山勢陡峭起伏的險惡地帶，土質由金黃色石英岩和黑色板岩構成，這種黑黃相間有如虎皮的貧瘠岩層稱為Llicorella，加上極端乾燥與暴戾的氣候，除了葡萄，幾乎無法種植其他作物。因為地形險峻，葡萄園只能位在狹窄的梯田上，艱難嚴酷的環境使這裡的葡萄產量非常小，每棵葡萄樹只產一至二公斤的葡萄，釀成的紅酒顏色深黑，充滿礦石、香料與熟果香氣，酒精強勁，口感相當結實雄厚，單寧緊澀，相當耐久。

　　格那希和卡利濃是普里奧拉的傳統品種，這裡的數十年老樹，在低產量的情況下，可以生產出極精采耐久的葡萄酒來。卡本內-蘇維濃、梅洛以及希哈也在十多年前開始引進種植，和傳統品種相混合，釀成了別處難以企及的、既濃郁又豐富的頂尖紅酒。普里奧拉自20年前的600公頃已經擴增到2,000公頃，但受到地形限制很難再增加，酒價也因此相當高昂。

其他DO產區

　　其他值得注意的DO，如最北部的Empordá-Costa Brava原本生產清淡的粉紅酒和新酒，現在也產地中海風味的濃厚紅酒。內陸的Lleida省內，Costers del Segre有4,000公頃的葡萄園，以傳統與國際品種生產現代風味的優質紅、白酒，特別是Les Carriques區的紅酒相當高雅結實。Conca de Barberà則是新近頗受注意的產區，因海拔在400公尺以上，氣候涼爽，原本以生產酸味高、用來釀造Cava氣泡酒的爽口白酒為主，但產自頁岩地形的紅酒卻更具潛力，以格那希、田帕尼優與卡本內-蘇維濃為主，可以釀成強勁耐久的優質紅酒。

上：Gonzalez Byass是雪莉城內最值得參觀的酒廠，有如一座活的葡萄酒博物館。
下：每年，自Solera桶中只能抽出一部分的雪莉酒裝瓶，其餘的必須繼續和較年輕年份的酒混在一起熟成。

雪莉酒
Jerez/Sherry

　　雪莉酒是西班牙最著名也是最獨特的葡萄酒，不僅釀造的方法奇特，酒的風格也一樣獨樹一格。除了西班牙，因為歷史因素在英國特別受歡迎。是來自英國的酒商們在西班牙的南端開創了雪莉酒，並透過他們成為聞名全球的葡萄酒。現在全球加烈酒的市場正逐漸萎縮，雪莉酒也同樣受到影響，使得雪莉酒成為最受低估的葡萄酒產區，以相當低廉的價格就能買到非常精采的雪莉酒，是全歐洲最價廉物美的葡萄酒產區。

　　雪莉產區總共一萬多公頃的葡萄園，分布在耶黑茲市(Jerez de la Frontera)的四周，在西班牙，雪莉酒就是以這個城市為名，至於英文的Sherry則是源自此城的阿拉伯名Sherish。耶黑茲所在的安達魯西亞是全西班牙最炎熱的地區，原本並不適合生產白酒，因為過熱而很難保有清新的酸味。雪莉酒的產區因為直接位在大西洋岸附近，有涼爽的海風調節，常比內陸的溫度低10℃，較能讓葡萄保有均衡的酸味。在耶黑茲附近的沿海平原區裡，散落著一些和緩的低丘，坡頂常分布著白色石灰質土Albariza，這樣的土質非常適合雪莉酒主要品種巴羅米諾的生長，可以釀成多酸味的白酒。約有95%的雪莉酒都是用巴羅米諾這個原產的品種釀成，除此之外，還有香味特殊的蜜思嘉和專門釀造甜酒的Pedro Ximénez，但產量相當有限。

　　雪莉酒的種類繁多，每家酒廠常推出十幾款甚至數十款的葡萄酒，釀造與培養熟成的過程各不相同，不過，一般而言，主要可以分為Fino和Oloroso兩大類。

Fino類型的雪莉酒

　　Fino類型的酒精度較低，風格也比較細緻，Fino一字在西班牙文裡正是細緻的意思，在榨汁時，酒廠通常會把品質較好的初榨葡萄汁保留下來釀成Fino，其餘剩下的再釀成Oloroso。Fino雪莉酒最特別的地方，在於培養過程中浮在酒桶裡的白色黴花flor。這些白色的物質，特別適合在本地的溫濕度環境下生長，漂浮在僅約八分滿的酒桶內，除了可以保護Fino免於氧化，維持淡黃明亮的酒色，還可以讓Fino培養出特殊的青蘋果與新鮮杏仁香氣，更重要的是，這些黴花還會吸收酒中的甘油，讓Fino出現特干的口感，顯得特別的清瘦，完全不帶任何的圓潤滋味。一般Fino會

在500公升裝的橡木桶中，和這些黴花泡在一起培養三到五年之久，味道非常特殊。為了讓黴花能夠存活，但又不會破壞葡萄酒，Fino在完成酒精發酵之後還會再添加一點酒精，讓濃度達到15%左右。

　　雪莉酒在培養時通常採用一種稱為Solera的方法，這是一種特屬於安達魯西亞的混合法。酒廠為了讓每年出產的雪莉酒風味類似，所以每一瓶出廠的雪莉酒都是混合了不同年份的葡萄酒。在疊了數層的橡木桶中，每年酒廠自最底層稱為Solera的桶中抽出低於三分之一的陳酒裝瓶，然後再從上一層的桶中抽出三分之一補入Solera桶中，接著再自上上一層抽出三分之一補入下一層的桶中，以此類推，最後在最頂端的桶中補入新酒。這樣的混合法不僅能讓酒的風味一致，而且因為混合了許多不同的年份，使得酒的香味更豐富，口感更協調。許多酒廠的Solera都有上百年的歷史。Fino雪莉酒的品嘗和一般干型的葡萄酒類似，需冰涼後飲用，以6～8℃最佳，開瓶後容易氧化，最好馬上喝完。常用來當餐前酒品嘗。

Amontillado雪莉酒

　　Fino雪莉酒中的黴花常常因為氣候的變化而逐漸衰竭、死亡，沉入酒中，無法再保護雪莉酒，這時酒莊會將原本留有空氣的橡木桶注滿酒，並且把酒精濃度再加高到17%左右，以免酒變壞，經過至少五年的熟成培養及Solera混合後，即成為顏色較深、香味豐富、充滿乾果香氣的Amontillado雪莉酒。飲用時酒溫可以調高一點，以便享受多變的華麗香氣，以12～15℃最好。因為Amontillado在培養時已經過長年的氧化，所以即使開瓶多時也不太會影響酒的風味。Amontillado香氣過於濃郁，適合獨飲或搭配陳年乳酪與乾果品嘗。

Manzanilla雪莉酒

　　瓜達幾維河的出海港Sanlúcar de Barrameda位在雪莉產區北端的大西洋岸，因為氣候涼爽，Flor黴花生長得更好，在此城中培養熟成的Fino風味更加細膩，常有更優雅的新鮮香氣，產自Sanlúcar的Fino就直接稱為Manzanilla。除了擁有Fino的特色，Manzanilla的口感較為柔和，比Fino還清淡順口。Sanlúcar酒窖的窗戶都是經年敞開，讓海風在橡木桶間吹動，酒中常帶有海洋的鹹味氣息。更柔和細膩的Manzanilla比Fino更適合當餐前酒；直接自桶中汲取的Manzanilla稱為en rama，有更精巧細緻的風味。在Sanlúcar也出產Amontillado類型的雪莉酒，稱為Manzanilla passada。

Oloroso類型的雪莉酒

　　Oloroso在西班牙文的意思是香味芬芳，可以想見這是香味特別濃郁的雪莉酒。釀製Oloroso的葡萄酒會添加較多的酒精，酒精度約18～20%之間，葡萄酒比較能夠經得起漫長的橡木桶熟成，因為高酒精濃度，Fino酒中白色黴花也無法存活。Oloroso通常必須安靜地在橡木桶中培養七年以上

上：高品質的Cream是用Oloroso添加Pedro Ximenez甜酒而成。

下：製作Fino雪莉酒的黴花。

Barbadillo酒莊位在Sanlúcar de Barrameda鎮上的酒窖，經常可以培養出非常多的黴花，以保護Manzanilla雪莉酒免於氧化。

的時間才能裝瓶上市。跟Fino一樣，Oloroso也需經過Solera的混合過程。緩慢的陳年過程，讓酒色慢慢地成爲深琥珀色或甚至褐色。喝Oloroso時，酒溫不須太低，12～15℃最佳，除了很適合搭配manchego綿羊乳酪，在西班牙也有人拿來配早餐的咖啡。

Cream雪莉酒

干型的Oloroso加入甜酒調和，就成爲帶甜味的Cream雪莉酒。如果甜酒加得少，甜味較低，顏色淺的Cream則稱爲Pale Cream。

Pedro Ximénez雪莉酒

酒色深黑、口感極端濃甜的Pedro Ximénez雪莉酒，採用的正是同名的葡萄品種釀成。Pedro Ximénez的甜度高，爲了讓葡萄的甜度更濃縮，採收之後還要在烈日下曬上一兩個星期，等成爲葡萄乾之後再進行榨汁，因此酒的顏色非常濃黑。爲保留甜度，發酵中途就添加酒精到15％以上，以保留酒中的糖分。如此濃重甜膩的雪莉酒，最好冰涼後喝（6～8℃），除了單喝也可佐配甜點。因爲雪莉產區不適合種植Pedro Ximénez，酒莊大多自位於內陸山區的Montilla採買。

Palo Cortado雪莉酒

Palo Cortado意思是打叉，屬於較稀有的雪莉酒，是一種由Amontillado自然轉變成Oloroso的珍貴雪莉酒，保有Amontillado的細緻香氣，卻有Oloroso的圓潤濃厚口感。也有酒廠是混合Amontillado和Oloroso而成。

VOS和VORS等級雪莉酒

非常陳年的雪莉酒不論是Oloroso、Amontillado、Palo Cortado或Pedro Ximénez，都有著更溫潤協調的口感和極豪華豐富的陳年香氣，非常精采迷人。現在雪莉酒公會利用碳14同位素放射性定年法，允許雪莉廠推出經過陳年檢驗證明的雪莉老酒，必須酒齡超過20年以上的雪莉酒才能標示VOS(Very Old Sherry)，而VORS(Very Old Rare Sherry)等級的雪莉酒則至少需要陳年30年以上，最爲稀有。

葡萄牙
Portugal

　　位在伊比利半島西邊的葡萄牙，在加入歐盟之前，因爲位處西歐最偏遠封閉的環境，並沒有受到太多外來的影響，保留了非常多葡萄牙獨有的葡萄品種，並且生產出許多風格極爲獨特的葡萄酒，即使和隔鄰的西班牙相比，這裡的葡萄酒業也完全自成一格。波特酒是葡萄牙最著名的酒種，在乾燥嚴酷的環境中生產出全球最濃重的葡萄酒，是全球甜紅酒的典範，馬得拉酒（葡萄牙另一個獨特的加烈酒，經加熱熟成、全然氧化的白酒）也是老式的經典風格。除了加烈酒，葡萄牙的一般葡萄酒也非常多元，包括從極清淡的綠酒到濃郁的斗羅(Douro)紅酒等各種類型的葡萄酒。

葡萄牙東北部令人暈眩屏息的斗羅葡萄園已經被列為世界文化遺產。

　　葡萄牙的西部濱臨大西洋岸，東部則與西班牙相接，東、西僅寬200公里，但氣候的變化卻相當大。離海的遠近以及山脈的阻隔是影響葡萄牙各地氣候的主要因素，沿岸地區爲溫帶海洋性氣候，普遍潮濕涼爽，氣候相當溫和，越往內陸氣候變得越嚴酷，更加乾燥，而且溫差也更大，冬冷夏熱，接近大陸性氣候。南部產區因爲緯度比較低，所以天氣比較炎熱，接近地中海型氣候。葡萄牙雖然全境都適合生產葡萄酒，但是氣候卻相當多變，得以生產出多種風格的葡萄酒。

　　加入歐盟之後，葡萄牙的葡萄酒業在技術上有大幅的進步，並且從釀酒合作社獨占的葡萄酒業轉化成更多元的生產方式，有更多的獨立酒莊(quinta)，不過，至今仍有約45%的葡萄牙葡萄酒產自合作社，這是因爲葡萄農擁有的葡萄園都很小，平均不及一公頃，規模太小，很難自己釀造。

葡 萄 品 種

　　歐盟對葡萄牙的影響還包括許多產區的葡萄園得以重新整建，也開始引進國際品種種植，但是傳統的眾多葡萄牙品種仍然是最重要的基石，例如在產波特酒的斗羅區就種植了多達八十種以上的葡萄品種，而且大多是葡萄牙的特有種。數以百計的品種很少流傳到國外，其中以黑葡萄

葡萄牙 Portugal

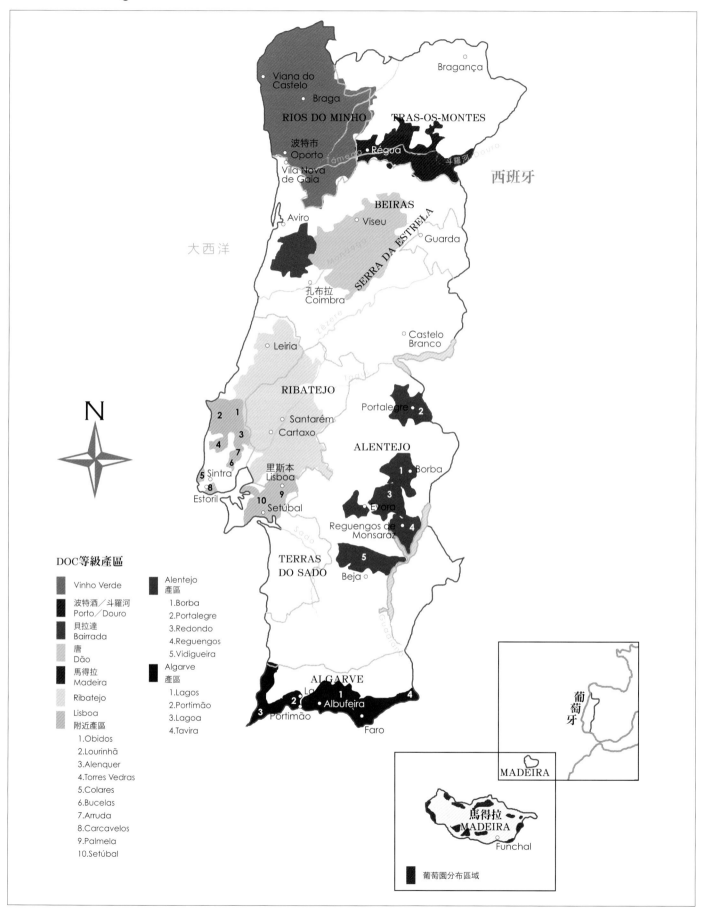

DOC等級產區

- Vinho Verde
- 波特酒／斗羅河 Porto／Douro
- 貝拉達 Bairrada
- 唐 Dão
- 馬得拉 Madeira
- Ribatejo
- Lisboa

附近產區
1. Obidos
2. Lourinhã
3. Alenquer
4. Torres Vedras
5. Colares
6. Bucelas
7. Arruda
8. Carcavelos
9. Palmela
10. Setúbal

Alentejo 產區
1. Borba
2. Portalegre
3. Redondo
4. Reguengos
5. Vidigueira

Algarve 產區
1. Lagos
2. Portimão
3. Lagoa
4. Tavira

地圖標籤

RIOS DO MINHO
TRAS-OS-MONTES
Bragança
Viana do Castelo
Braga
波特市 Oporto
Vila Nova de Gaia
Régua
斗羅河 Douro
西班牙
BEIRAS
Aviro
Viseu
Guarda
SERRA DA ESTRELA
孔布拉 Coimbra
大西洋
Castelo Branco
Leiria
RIBATEJO
Santarém
Cartaxo
Portalegre
ALENTEJO
Borba
Evora
Reguengos de Monsaraz
里斯本 Lisboa
Sintra
Estoril
Setúbal
TERRAS DO SADO
Beja
ALGARVE
Albufeira
Portimão
Faro

MADEIRA
葡萄牙
馬得拉 MADEIRA
Funchal

葡萄園分布區域

Touriga Nacional最為著名，是釀製波特酒最佳的品種，皮厚果粒小，釀成的紅酒顏色非常深黑，帶有濃郁的甜熟漿果香，而且含有非常多的單寧，但是產量很小，除了波特酒，也釀成極端濃重的紅酒。其他較著名的品種包括Touriga Francesa和Tinta Cão等等，都是波特品種。Baga是葡萄牙中部的重要品種，可生產粗獷風味的紅酒。里斯本附近產的Ramisco則以非常強勁的澀味聞名。另外，西班牙的田帕尼優(Tinta Roriz)和Mencía(Jaen)在葡萄牙也算常見。

比較著名的白色品種則有Arinto，是一個酸味非常高的葡萄品種，也有久存的潛力，以Dão和Bucelas產區較著名，也用來釀造白波特酒。在綠酒產區最著名的則有Alvarinho（即西班牙西北部的Albariña），而馬得拉島上則有馬爾瓦西、Verdelho、Bubal和Sercial等四個主要品種。

分級制度

在一七五六年，波特酒產區就已經劃分產區範圍，建立了管制產區品質的法令，讓葡萄牙成為全世界最早建立產地命名管制的國家。現在，葡萄牙的葡萄酒共分為四個等級，最普通的一級跟法國的日常餐酒——Vin de Table一樣，稱為Vinho de Mesa，是最平凡的普通餐酒。Vinho Regional則約等同於法國的Vin de Pays。另外葡萄牙還有IPR(Indicação de Proveniência Regulamentada)等級，是升為最高等級DOC的過渡等級。DOC(Denominação de Origem Controlada)是最高等級，等同於法國的AOC法定產區葡萄酒。

葡萄酒產區

綠酒 Vinhos Verdes

潮濕涼爽的葡萄牙北部靠大西洋岸的Minho地區，以出產極清淡而且多酸味的綠酒聞名。因為葡萄還沒有完全成熟就採收釀酒，所以大多釀成清淡酸度高、而且略帶一點氣泡的白葡萄酒，是一種簡單易喝的大眾酒款。因為葡萄農的耕地大多很小，幾乎採行雜耕，葡萄採用高架式種植，留出底下的空間種植其他作物。因為採收早，保留了強勁的酸度，酒精濃度常在10%以下，有時還帶一點點的甜味。綠酒大多混合許多品種，其中最好的品種為Alvarinho。除了白酒，綠酒產區也產一點乾瘦的紅酒。

斗羅 Douro

源自西班牙北部高原的斗羅河，進入葡萄牙後切過滿布花崗岩與板岩的山脈，變得蜿蜒曲折，中游的河谷正是波特酒的產地，葡萄園大多位居狹迫的梯田或陡坡上，這裡最好的葡萄過去都用來釀成波特酒，現在，高品質的波特葡萄也用來釀造高品質干紅酒，已經快速成為葡萄牙最精采

的產區，一般混合多種波特品種釀造，因為氣候炎熱乾燥且產量低，釀成的紅酒大多顏色深黑，口感濃厚多酒精，甚至也有久存的潛力。

Dão、Bairrada

Dão是葡萄牙中北部最著名的產區，主要生產紅酒，位在較偏內陸的山區，多花崗岩質，種植非常多元的品種，Touriga Nacional（必須含20%以上）和Alfrocheiro以及來自西班牙的Tinta Roriz和Jaen是最佳的品種。雖然生產條件佳，但主要生產單寧澀味重、偏瘦少果味的粗獷紅酒。近年來已經開始出現風格較細緻均衡的紅酒。Dão也產一些白酒，在眾多品種中，以Encruzado最精采，可生產區清爽多香味的可口白酒或橡木桶釀造的圓潤風格。

Bairrada位在Dão西邊，比較靠近大西洋岸，氣候較溫和潮濕，但仍以出產紅酒聞名，大多以Baga葡萄釀造，占全區90%的黑葡萄酒產量，是葡萄牙少見幾近單一品種的產區。Baga釀成的紅酒顏色深，酸味高，而且口感堅實強勁，頗為耐久，雖然好壞差距大，但已經是葡萄牙在大西洋岸邊的最佳紅酒產區。

里斯本附近產區

葡萄牙中部沿海靠近里斯本附近，稱為Extremadura，有不少著名的傳統歷史產區，各自成立DOC，但因市區發展，產地的面積日漸縮小。西面有以產加烈甜酒出名的Carcavelos，和以產Ramisco葡萄釀成的老式粗獷紅酒聞名的Colares。東北面則有以Arinto種（75%以上）釀造的干白酒產區Bucelas。南面則有蜜思嘉甜白酒產區Setúbal，屬加烈酒，是經木桶培養、香氣濃郁的老式甜白酒。

阿連特茹 Alentejo

占據整片葡萄牙東南部、達全國三分之一面積的阿連特茹，氣候炎熱乾燥，地勢平坦，除了生產葡萄酒，也盛產橄欖，亦是軟木塞的最大產地，生產全球生產三分之二的軟木。這裡的葡萄園面積比較廣闊，出產的葡萄酒以紅酒居多，除了傳統的Periquita、Trincadeira、Aragonez（西班牙的田帕尼優）和Alicante Bouchet外，新引進的卡本內-蘇維濃和希哈等品種也有不錯的表現。白酒方面則以Arinto和Roupeiro最為重要。阿連特茹區內有包括Evora、Portalegre、Borba、Redondo、Reguengos以及Vidigueira等八個DOC產區，但也生產許多新風格的地區餐酒。

阿爾加維 Algarve

位在葡萄牙最南端的阿爾加維因為炎熱多陽的天氣，除了是西歐重要的度假區，也生產酒精強勁的粗獷紅酒及加烈白酒，雖有Lagos、Portimão、Lagoa以及Tavira等數個DOC產區，但酒的水準

上：Quinta do Crasto是斗羅區產干型酒的精英酒莊。
下：斗羅地區的每一片葡萄園，都依據自然條件區分為A到F等六個等級，也是全世界最早創立的法定產區。

並不高，主要供應當地的市場。

馬得拉 Madeira

　　隸屬於葡萄牙的馬得拉島位在離北非摩洛哥700公里外的大西洋上。雖屬炎熱潮濕的亞熱帶氣候，但由於大西洋海風的調節與島上高海拔的地形，相當適合葡萄的生長，過去四百多年來葡萄一直是島上最重要的作物。島上崇山峻嶺林立，地勢險惡，葡萄園大多擠在狹迫的梯田上。島上出產的葡萄酒以Madeira為名，屬加烈酒，釀成的酒會放進一種叫做estufa的加熱酒槽儲存一段時間，以30到50℃之間的高溫熟成，釀成相當獨特的風味。

上：在阿連特茹產區內擁有百年葡萄園的Quinta do Carmo酒莊。
下：葡萄牙南部的阿連特茹產區。

　　在大發現時代之後，馬得拉島成為葡萄牙前往美洲、非洲和亞洲海運中繼站，島上生產的葡萄酒經過加烈防止變質後，常整桶放在船底當壓艙石，因為航經赤道的漫長旅程中，葡萄酒歷經高溫而培養成具有獨特氧化氣味的葡萄酒，並且在美洲的殖民地大受歡迎。島上的酒莊後來便模仿船運的溫度將釀好的葡萄酒加熱，以培養出類似風格的葡萄酒來。

　　馬得拉酒特別的地方，就在於氧化與加熱之後產生包括蘋果、焦糖、肉桂和核桃等香氣，不僅酒香濃重，餘香也非常綿長。因為品種與釀造法的差別，馬得拉酒的種類也頗多元，從干型到甜型都有，比較普通的馬得拉酒通常是以黑葡萄Tinta negra mole為主釀造，在45℃高溫下於酒槽中快速成熟三個月以上，經熟成後上市，會標示熟成時間3、5、10、15年等而且沒有年份，另外也會標示甜度seco（不甜）、meio seco（半干）、meio doce（半甜）或doce（甜）。

　　標示年份的馬得拉酒屬最高品質的馬得拉，培養的溫度比較低，時間也比較長，有時會在橡木桶或大型玻璃瓶中進行，香味比一般馬得拉酒豐富細緻，口感也比較均衡和諧，通常採用單一品種釀造（至少85%以上）。只用品質最佳的四大傳統品種，也分別釀成不同風格的頂級馬得拉。用馬爾瓦西（或稱為Malmsey）釀成的是口味最甜的一種，非常甜潤多香。Bual也多釀成甜型，但稍微清爽一點，常帶煙燻味。Verdelho是島上種植最廣的白葡萄，主要釀成半干和半甜型的馬得拉，除一般的酒香外還常有煙燻和蜂蜜香氣。Sercial多種植於海拔比較高的地方，多用來生產酸度高、帶點澀味的干型頂級馬得拉。

上：波特酒的酒商幾乎全集聚在波特市對岸的 Vila Nova de Gaia。
下：波特酒的產區位於波特市上游的斗羅河谷。

波特酒
Port

　　產自葡萄牙北部的波特酒是全球加烈紅酒的典型，在美國或澳洲等地甚至也生產名為Port的甜紅酒。Port一字是葡萄牙北部港口城市Porto的英文譯名，因為波特酒都是自波特港出口到英國等海外市場，於是這裡產的甜紅酒便以輸出港的英文名為酒名。波特酒的酒商主要聚集在和波特市隔著斗羅河相鄰的Vila Nova de Gaia，因為葡萄園與釀造的酒莊都位在斗羅河較上游的山區，過去葡萄酒大多靠著船運到下游酒商，所以波特酒商大多群集在斗羅河南岸邊的碼頭附近，以方便在上游產區釀好的波特運送到這裡進行培養、混合和裝瓶的程序。

　　波特酒的起源也跟英國酒商有關，在一六七八年由兩位年輕的英國酒商將當地Lamego修道院出產的一種加了白蘭地的甜紅酒運到倫敦銷售，才讓這種奇特的葡萄酒開始風行起來，並且很快地引來其他英國酒商到此設廠生產波特酒。至今，大部分知名的波特酒商都是由英國人設立的，其他的酒商也大多由來自荷蘭或法國的企業所經營，是一個從三百多年前就已經一直是以出口為主的葡萄酒產區。

地勢險惡的斗羅河谷

　　出產波特酒的斗羅河谷因地理條件不同，分為三個地理區，Baixo Corgo位在最西邊，離海較近，地勢較低，氣候比較潮濕，溫和涼爽，出產的酒較清淡柔和，通常用來製造一般等級的Ruby和Tawny等。往斗羅河上游是Cima Corgo，是波特酒的精華區，地勢的起伏更大，氣候更加嚴酷乾燥，葡萄園大部分都是位在如懸崖般的板岩或花崗岩山坡上，常達60％的斜坡必須開鑿成狹迫的梯田才能種植葡萄。年份波特或陳年的Tawny和L.B.V.等濃厚型的波特酒，大部分都是產自這一區。位在更上游的Douro Superior地勢更艱險，氣候更極端嚴苛，耕種困難，但可以生產更強勁風味的波特酒。波特在一七五六年就已經針對葡萄園的條件劃分產區範圍，現在波特產區的三萬多公頃葡萄園都依據坡度、土質、葡萄樹的年齡、密度與產量等非常詳盡的條件，劃分出A到F等六個等級，A級的等級最高，葡萄的價格也比較高。

波特酒的葡萄品種

　　波特酒產區所在的斗羅區有超過八十種以上的葡萄品種，其中只有48種允許用來釀造波特酒，幾乎所有的波特酒都是混合多種品種釀成，超過七、八十年以上的葡萄園經常混合種植十多種不同的品種，通常一起採收與釀造。波特酒的品種分為六個等級，最佳等級的品種有九個，其中最著名的是顏色深黑、單寧濃重、有著黑莓與黑櫻桃香氣的Touriga Nacional，不過種植的面積不大，另外甜熟豐滿的Tinta Barroca、優雅多酸的Touriga Francesa、多單寧的Tinta Roriz、品質穩定的Tinta Cāo和均衡的Tinta Amarella等品種也都相當優秀。

波特酒的製造方法

　　波特酒屬於酒精強化葡萄酒，當葡萄的糖分尚未完全發酵成酒精之前，約發酵到6～8%時就添加77%、以葡萄酒蒸餾成的白蘭地結束發酵，讓酒中保留未發酵的糖分。釀造法和其他加烈酒相似，只是波特酒的酒精濃度更高，通常都在20%左右。依據波特的傳統製法，當葡萄採收之後會被放入以花崗岩砌成、稱為Lagares的方形低矮釀酒槽中，由數個人一組併肩站成一排，在槽中連續數小時用腳將葡萄汁踩踏出來。這種方法雖然費時費工，但卻能用最輕柔而有效率的方式讓葡萄皮和葡萄酒做最多的接觸，讓發酵浸皮時間非常短的波特酒（通常僅有三天）擁有非常深的顏色和強勁的單寧，所以至今還有不少酒廠沿襲傳統採用這樣的釀法，特別是在製造頂級的年份波特酒時最為常用。除了傳統釀法，也有用機器踩皮或自動Lagare等各式釀法，而較便宜的波特酒通常只在不鏽鋼槽中以淋汁的方式釀造。釀造通常在斗羅河的山區進行，釀造完成之後，大部分的波特酒會在隔年的春天運到下游的Vila Nova de Caia進行培養。

不同種類的波特酒

　　因為製造和培養的方法不同，波特酒又分為許多不同的類型，口味和風格都不相同，一家波特酒商通常會生產多種不同類型的波特，最傳統的波特酒類型可分成以下的五大類。

寶石紅波特 Ruby

　　這是所有波特酒中最年輕的一種，酒色殷紅如寶石，所以稱為Ruby。熟成的時間較短，大多在四年內，而且是儲存在大型的木槽中，保有較多的果味，酒香以黑色水果香味為主，帶一些肉桂等香料香氣，口感柔和順口，也較簡單。通常混合不同年份的酒調配成。有些酒商會將品質較佳的兩、三個年份的葡萄酒混合在一起釀成Crusting Port，是一種濃度高、常有沉澱、類似年份波特的頂級Ruby。

上：至今還有許多波特酒是用傳統的人工踩踏法釀造而成。
下：陳年波特必須在木桶中經過非常長的時間培養而成。

陳年波特 Tawny

　　陳年波特在培養時採用稱為Pipe、僅約五百多公升的木桶，而且培養的時間長，因在桶中的氧化程度高，顏色較淡，且呈淡棕紅色，所以稱為Tawny。一般都是混合不同年份調配而成。普通等級的Tawny大多經八年的木槽培養，不過也有非常低價的Tawny是用產自Cima Corgo顏色淡的紅波特混合白波特調成的，經過四年就會變成紅棕色。經過十年以上陳年的Tawny會有較高的品質，香氣的變化也更豐富，有著許多乾果的香氣，口感更加柔和精緻，顏色也更淡，接近淡棕色，甚至如琥珀色，越陳年會開始有綠色反光。一般酒商會以十年為單位，推出10年、20年、30年甚至40年的Tawny，通常20年的Tawny保有最好的均衡感，30年以上常會變得較為濃重。有些酒商也會推出產量極少的單一年份Colheita，大多是培養數十年的上好年份Tawny。

年份波特 Vintage

　　一般的波特酒大多混合調配不同年份的葡萄酒釀成，波特酒商在條件特別好的年份則會釀造年份波特，通常每十年才會有兩、三個年份生產這種味道最濃、也最珍貴的波特酒。通常挑選產自最佳葡萄園的優質葡萄釀造，只經過不到兩年的大型木桶培養後就直接裝瓶，在年輕的時候酒的顏色濃黑，甜美豐厚，但也有非常多的單寧支撐，並且有非常濃郁的香氣，堪稱全球最濃的葡萄酒。年份波特非常耐久，可經得起數十年以上的儲存，最佳的成熟適飲期也需要十多年以上，特優的年份甚至需要更久，成熟之後有如帶著溫潤甜味的頂級陳年干紅酒，有非常豐富多變的香氣與更均衡多變的口感。由於裝瓶前經常不經過濾程序，酒的口感非常厚實，但沉澱也多，特別是老年份的年份波特，飲用前需經過換瓶的程序。通常一家酒商會選用多家酒莊的最優葡萄酒混成年份波特，但有時也會選一家酒莊獨立裝瓶，稱為單一酒莊年份波特(Single Quinta Vintage Port)。

上：Touriga Nacional是釀造波特酒的著名品種。
下：波特精英酒廠Niepoort的單一年份Garrafeira波特。

晚裝瓶年份波特 L.B.V.

　　L.B.V.是Late-Bottled-Port的縮寫，和年份波特一樣，L.B.V.也是採用同一年份的葡萄製成，不過只是在較好的年份生產，不一定是絕佳的年份，通常成熟的速度也比較快。比特優年份波特裝瓶的時間晚，會經過四到六年的木槽培養才裝瓶。雖然不及年份波特來得濃郁，但卻較快達到成熟期，無需等待太久就可以品嘗，而且價格便宜非常多。

白波特 White Port

　　白波特酒不及紅酒出名，產量很少，釀法和紅波特酒類似，只是浸皮的時間縮短或取消而已。通常也經過橡木桶熟成，除了一般甜味的白波特酒，標示Dry White Port的白波特酒大多含有一點甜味，酒精度也稍低一點。

德國
Deutschland

在歐洲主要的葡萄酒產國中，德國的葡萄酒一直有著屬於自己的葡萄酒類型與制度。因為緯度偏高，氣候普遍寒冷，葡萄的生長比較困難，也比較難達到南歐的成熟度，唯有在條件特別好的地方才能產出精采的葡萄酒來，但也因為這樣的環境，讓德國得以生產出全世界最精巧多酸、酒精度低、有著酸甜均衡質感的迷人麗絲玲白酒。除了在其他國家比較常見的干白酒，德國生產許多帶甜味的白酒，從一般清淡半甜型的甜白酒到非常濃厚圓潤的貴腐甜酒與冰酒都有。因為氣候的關係，德國的白酒酸度高，酒精度也低，保留一部分的糖分可以讓酒喝起來有更好的均衡感。因為麗絲玲非常不適合在橡木桶中釀造和培養，所以在德國白酒中很少可以聞到盛行全球的橡木桶香氣，而讓葡萄酒更直接呈現自然的風味。

位在寒冷的大陸性氣候區，德國大部分的產區幾乎全部集中在氣候較為溫和的西南部。除了極東部的Saale-Unstrust和Sachsen兩個很小的前東德產區，現在德國葡萄園多位於萊茵河與其支流曼茵河(Main)、Nahe和摩塞爾河等河的沿岸，最佳的葡萄園大多位於向陽的河邊坡地上，讓葡萄得以接收更充分的陽光，得到更高的成熟度。即使如此，氣候還是太冷，主要以生產白酒為主，紅酒只占不到20%。但無論如何，德國還是全球第七大葡萄酒產國，年產11億公升的葡萄酒。

葡萄品種

德國大部分的葡萄酒都是採用單一葡萄品種釀造，標籤上經常會標出品種的名稱，麗絲玲和米勒-土高是最主要的葡萄酒品種，兩者占了將近45%的德國葡萄園。麗絲玲雖然不是特別早熟的品種，但是品質非常優異，全德國最頂級的葡萄酒幾乎都是用麗絲玲釀成的，不過麗絲玲對環境的要求比較多，在大部分比較偏北一點的產區，最好的葡萄園都保留給麗絲玲以達到足夠的成熟度。米勒-土高是一個人工交配種，雖然不及麗絲玲那般高雅均衡，但因為耐寒且成熟快，適應能力強，容易種植，加上酸味也較低，可以釀成簡單可口的白酒。

Silvaner是另一個較重要的品種，大多釀成多果香多酸味的白酒，在偏南一點的產區有較好的表現。除此之外在南部產區還常見到如格烏茲塔明那、Grauer Burgunder（灰皮諾）、Weisser

| 上：趕在清晨低溫時採收冰酒葡萄。
| 中：德國的招牌品種麗絲玲和新橡木桶的味道合不來，除了不鏽鋼桶，大部分的酒莊也大多採用老舊的大型木桶來釀造。
| 下：德國產量最大的萊茵黑森產區。

德國 Deutschland

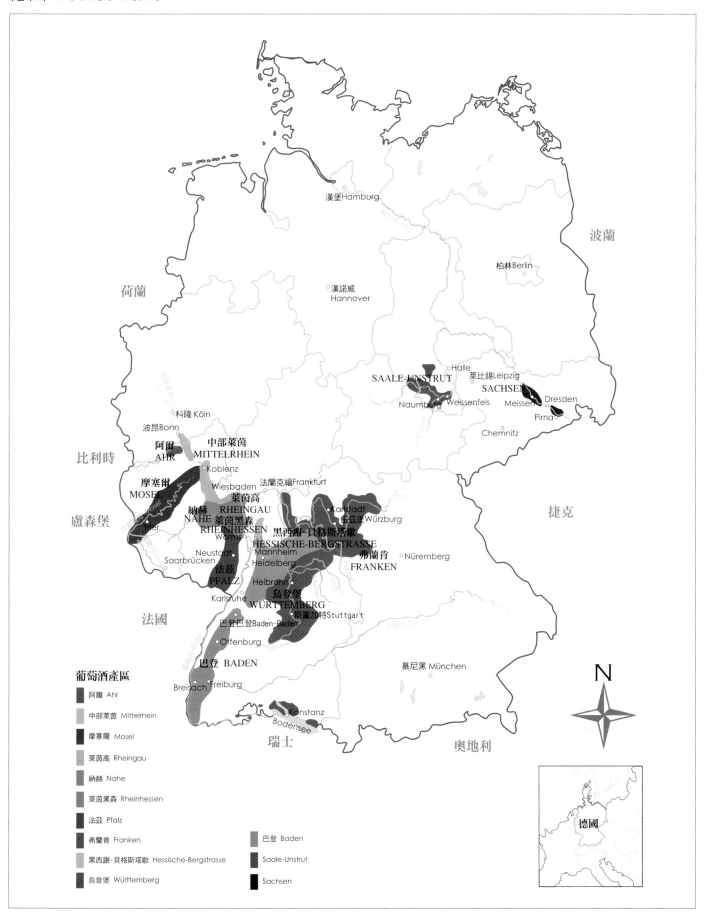

葡萄酒產區

- 阿爾 Ahr
- 中部萊茵 Mittelrhein
- 摩塞爾 Mosel
- 萊茵高 Rheingau
- 納赫 Nahe
- 萊茵黑森 Rheinhessen
- 法茲 Pfalz
- 弗蘭肯 Franken
- 黑西謝-貝格斯塔歐 Hessische-Bergstrasse
- 烏登堡 Württemberg
- 巴登 Baden
- Saale-Unstrut
- Sachsen

德 國 葡 萄 酒 標 籤 導 讀

左側標註（由上而下）：
- 萬國博覽會得獎紀錄
- Scharzhofberg葡萄園因屬歷史名園，無需標示村名Wiltingen
- 由Scharzhofberg的Egon-Müller裝瓶

下方標註：
- Qualitatswein mit Pradikat等級
- 酒精濃度
- 裝瓶地址
- 德國高等級葡萄酒的A.P.編號由左至右：3是產區，567為村莊，142為酒莊，10是這款酒的編號，96為品嘗認可的年度

右側標註（由上而下）：
- Mosel-Saar-Ruwer產區（自2007年份改稱Mosel）
- 葡萄品種
- 年份
- Pradikat等級：Spatlese
- 酒莊名
- VDP會員酒莊標章
- 容量

Burgunder(Pinot Blanc)和Gutedel（夏思拉）等等。除了米勒-土高，德國也種植相當多的人工交配種，比較著名的有Rieslaner、Kerner和Scheurebe等等，大多是以麗絲玲和Silvaner兩品種交配而成。釀造紅酒的品種則以Spätburgunder（黑皮諾）最爲重要，以產自南部巴登和北邊的阿爾(Ahr)產區最爲著名，除了釀成清淡的干紅酒，也常釀成帶點甜味的紅酒或是顏色更淡的粉紅酒。其他黑葡萄還包括來自奧地利的Portugieser和Trollinger，大多種植於南部產區，釀造風味平淡的普通紅酒。

分 級 制 度

　　德國的葡萄酒法律與分級制度是歐洲最複雜，也許是最嚴格，但也可能是最容易讓人產生誤解的制度。德國的葡萄酒大致分爲四個等級，最低等級的酒稱爲Deutscher Tafelwein，等同於法國的Vin de Table，生產規定最少，只要是酒精濃度8.5%以上的葡萄酒都可以成爲這個等級，不過德國屬於這個等級的葡萄酒不到5%。等級較高一點的稱爲Landwein，這一等級約等同於法國的Vin de Pays，全德國有17個Länd可生產此等級的酒，可標示是產自那一個Länd的葡萄酒。

　　在此之上則是兩個高品質等級的葡萄酒。第一個是Qualitätswein bestimmter Anbaugebiete，一般

德國葡萄酒標籤常見用語

Sekt 德國氣泡酒

Weiswein 白酒

Rotwein 紅酒

Rötlicher Wein 粉紅酒

Weissherbst 黑葡萄製成的粉紅紅酒

Schillerwein 紅白酒相混的粉紅酒

Trocken 干

Halbtrocken 半甜

Süss 甜

Weinzergenossenschaf 製酒合作社

Weingut 酒廠

簡稱爲QbA，這一等級的葡萄酒必須採用來自德國特別的葡萄酒產區，亦即德國如萊茵高和巴登等13個葡萄酒產區(Gebiet)的葡萄釀造。除了要來自特定的地區，這一等級葡萄酒的生產規定也比前兩個等級要嚴格，所採用的葡萄必需有較高的成熟度，不過，這個等級的葡萄酒依規定還是可以添加糖分來提高酒精濃度。

另一個高品質等級的葡萄酒是Qualitätswein mit Prädikat（自2007年份簡化爲Qualitätswein），是德國最高等級的葡萄酒，有最嚴格的管控，也必須經過品嘗認可才能上市，這一等級的葡萄酒全然禁止人工添加糖分，而且還依照葡萄採收時的成熟度，即葡萄中所含的自然糖分，來區分成六個等級，裝瓶後必須在酒標籤上註明是屬於那一個等級。由於不可以添加糖分，在天氣條件比較差的年份，可以生產QmP的葡萄比較少，成熟度不夠的只能降級生產可以加糖的QbA。

QmP的六個等級是依照葡萄所含糖分的濃度或是生產方式所區分出來的，實際所需的濃度依地區和品種而不同。Kabinett是一般成熟度的葡萄釀成通常比較清淡、酒精濃度至少在7%以上。Spätlese意思是遲摘，採用比一般成熟度還要晚摘一點的葡萄釀造，酒的濃度比較高，除了留一點糖分，也可能釀成干型的葡萄酒。Auselese是用比Spätlese更晚摘、糖度更高的葡萄釀成，有時會有一部分葡萄感染貴腐黴而讓甜度變得更高，一般都釀成甜型。Beerenauslese則大多因爲感染貴腐黴菌，葡萄裡的糖分更濃縮的葡萄釀成，不僅甜度高，也有更濃郁的甜熟香氣，只有在特殊的年份少量生產。Trockenbeerenauslese則是甜度最高的等級，完全採用感染貴腐黴菌、水分蒸發萎縮而成的乾葡萄釀成，甜度非常高，也非常稀有昂貴，口感濃厚甜潤，香氣濃郁奔放而且相當耐久，僅有在非常特殊的年份才有生產。Eiswein則是用留在葡萄樹上直到因低於-7℃以下低溫而結凍的葡萄所釀成的，由於葡萄中結凍的水分會留在葡萄渣中，所榨出的葡萄汁甜度和酸度都非常高，通常釀成濃甜多酸型的葡萄酒。

在德國，葡萄僅針對成熟度分級，葡萄園並沒有像在法國一樣進行正式官方的分級，但是，在過去的歷史中已經形成許多特別著名的頂尖葡萄園，例如摩塞爾區Wehlen村的Sonnenuhr，在萊茵高區Kiedrich村的Gräfenberg等等。在德國的葡萄酒法律中，Einzellagen是產區標示的最小單位，指一塊爲法律所認可的葡萄園，全德國有2,600片Einzellagen。幾個鄰近的村莊的所有Einzellagen也集合而成一個範圍廣大的Grosslagen，區內所產的酒可以將產區內最著名的村莊名加到該Grosslagen的名稱之前，常造成混淆。此外幾個Grosslagen也將組成一個範圍更大的Bereich，是一個產區內所分出來的副產區，有時也會以區內最著名的村莊命名，例如Bernkastel是摩塞爾中部廣闊的Bereich名稱，但也是這一區最知名的村莊名稱。

VDP是Verband Deutscher Prädikatsweinguter的縮寫，是由近兩百家德國的精英酒莊所組成的組織。雖然VDP成員酒莊所有的葡萄園僅占全國的3.5%，但是成員卻集結德國13個產區裡幾乎所有最著名的酒莊。VDP對成員酒莊要求比德國葡萄酒法律更嚴格的規範並做定期的檢驗，成員酒莊可以在標籤和瓶口封套上標示VDP的字樣和標章，是高品質德國葡萄酒的重要象徵。

Nahe產區、QmP等級、Kabinett成熟度的麗絲玲白酒。

摩塞爾
Mosel

發源於法國弗日山脈的摩塞爾河流經盧森堡進入德國境內後，穿過一段以黑色板岩為主的岩層注入萊茵河。在這一段曲折蜿蜒的河道兩岸，有著許多面向西南、東南或甚至全然向南的向陽陡坡，在氣候寒冷的德國西部形成了一個非常適合種植麗絲玲葡萄的自然環境，生產出絕無僅有的頂尖麗絲玲白酒，純淨的酒香中帶著花香與礦石，有著少見的多酸、低酒精的均衡，精巧優雅中有著堅強的酸味挺著相當耐久的架構。摩塞爾河和支流薩爾(Saar)和魯爾(Ruwer)共同構成了一個不可錯過的世界級白酒產區。

葡萄品種

摩塞爾產區有一萬一千多公頃的葡萄園，麗絲玲是最具代表的品種，幾乎所有河岸邊最好的葡萄園都優先種植麗絲玲，釀成的白酒大多比南邊的萊茵高區來得淡，但是卻更高雅清爽，相當迷人。摩塞爾河谷的氣候相當寒冷潮濕，對麗絲玲來說並不容易成熟，需要靠河谷的地形提供屏障的效果，加上河水提供反射的陽光，另外更需要向陽的陡峭坡地提供排水佳又多陽光的條件，滿布於河邊坡地上的黑色板岩更是重要關鍵，不僅讓釀成的葡萄酒常帶有礦石香氣，而且極佳的排水性以及具吸熱效果的藍黑顏色，更可以讓種植其上的麗絲玲得以達到足夠的成熟度。不過，也因為坡度太陡，種植困難，相當耗費人力，使得種植成本非常高。最好的葡萄園一般位於山坡中段，可以避開高坡處的寒風以及低坡處常有的霜害。

即使如此，在摩塞爾區內麗絲玲的種植面積卻只占全區的一半，產量甚至只有三分之一，原因在於區內的葡萄園有一大部分位居離河谷較遠、比較容易種植、生產成本低的平原區，但因為氣候寒冷，只能種植容易成熟的米勒-土高、Kerner和Elbling等較易種植的品種，釀成風味平凡、產量大的廉價摩塞爾白酒，和河岸邊的精緻麗絲玲白酒有著極端的差距。

葡萄酒產區

由西南往東北流的摩塞爾河最下游的區段為下摩塞爾區(Untermosel)，這一部分多彎的河道在

▌ 上：摩塞爾河在中段的Traben和Trabach兩城附近轉繞180度的大彎，形成全面向南的葡萄園。
▌ 中：過了Bernkastel之後，摩塞爾中游的河道在Münzlay由東南轉向西北流，葡萄園也轉而面向東邊和西邊。
▌ 下：摩塞爾河下游的Zell區葡萄園與羅馬古城Beilstein。

阿爾 Ahr

阿爾是德國最北邊的葡萄酒產區之一，雖然氣候寒冷，但自羅馬時期以來，阿爾河谷卻是出人意料地以出產紅葡萄酒聞名。靠著河谷邊陡峭山坡極佳的日照效果，以及北邊山脈的保護，提供黑皮諾成熟所需的陽光和熱。雖然所產的紅酒單寧、酒精度和紅色素等都不是很重，但是卻相當可口，常有迷人的櫻桃香味，適合早喝，僅有少部分可以久存。除了黑皮諾，本地也有一個黑皮諾的古老變種Frühburgunder，比較早熟且酸味低一點，喝起來較為可口。此外也種植一些Portugieser以及麗絲玲。

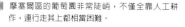

摩塞爾區的葡萄園非常陡峭，不僅全靠人工耕作，連行走其上都相當困難。

沿河兩岸留下許多地形險惡的河階地，雖有相當好的條件，不過因為比較偏北，酒的風格較為清淡，知名的酒村與酒莊較少，較不及南邊的中摩塞爾(Mittelmosel)來得聞名。從Zell鎮往上游到Trier市之間的65公里河岸為中摩塞爾，這一區屬於Bereich Bernkastel，有九個Grosslagen，是摩塞爾河最受矚目的區域，河岸邊滿布許多精采的產酒村莊和知名的葡萄園。這一段的河道百迴千轉，有好幾個180度的大迴轉，形成東西南北向都有的河階坡地，陡峭的河邊山坡有時高達200公尺，有些葡萄園甚至位於坡度近80%的坡地。區內的土質多為藍黑色的板岩，排水性佳，而且吸熱，並讓酒中帶一點煙燻香味。不過，這裡的葡萄園面積也相當大，全區的四分之三都集中在這一區，除了頂級葡萄園，許多平原區的葡萄園也包括在內。

本區知名的頂尖葡萄園相當多，其中最經典的包括如Erden村，以甜熟充滿熱帶水果香氣聞名的Prälat；Urzig村更濃厚，常帶香料香氣的Würzgarten；Wehlen村風味優雅的Sonnenuhr；Graach村高雅耐久的Domprobst；Bernkastel鎮多礦石與耐久的Doktor；Brauneberg村以產濃甜豐富的貴腐甜酒知名的Juffer-Sonnenuhr；Piesport村非常經典多礦石氣味的Goldtröpfchen等葡萄園。

更上游的區域稱為上摩塞爾(Obermosel)，這一區段的氣候更為潮濕寒冷，經常受春霜的危害，葡萄的成熟更為困難，麗絲玲非常酸瘦，種植Elbling較多。不過摩塞爾河在Trier市附近的兩條支流，魯爾河和薩爾河流域卻是區內另一個精華區，這裡的天氣比中摩塞爾更為寒冷，釀成的酒更為細緻精巧，也含有更多的酸味，不過卻受到更多年份的影響，比較冷一點的年份，即使條件相當優異的葡萄園也不容易成熟。最好的葡萄園都位在河谷兩側南向或西南向的坡地。不同於中部地區以藍黑色板岩為主，這裡較多灰色板岩。因為生長季較長，採收較晚，產不少Auslese以上等級的酒，因為冬季來得早，Eiswein頗為常見。兩個河谷內的葡萄園面積不大，但名園不少，最著名為薩爾區內Wiltingen村東面的Scharzhofberg以及村北的Gottesfuss。在魯爾區最著名的為Mertesdorf村的Abtsberg和Eitelsbach村的Karthäuserhof。

萊茵高
Rheingau

國營酒莊Kloster Eberbach獨家擁有的十二世紀名園Steinberg。

只有3,200公頃葡萄園的萊茵高產區，不僅和摩塞爾河齊名，而且也是德國葡萄園條件平均水準最高的產區。由南往北流的萊茵河到了曼茲市(Mainz)附近遇到堅硬的岩層轉而向西流32公里後，在Rüdesheim轉而向北流。這一個小轉折在萊茵河的北岸形成了萊茵高這一片有著非常優異自然條件的葡萄園。全然向南的山坡有著良好日照與排水效果，北面的Taunus山更阻擋了來自北方的冷空氣，寬敞的萊茵河道提供葡萄更多反射的陽光。這許多因素讓萊茵高雖然氣候寒冷，卻乾燥多陽，可以種植高達80%的麗絲玲，並且達到相當高的成熟度，跟摩塞爾的麗絲玲比起來，萊茵高的白酒有著更強勁、更飽滿以及更多礦石的風格。更高的成熟度也讓萊茵高得以生產高達70%的干型酒。

土質與葡萄

萊茵高的土質相當複雜，隨高度的不同而有所差別，高坡處的土質比較多火成岩，多為矽質岩和板岩，麗絲玲很容易展露品種特性，特別均衡細緻，尤其是在比較炎熱的年份會有更好的表現。中坡處則比較多泥灰岩，而斜坡底部較平坦區域則主要以沉積土為主，石灰質含量較高，主要以河泥混合礫石以及河沙，這一區的麗絲玲口感比較強勁，且常帶香料味。一般而言，萊茵高的山坡並不特別陡峭，只有在Rüdesheim西邊的區域才有如摩塞爾河般的布滿藍黑色板岩的陡坡。

葡萄酒產區

在德國，萊茵高是一個歷史相當久遠，而且成名非常久的葡萄酒產區，區內有許多曾為貴族或教會所有的知名歷史酒莊與葡萄園，如Schloss Johannisberg、Schloss Vollrades、Schloss Reinhartshausen，以及國營酒廠Kloster Eberbach等等，雖有不錯的品質，但已經不再是德國最精英的酒莊。近年來德國的其他產區如摩塞爾河、法茲和巴登等產區都有長足的進步，萊茵高也不再

上：Geisenheim村的實驗葡萄園。
下：位在Kiedrich村的Robert Weil酒莊。

是唯一的頂尖德國產區。

整個萊茵高產區全部歸屬於唯一的Bereich：Johannisberg，一共分為10個Grosslagen。知名的酒村與葡萄園相當多，各村之間所產葡萄酒的風味也有所不同。Hockheim是萊茵高自東邊開始的第一個村子，隔著Wiesbaden鎮和萊茵高其他葡萄園分開來，地勢比較平坦，接近河岸邊，是萊茵高最早熟的地方，酒的風味也比較濃厚。過了Wiesbaden鎮之後，萊茵高的葡萄園沿著Taunus山坡連成一片。一開始在Walluf村與Eltville鎮的葡萄園坡度比較平緩，較著名的葡萄園大多位在比較高坡處的Rauenthal和Kiedrich兩村。在這一帶葡萄的生長速度比較慢，有較多的板岩，麗絲玲比較晚熟，釀成風格高雅、而且多香料香氣的白酒。

往西的Erbach和Hattenheim這兩個近河岸的村莊，以出產全萊茵高最豐厚的精緻白酒而聞名全球，特別是Erbach村西邊非常接近萊茵河岸的名園Marcobrunn，富含泥灰質的土壤，生產兼具強勁口感和豐富香氣的重量級麗絲玲白酒。Hattenheim的知名葡萄園主要位在山坡高處，特別是由熙篤會在十二世紀創立，現為國營酒廠獨家所有的Steinberg，以出產均衡豐富且較緊密結實、多礦石香氣的麗絲玲白酒。Steinberg旁靠近山頂樹林處則是Kloster Eberbach修道院，是國營酒廠的所在。

西鄰的Hallgarten村位在較高坡處，有著全區海拔最高的葡萄園，不過，最著名的是村邊的Shönhell，這片富含泥灰岩的坡地可以生產出帶著許多酸味、厚實強勁而且耐久的頂級麗絲玲。山下的Oestrich村所產的白酒則更為濃厚，但是較少細緻的變化。往西邊一點，知名的Schloss Vollrad位居Winkel村的高坡處，是村內最著名的葡萄園，常帶有迷人的酸味與果味，均衡可口。

位居山坡中段的Johannisberg村因著名的城堡酒莊Schloss Johannisberg而聞名，並且成為萊茵高區Bereich的名稱。村內的葡萄園坡度較陡，含有較多矽質土和黃土，麗絲玲的風格較多礦石，也較耐久。山下的Geisenheim村因德國最知名的葡萄酒研究中心而聞名，村北的Rothenberg葡萄園也相當有名，常釀成濃厚耐久風格的麗絲玲。

Rüdesheim是萊茵高最多觀光客拜訪的小鎮，山勢在附近開始變得越來越陡峭，村子西邊的葡萄園只能擠在滿布藍色板岩與黑色頁岩的梯田上。麗絲玲在這裡兼具強健的結構和細緻變化，同時有非常多的礦石氣味，因為較為乾燥，較少生產貴腐甜酒，而在多雨的年份有更好的表現。Berg Roseneck、Berg Rottland和Berg Schlossberg是村內最著名的葡萄園。過了Rüdesheim之後，萊茵河轉向北流，萊茵高的朝南山坡在Assmannshaussen村轉而朝西。在萊茵高的這個極西邊的盡頭，卻是以出產黑皮諾紅酒著名。多板岩且排水好的Höllenberg是最著名的葡萄園，黑皮諾在這裡除了釀成較清淡的干型酒外，在特別的年份也可釀成晚摘型的甜紅酒或是濃甜多香料味的Eiswein。

萊茵黑森與法茲
Rheinhessen & Pfalz

左：法茲有廣大的葡萄園，是德國的葡萄酒倉。
右上：巴登區位在河階上的葡萄園。
右下：德國聖母之乳的原產地，Worm市的聖母院與葡萄園。

　　同位在萊茵河西岸的萊茵黑森是德國最大的葡萄酒產區，有2萬6,000公頃的葡萄園。萊茵黑森位在一片廣闊和緩的臺地上，南部的平原區種植許多米勒-土高和Silvaner，生產大量清淡柔和順口的簡單白酒。即使如此，萊茵黑森卻同時擁有相當精采的葡萄園。

　　最精華的區域位在東邊的萊茵河岸邊，特別是在Nierstein與Nackenheim之間，沿著河岸的河階地有著朝向東南的斜坡，不僅排水佳，日照強，而且有極適合麗絲玲的紅色砂質黏土，包括Rothenberg、Brudersberg、Pettenthal和Hipping等頂尖葡萄園。這裡產的白酒不僅香氣豐富而且均衡豐厚，也許酸度稍低，但是非常接近頂級萊茵高的風格。北邊Nahe河口的Bingen附近也有條件相當好的葡萄園，以Scharlachberg最為著名。

　　位在萊茵黑森南邊的法茲，地理環境跟南鄰的法國阿爾薩斯產區類似，西邊的Haardt山脈阻擋水氣，讓法茲經常晴空萬里。跟阿爾薩斯一樣，葡萄園位在離萊茵河稍遠、Haardt山脈的東面山坡與近山平原。法茲有2萬4,000公頃的葡萄園，僅次於萊茵黑森，也是一個生產大量廉價白酒的產區，因為天氣較溫和，麗絲玲在這裡比較少見，只有20%，除了種植許多米勒-土高外，也種植較多灰皮諾、格烏茲塔明那、白皮諾和Silvaner等品種，黑皮諾等黑葡萄也多達四分之一。

　　法茲的精華區位在中北部，Bad Dürkheim市所在的Mittelhaardt區是全德國最乾燥的區域之一，同時也是法茲種植最多麗絲玲的地方，而全法茲最知名的酒村像Ruppertsberg、Deidesheim、Forst以及Wachenheim等村也都位在這裡。因為氣候條件特殊，生產的麗絲玲相當適合釀成干型酒，有相當高的水準，均衡強勁而且高雅，風味更加接近阿爾薩斯的風格。除了麗絲玲，法茲南邊的產區也種植屬於皮諾家族的品種所釀成的干白酒，其中灰皮諾有相當好的表現，是德國的最佳產區之一。

Liebfraumilch

Liebfraumilch（有聖母之乳的意思）是最常見的德國葡萄酒，這種酒精度低、帶甜味的清淡白酒原本產自萊茵黑森區，Worm城的Liebfrauenkirche教堂葡萄園，現在連法茲、Nahe和萊茵高都可以生產，屬簡單順口、QbA等級的廉價葡萄酒。而光是在萊茵黑森所產的每四瓶酒，就有一瓶是Liebfraumilch。

Nahe區

位在萊茵黑森西邊的Nahe產區內，雖然只有四分之一的葡萄園種植麗絲玲，但是這裡的自然環境卻讓Nahe的白酒兼具了摩塞爾河的精巧與萊茵高的強勁。最精華區位在首府Bad Kreuznach市周圍以及西邊的Nahe河上游的區域。Bad Kreuznach周圍的葡萄園所生產的麗絲玲比較強勁豐厚，較接近萊茵高的風格，但含有更多果味；越往Nahe河上游有更多的板岩，生產接近摩塞爾河風格的精巧麗絲玲，在果味中並帶有高雅的礦石香氣。

巴登與弗蘭肯
Baden & Franken

裝在傳統弗蘭肯產區的大肚瓶冰酒。

巴登區是德國最南部的產區，有1萬6,000公頃的葡萄園，不過產區範圍非常廣闊，北面由鄰近弗蘭肯的Tauberfranken開始，一直延伸到瑞士邊境Bodensee湖畔的產區，長達兩百多公里。不過最重要的產區集中在巴登-巴登市(Baden-Baden)以南，萊茵河東岸和黑森林間的面西山坡地，占全區80%的葡萄園。萊茵河的對岸即是法國的阿爾薩斯產區，但巴登因為沒有山脈屏障，水氣較多，比阿爾薩斯來得濕冷一點。但無論如何，巴登的氣候比德國其他地區都來得溫暖。

因為氣候的關係，麗絲玲在巴登比較難有好的表現，只占9%的面積，最重要的品種是黑皮諾，占了三分之一的面積，德國最精彩的紅酒大部分來自這裡。白酒雖以米勒-土高為主，但是白皮諾和灰皮諾(Grauerburgunder)也相當多，其中灰皮諾更是巴登表現最好的白葡萄品種，除了釀成豐厚型的干白酒，也可釀造相當精彩的貴腐型甜酒，甜型的灰皮諾通常稱為Ruläder。因為平均葡萄園面積相當小，釀酒合作社在巴登區扮演重要角色，生產區內四分之三的葡萄酒。巴登區是德國飲用最多葡萄酒的地方，本區出產的葡萄酒大多供應當地居民所需。

巴登區最知名的產區位在Freiburg市北邊的Kaiserstuhl區。這裡的環境非常特別，是一個死火山區，布滿含有許多礦物質的火山灰，而且氣候也特別溫暖，黑皮諾可以釀成顏色深且濃厚的紅酒，灰皮諾甚至麗絲玲也都有非常好的表現，可釀成多酒精的美味干白酒。

位置偏東的弗蘭肯區有著更典型的大陸性氣候，夏季非常炎熱，但冬天卻相當寒冷，因為氣候的因素，弗蘭肯的葡萄酒有著相當獨特的風格，大部分的葡萄酒都不帶甜分，酒精度較高。麗絲玲在這裡的味道比較濃厚，但也常顯得粗獷，不是特別優秀。米勒-土高種植面積最廣，可釀成頗可口的干白酒，不過，最具代表的卻是Silvaner，有別處少有的精彩表現，香氣特別奔放濃郁，口感也比別處濃厚均衡。

弗蘭肯區的範圍大，但葡萄園只有6,000公頃，主要集中在Maindreieck區，區內的葡萄園大多位在烏茲堡市(Würzburg)附近的曼茵河兩岸。城北石灰懸崖上的Stein是弗蘭肯最著名的歷史名園，以產帶煙燻與礦石香氣的耐久白酒聞名。

烏登堡 Württemberg

巴登區東邊的烏登堡區更接近大陸性氣候，冬寒夏熱，跟巴登一樣，四分之三的葡萄酒產自釀酒合作社。1萬1,000公頃的葡萄園主要生產紅酒，Trollinger和Müllerrebe（即法國香檳區的Pinot Meunier）是最主要品種，生產清淡、柔和少單寧、有時接近粉紅酒的淡紅酒。白酒僅占三分之一，以麗絲玲為主，也有一些米勒-土高和Kerner，但大多為酸瘦清淡的干白酒類型。

瑞士
Suisse

▌上：瓦瑞州產區最佳的葡萄園大多位在面向南邊的梯田上。
▌下：陡坡上運送葡萄的軌道車。

位處阿爾卑斯山區的瑞士雖然有寒冷的高地氣候，但也因為高山的屏障營造了許多日照充足的河谷地形，在谷地邊或湖岸邊的向陽坡地上，依然可以生產出具有獨特風味的高品質葡萄酒。瑞士全國有1萬5,000公頃的葡萄園，其中有80%的葡萄園位在瑞士西邊的法語區內，不過，德語區和義大利語區內各州也幾乎都產葡萄酒。一般而言，瑞士的葡萄酒價格昂貴，幾乎很少外銷，在海外市場相當少見。主要用來釀造成清淡干白酒的夏思拉，是瑞士最著名也最重要的品種，占產量四分之一以上，但特有的地方傳統品種也相當多，也越來越受重視。近年來，紅酒的產量大幅增加，產量甚至已經超過白酒。

葡萄酒產區

瑞士法語區內的葡萄酒產區以位在隆河上游河谷的瓦瑞州(Valais)最為重要，這個南北兩邊都為崇山峻嶺所環繞的狹隘河谷，素有「瑞士的加州」之稱，氣候溫和多陽，夏季特別乾熱，葡萄園大多位居向陽陡坡上的梯田，葡萄有非常好的成熟度，可以釀成豐滿可口的紅、白酒。瓦瑞東邊的Visperteminen海拔1,100公尺，是全歐最高的葡萄園，因為有岩壁反射陽光以及自義大利吹來的焚風，讓葡萄很容易就達到足夠的成熟度。

瓦瑞州有三分之一的葡萄園種植夏思拉，生產稱為Fendant的簡單可口干白酒。不過馬姍（當地稱Ermitage）、灰皮諾（當地叫Malvoisie）以及希爾瓦那（當地稱Johannisberg）等品種也都頗常見，可釀成相當豐厚的白酒。本地的品種以Petite Arvine最特別，酸味強勁且濃厚，有時也可以釀成晚摘型的甜酒。瓦瑞區的紅酒則以黑皮諾混合加美種釀成的清爽紅酒Dôle為主，黑皮諾的比例必須超過一半以上。另外，當地品種則有具久存潛力的Humagne和Cornalin，不過，近年來最受注意的是以希哈釀成的濃厚紅酒。

位在日內瓦湖北岸的沃德州(Vaud)是第二大產區，葡萄園位在湖畔面南的坡地上，坡度雖然比較和緩，但有來自日內瓦湖的太陽反光提高成熟度。80%種植夏思拉，釀成當地稱為Dorin的干白酒。沃德州最東邊靠近瓦瑞州的地方稱為Chablais，這裡的夏思拉有比較好的成熟度，以Ajgle

瑞士 Suisse

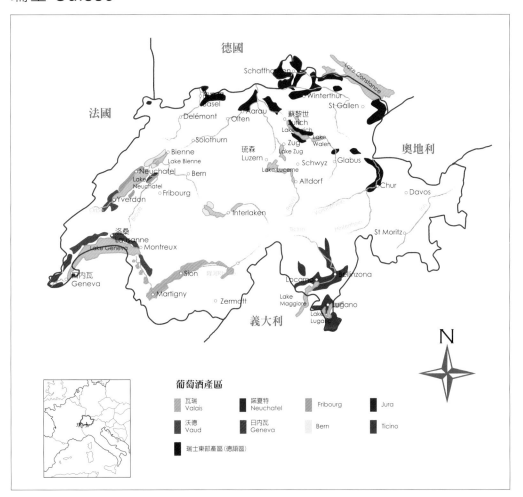

上：培養Petit D'Arvine的老舊木桶。
下：瓦瑞州的Sion附近有較開闊的葡萄園。瓦瑞是瑞士最重要的葡萄酒產區。

和Yvorne兩村最為著名。不過，全瑞士最著名的葡萄園位在沃德州中部的Lavaux區，以湖邊的Calamin和Dézaley最著名，夏思拉在這裡可以釀成多酸且帶礦石與火藥味的特別風味。法語區最西邊的日內瓦州(Genèva)是瑞士第三大產區，葡萄酒不如前兩區來得精采，主要還是生產夏思拉干白酒以及加美與黑皮諾釀造的淡紅酒。

瑞士南邊義大利語區的葡萄園主要集中在Ticino州，這裡產的葡萄酒幾乎全為紅酒，而且大多以梅洛釀造，占了當地85％的葡萄園，另外，海拔較高的地方則主要種植黑皮諾，白酒相當少見。這裡的梅洛紅酒較為清淡，但是在良好的坡地也可以釀成接近波爾多水準的濃厚型梅洛。

位在西部法國邊界附近的Neuchâtel以石灰質土質為主，跟隔鄰法國的侏羅產區有一點類似。除了瑞士特別多的夏思拉以外，主要生產口味清淡的夏多內白酒，以及黑皮諾釀成的淡紅酒與粉紅酒。瑞士東部的德語區氣候比法語區來得寒冷一點，葡萄的種植更艱難，產區比較分散，蘇黎世州(Zürich)是最大的種植區。即使如此，德語區70％種植黑葡萄，以黑皮諾的表現最好，白葡萄以當地的Completer最為特別，釀成的白酒香濃多酸而且頗厚實。

奧地利
Österreich

　　經過二十年的品質提升與制度改革，更嚴格的管制、更低的單位產量讓奧地利成為一個非常迷人的葡萄酒產國，有著多元精采的葡萄酒種類以及獨特的地方特色，其中，Wachau產的麗絲玲、Grüner Veltliner干白酒以及Neusiedlersee湖畔的貴腐甜酒，更是國際級的頂尖產區。

　　奧地利有5萬公頃的葡萄園，全部都位在氣候溫和的東部地區，因位處內陸，冬天寒冷，但夏季炎熱乾燥，東部的多瑙河谷和地勢低平的Burgenland因受到來自匈牙利的熱空氣影響，最為溫暖，越往西部上游氣候越涼爽，過了Wachau之後就不再適合種植葡萄。

上：Blaufränkish是奧地利最重要的黑葡萄品種。
中：Neusiedlersee湖僅一公尺深，潮濕霧氣讓鄰近湖畔的葡萄園成為全歐洲最容易生產貴腐甜酒的產區。
下：維也納郊區的葡萄園主要生產年輕清淡的新酒Heurige。

分級制度

　　奧地利跟德國一樣，葡萄酒分為四個等級，從最低的Tafelwein到Landwein再到Qualitätswein，最高等級為Prädikatswein，不過，在奧地利對每一等級的成熟度要求都比德國高，而且Kabinett只能屬於Qualitätswein等級。此外，除了Spätlese、Auselese、Beerenauslese(BA)、Eiswein和Trockenbeerenauslese(TBA)之外，奧地利還有一個甜度介於BA和TBA的Ausbruch等級，另外當地也生產麥桿酒Strohwein，以風乾葡萄釀成，甜度要求則跟Eiswein一樣。

　　除了類似德國的分級系統，奧地利也新建立類似法國的法定產區系統，稱為DAC(Districtus Austriae Controllatus)。必須是以特定品種釀造，生產特殊地方風味的葡萄酒產區才能成為DAC產區。目前僅有產Grüner Veltliner白酒的Weinviertel和產Blaufränkish紅酒的Mittelburgenland兩個DAC。

葡萄品種

　　奧地利跟德國一樣，也以生產單一葡萄酒品種的葡萄酒，而且也以白酒為主，Grüner Veltliner是種植最廣的品種，除了潮濕的Steiermark，全國各產區都有種植，常釀成清爽可口、帶著茴香與果香、甚至有點辛辣口感的干白酒。另外Welschriesling和米勒-土高也相當多。至於麗絲玲只有在較西邊的產區種植，南部的Steiermark則有白蘇維濃和夏多內。黑色品種方面則以奧地利特產的人工

奧地利 Österreich

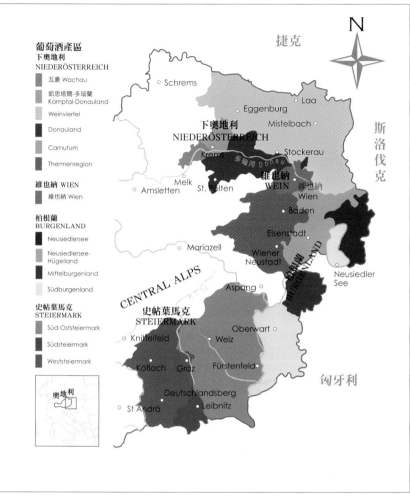

混種Zweigelt以及原產於中歐的Blauer Portugieser和Blaufränkish最為重要。

葡萄酒產區

奧地利的葡萄園分屬四個產區，以下奧地利(Niederösterreich)為最大產區，生產全國60%的葡萄酒。這一個地區的地勢平坦，土壤肥沃，有一半以上種植Grüner Veltliner，生產清淡型的白酒。Wachau產區位在下奧地利極西邊的多瑙河畔，河北岸的向陽陡坡開墾為梯田，雖然只有1,500公頃，卻是全奧地利最著名的葡萄酒產區，隔鄰的Kremstal和Kamptal的環境也不錯，也可釀出精采的葡萄酒。Wachau氣候涼爽且日夜溫差大，葡萄成熟且保有酸味，低坡處主要種植Grüner Veltliner，是全國最精采的產區。比較涼爽的高坡處有許多片麻岩與花崗岩的土質，則種植麗絲玲，大多釀成干白酒，接近阿爾薩斯的風格，是全球最佳的麗絲玲產區之一。除了少數的貴腐甜酒外，本地的酒大多釀成干白酒，分為三個類型，Steinfeder最為清淡、Federspiel較濃一些，而Smaragd常有13%以上的酒精，較濃厚也比較耐久。

位在匈牙利邊境的Burgenland是奧地利最佳的甜酒與紅酒產區。北部的Neusiedlersee湖長32公里卻僅一公尺深，湖水帶來的潮濕霧氣，讓鄰近湖畔的葡萄園每年都能生產香甜圓厚的貴腐甜酒。品種以Welschriesling最為常見，但在這裡，幾乎所有品種都可以釀成貴腐甜酒。Illmitz和Rust是最著名的兩個村子。離湖岸較遠的地方以及Burgenland南部則出產較多的紅酒，Blaufränkish是最重要的品種，較濃郁有潛力，Zweigelt和St. Laurent則多釀成柔和可口的紅酒。

南部靠近斯洛維尼亞的Steiermark產區位處山區，葡萄園分散在南面的向陽斜坡，生產清淡、酸度高的干白酒，最著名的多為以白蘇維濃、夏多內或格烏茲塔明那等國際品種釀成的白酒。

首都維也納的市郊也有一些葡萄園，雖然面積只有700公頃，但因已成觀光勝地，所以相當著名。主要生產年輕清淡的新酒Heurige，大多賣到當地稱為Heurigen的小酒館，陪伴維也納市民度過輕鬆愉快的夜晚。

東歐、巴爾幹半島、黑海與裏海沿岸
Southeast Europe

上：Tokajhegyalja區出產全球最古老優秀的貴腐甜酒。

下：晚熟多酸的Furmint葡萄非常適合用來釀造貴腐甜酒。

在東歐、巴爾幹半島、黑海與裏海沿岸這一片廣大的區域裡，跟西歐一樣有著許多葡萄酒產區，其中，匈牙利的多凱(Tokaji)在十八世紀曾經是全歐洲最受推崇的產地，在羅馬人將葡萄酒傳遍歐洲各地之前，希臘是全歐唯一生產葡萄酒的地區，而高加索山區的喬治亞甚至是全世界葡萄酒的起源地，在8,000年前就已經開始生產葡萄酒。除了歷史陳蹟，越來越多的外來投資者與釀酒師的加入，讓東歐在傳統的葡萄酒之外，也開始生產許多國際風格的新式葡萄酒。

匈牙利 Hungary

在東歐產國中，匈牙利有著最完善的葡萄酒制度與最受注意的葡萄酒產區。匈牙利位居冬寒夏熱的大陸性氣候區，紅酒頗有潛力，但是主要以生產白酒為主，多酸的Furmint、圓潤的Hárslevelü以及具香料香氣的Kéknyelü是最著名的原產白葡萄，不過當地種植的品種相當多，包括Olaszrizling（即Riesling Italico、Welschriesling）、夏多內、白蘇維濃和灰皮諾等許多外來品種，同時也有許多人工配種。黑葡萄品種也相當多，以Kadarka、Kékfrankos(Blaufränkisch)、Képoporto(Portugieser)以及卡本內-蘇維濃和梅洛等品種為主。

匈牙利有多達22個葡萄酒產區，南部多瑙河左岸的平原是最大產區，占了全國一半的葡萄園，但品質不高。巴拉頓湖(Balaton)的湖畔是匈牙利重要的白酒產區，以湖北面地勢崎嶇、多火成岩的Badacsony最具特色，特別是當地的Kéknyelü葡萄，可以釀成具濃厚香料味的獨特白酒。紅酒產區以氣候最溫暖的、位在南部的Villány產區最具潛力，生產以Kékfrankos為主的可口紅酒。另外在東北邊的Eger附近也出產以公牛血為名的Egri-Bikavér紅酒，以Kadarka和Kékfrankos等品種釀造的粗獷紅酒，曾經在西歐相當受歡迎。

無論如何，全匈牙利最著名的產區是位在東北部邊境的Tokajhegyalja區，這裡出產的多凱貴腐甜酒是全球最古老（一六五〇年之前），而且品質最優秀的貴腐甜酒之一，在十八世紀曾經風靡歐洲各地的宮廷，被喻為葡萄酒中之王。本地因為有潮濕的夜晚和溫暖的秋天，適合貴腐黴的生長。皮薄、晚熟且多酸的Furmint是最主要的品種，約占70%的比例，再混合20%的Hárslevelü和一

以色列與黎巴嫩

地中海東岸的土耳其、塞普勒斯、黎巴嫩和以色列等地都是歷史非常久遠的葡萄酒產區，在五千年前就開始生產葡萄酒。但現因回教國家禁喝酒，葡萄酒業較不發達。黎巴嫩因Ch. Musar酒莊釀造的高品質紅酒而頗受注意。南鄰的以色列因葡萄酒為猶太教會儀式所需，葡萄酒較受重視，而且釀造時必須符合特定規定才能成為稱為Kosher的教會用酒。以色列因天氣炎熱，葡萄多種植在海拔較高的區域，北部的Galilee產區最具潛力，大多採用國際知名的品種。

東歐 Southeast Europe

主要葡萄酒產區

點Muskotály(Muscat)，讓風味更均衡豐富。

多凱甜酒的釀造比一般的貴腐甜酒複雜，因感染貴腐黴菌而乾縮的貴腐葡萄稱爲Aszú，通常從十月開始分多次採收，到了十一月，最後剩下還沒有感染貴腐黴菌的葡萄則一次採收，釀成味道濃重的干白酒留做明年的基酒。貴腐葡萄採收時放在容量20公斤、稱爲Putton的木桶內，在等待釀造之前，因爲壓力會流出非常濃的葡萄汁，這些汁液收集起來稱爲Eszencia，每公升含有800公克的糖分，需要十多年的時間才能發酵成5%的酒精。貴腐葡萄則會經過攪碎，混合成黏稠的糊狀物。之後以20公斤（1 Putton）爲單位放入137公升的桶中，最少爲三個，最多爲六個Puttonyos，然後加入去年留下的基酒至137公升。號碼越高表示添加貴腐葡萄的比例越高，酒的濃度和甜度也越高，而完全採用貴腐葡萄釀造不添加干白酒的稱爲Aszú Eszencia。

橡木桶培養的時間也依Puttonyos的數字加上兩年計算，六個Puttonyos需要八年熟成才

▌因感染貴腐黴菌而乾縮的Furmint葡萄。

能上市。多凱的口感依不同的Puttonyos而不同，但濃郁甜潤中常保有很多的酸味，有很好的均衡感。另外以未感染貴腐黴菌的葡萄所釀造的基酒也可以裝瓶，稱爲Szamorodni，不過，除了干型酒外，有時也會釀成半甜型。

捷克 C z e c h

捷克的葡萄園不多，釀酒水準不高，主要產區Moravia位在靠近奧地利與斯洛伐克的東南角，主要生產以米勒-土高和Veltlinské Zélené(Grüner Veltliner)釀製而成的清淡干白酒。

斯洛伐克 S l o v a k i a

葡萄酒產區主要位在南部鄰近匈牙利的溫暖區域，品種相當多，主要爲奧地利與德國南部的品種，以生產干白酒爲主，但也產一些奧地利品種釀成的紅酒。在極東邊與匈牙利的多凱區相鄰，也生產相當類似的貴腐甜酒。

斯洛維尼亞 S l o v e n i a

界於義、奧之間，斯洛維尼亞葡萄酒的風格都跟鄰國有些類似，最大產區爲西部海岸區的Primoski，品種和風格都和義大利東北部的弗里尤利接近。東北邊Drava河谷的Podravje區內多山，氣候寒冷，風格較接近奧地利的葡萄酒，產清新爽口的白酒與冰酒，以及Trockenbeerenauselese等貴腐甜酒，除了國際品種外，Olaszrizling以及匈牙利的Furmint是主要品種。東南部的Sava河谷區以出產優質的白酒和清淡型的紅酒著名，有不少當地特有的品種。

羅馬尼亞 R o m a n i a

羅馬尼亞是東歐最大的葡萄酒產國，有多達20萬公頃的葡萄園。除了黑海沿岸外，起伏多山，氣候多寒夏熱。全國分爲八個葡萄酒產區，北部山區氣候比較寒冷，Transilvania和Moldova兩區以出產白酒爲主。Moldova區的Cotnari以貴腐甜酒聞名，是羅馬尼亞最著名的產區。南部位多瑙河平原的Muntenia和東部靠近黑海岸的Dobrogea則以產紅酒爲主。羅馬尼亞種植許多國際品種，有相當多的卡本內-蘇維濃，當地原產黑色品種包括口味清淡可口的Feteascǎ Nagrǎ以及香濃味美的Bǎbeascǎ Nagrǎ，白葡萄以Feteascǎ Albǎ最特別，具近似蜜思嘉的濃香，但口感多酸均衡。羅馬尼亞有類似德國的分級制度，DOC等級約等於德國的QbA或法國的AOC，DOCC則等同於QmP。

保加利亞 Bulgaria

保加利亞有10萬公頃的葡萄園，種植相當多的國際品種，以出產粗獷濃郁的卡本內蘇維濃和梅洛聞名。和北鄰的羅馬尼亞相似，起伏多山，多寒夏熱，氣候極端，但卻相當適合種植葡萄，除了國際知名品種之外，當地的黑葡萄品種有頗具久存潛力的Mavrud和Melnick，風格清淡的Pamid和Gamza等等。全國分為五個區，南部的Thracian谷地主要生產卡本內-蘇維濃和梅洛紅酒，北部的多瑙河平原是最大的產區，生產全國三分之一的葡萄酒，除了國際品種，也生產可口的Gamza。東北部較近黑海的山區因為氣候比較涼爽，是最佳的白酒產區。西南部靠近希臘邊境的Struma谷地生產以特有的Melnick葡萄釀成的濃郁紅酒，色深多單寧，可耐久存。保加利亞葡萄酒分為四級，最高等級為Controliran。

摩爾多瓦 Moldova

羅馬尼亞東邊的摩爾多瓦雖然面積不大，但卻有18萬公頃的葡萄園，主要銷往隔鄰的烏克蘭和俄羅斯。有非常多的國際品種，因鄰近黑海，氣候較溫和，東南部的Purcari是最著名的產區，主產卡本內-蘇維濃以及用原產自喬治亞的Saperavi所釀成的結實紅酒。

烏克蘭 Ukraine

因為氣候的關係，烏克蘭的葡萄園全部集中在黑海沿岸，除了鄰近摩爾多瓦的產區之外，克里米亞(Crimea)自治區是烏克蘭最精華的葡萄酒產區。位在黑海北岸的克里米亞半島因有高山阻隔，在半島南邊有相當溫暖而且多陽的氣候，不僅是避寒勝地，也非常適合生產葡萄酒，以產甜味高的酒精強化葡萄酒著名，生產類似蜜思嘉甜酒、波特酒、雪莉酒和馬得拉酒等甜酒。Massandra是這裡最著名的酒廠，存有年份遠至十八世紀的上百萬瓶陳年老酒。

喬治亞 Georgia

位居高加索安南側的喬治亞是葡萄酒的起源地，有非常多的葡萄品種，白葡萄以Rkatsiteli最重要，在黑海沿岸相當常見，黑葡萄以多單寧的Saperavi最著名。全國70%的葡萄酒產自東邊的Kakheti區，以傳統的方式釀造。葡萄放入陶土酒槽發酵泡皮三至四個月而成，口感粗獷，即使白酒也帶有澀味。中部的Racha-Lechikumi氣候潮濕，主要生產甜酒。

希臘 Greece

地中海東岸最重要的葡萄酒產國。希臘的緯度偏南，但因有海洋的調節，並不過於炎熱。國內原產的葡萄品種有三百多種，重要的白色品種有Assyrtiko、Rhoditi以及產自中部Retsina的主要品種Savatiano，重要的紅酒品種則有全希臘最佳紅酒產區Nemea的Agiorgitiko、顏色深但口感清淡的Xynomavro，以及具久存潛力的Limnio。

希臘半島分為北部、中部以及Peloponnese三個部分。北部主要出產紅酒，Naoussa是主要產區，而多酸多單寧的Xinomavro為最常見的品種，可釀成耐久多香的迷人紅酒。中部則主要生產白酒，帶有松脂味的Retsina是希臘最著名的白酒，主要產自中部廣闊的葡萄園，Retsina在釀造時會添加松脂在酒中，因此帶藥水味。Retsina是源自希臘時期裝在陶瓶中的葡萄酒以松脂封瓶的傳統。南部的Peloponnese以生產優質紅酒的Nemea最為著名，以Aghiorghitiko品種釀成色深多香料味、口感厚實的紅酒。位在Peloponnese北邊的Patras原本主產加烈甜酒，現在則出產可口多酸的干白酒。愛琴海上的希臘島嶼也生產葡萄酒，克里特島的產量最大，但Santorin島產以多酸的Assyrtiko釀成的白酒卻是最著名。Samos島則產希臘最著名的蜜思嘉甜酒。

希臘葡萄酒的分級和法國類似，但法定產區還分為專屬甜酒的OPE(Onomasía Proeléfseos Eleghoméni)和專屬干型酒的OPAP(Onomasía Proeléfseos Anotéras Piótitos)。

美國
United States

歷經數十年的快速發展，現今美國葡萄酒產量僅次於法國、義大利和西班牙這三個歐洲傳統葡萄酒王國，成為新世界最重要的葡萄酒出產國。在葡萄酒風潮的帶動下，美國也逐漸取代歐洲傳統產國，成為全球最大的葡萄酒消費國。全美國幾乎每一州都生產葡萄酒，但是大部分的產量都不多，加州是北美最大的葡萄酒產區，全美超過90%的葡萄酒全都產自這個西部大州。而美國其他較具規模且值得注意的產區則只有西北部的華盛頓州(Washington)與奧立崗州(Oregon)，以及東岸的紐約州(New York)。

釀 酒 的 歷 史

北美的印地安人如Seneca族和Cayga族等等，在歐洲人到達之前就已經開始運用美洲種葡萄Vitis labusca釀造葡萄酒。因為美洲種葡萄釀成的葡萄酒粗糙帶狐騷味，風味欠佳，十六世紀來到美洲的歐洲人開始引進歐洲種葡萄種植釀酒。早期位在美東的葡萄園因氣候太潮濕以及根瘤蚜蟲病的侵擾，不是非常成功，只有歐美交配種有差強人意的表現。隨著西部的拓展，歐洲種葡萄才在十八世紀末引進加州種植，並且有了傑出的表現。優越的自然環境以及十九世紀中的淘金熱潮，加速了舊金山附近索諾瑪郡葡萄酒業的發展，成為西岸的產酒中心。但是一九一八到一九三三年之間的禁酒令時期，讓已經發展起來的加州葡萄酒業瞬間消失，這一個嚴重的打擊讓全美各地的葡萄酒生產一直到六〇年代之後才又開始快速地蓬勃發展起來，以加州為中心，成為全球最重要的葡萄產國之一。

▌上：金芬黛是美國加州最具代表的紅酒。
▌下：以出產頂級卡本內-蘇維濃紅酒聞名全球的那帕谷。

自一九七八年起，負責管理葡萄酒業的美國酒精、菸草和槍砲管理局(BATF)建立AVA葡萄種植區制度(Approved Viticultural Area)，目前已經核准通過一百多個AVA產區，其中有一半位在加州，而且數目逐年增加當中。標上AVA產區名稱的葡萄酒必須採用85%來自該區的葡萄釀成。AVA僅就葡萄的來源做規範，和法國AOC法定產區的規定並不相同，而且有許多AVA只是以行政區為界，並非全部依據地理環境劃分。AVA雖然不是品質的保證，但是有許多範圍較小，且有特殊自然條件的AVA，其所出產的葡萄酒也具有獨特的風味和特色，同樣具有參考價值。

加州 California

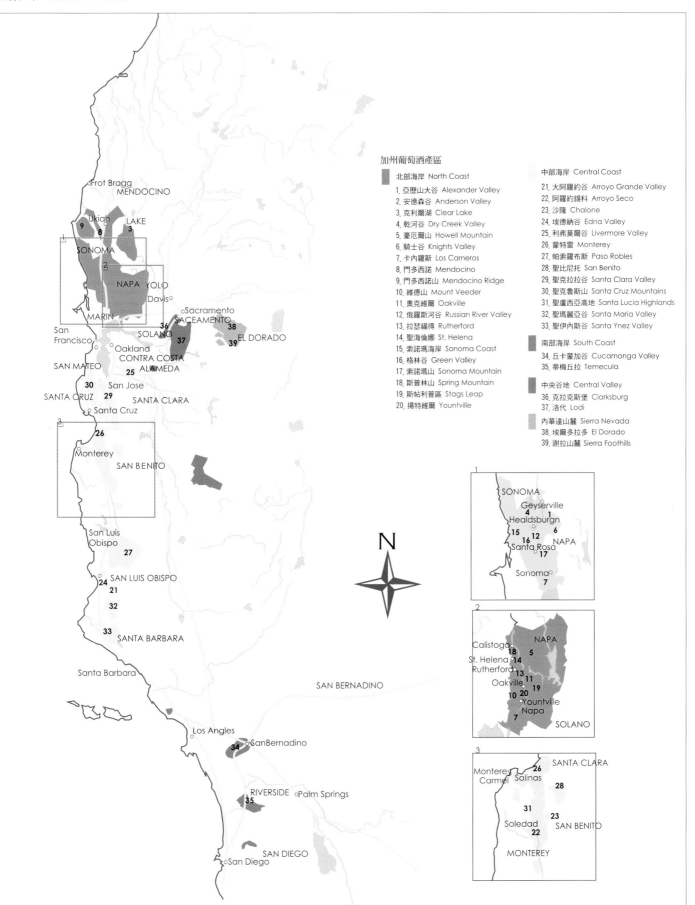

加州葡萄酒產區

■ 北部海岸 North Coast
1. 亞歷山大谷 Alexander Valley
2. 安德森谷 Anderson Valley
3. 克利爾湖 Clear Lake
4. 乾河谷 Dry Creek Valley
5. 臺厄爾山 Howell Mountain
6. 騎士谷 Knights Valley
7. 卡內羅斯 Los Carneros
8. 門多西諾 Mendocino
9. 門多西諾山 Mendocino Ridge
10. 維德山 Mount Veeder
11. 奧克維爾 Oakville
12. 俄羅斯河谷 Russian River Valley
13. 拉瑟福得 Rutherford
14. 聖海倫娜 St. Helena
15. 索諾瑪海岸 Sonoma Coast
16. 格林谷 Green Valley
17. 索諾瑪山 Sonoma Mountain
18. 斯普林山 Spring Mountain
19. 斯帖利普區 Stags Leap
20. 揚特維爾 Yountville

中部海岸 Central Coast
21. 大阿羅約谷 Arroyo Grande Valley
22. 阿羅約錫科 Arroyo Seco
23. 沙隆 Chalone
24. 埃德納谷 Edna Valley
25. 利弗莫爾谷 Livermore Valley
26. 蒙特雷 Monterey
27. 帕索羅布斯 Paso Robles
28. 聖比尼托 San Benito
29. 聖克拉拉谷 Santa Clara Valley
30. 聖克魯斯山 Santa Cruz Mountains
31. 聖盧西亞高地 Santa Lucia Highlands
32. 聖瑪麗亞谷 Santa Maria Valley
33. 聖伊內斯谷 Santa Ynez Valley

■ 南部海岸 South Coast
34. 丘卡蒙加谷 Cucamonga Valley
35. 蒂梅丘拉 Temecula

■ 中央谷地 Central Valley
36. 克拉克斯堡 Clarksburg
37. 洛代 Lodi

■ 內華達山麓 Sierra Nevada
38. 埃爾多拉多 El Dorado
39. 謝拉山麓 Sierra Foothills

葡萄酒產區

　　加州幾乎等於是美國葡萄酒的代名詞，自各地引進的各式葡萄品種與釀酒技術，配合加州多變的地形和氣候，生產出非常多樣的葡萄酒，而其中以卡本內-蘇維濃為主釀成的紅酒，以及濃厚多酒精的金芬黛紅酒是最具代表的加州酒款。除了產量多之外，加州的知名產區也最多，特別是位處北海岸(North Coast)的那帕谷和索諾瑪谷等地，都已經名列全球最頂級的葡萄酒產區。有關加州葡萄酒的部分，將在下頁專章介紹。

　　美國西北部的奧立崗州和華盛頓州也同樣非常適合葡萄酒的生產，奧立崗州的葡萄園大多位居西部鄰近海岸地區，產量雖小，但是因為自然條件獨特，以生產黑皮諾紅酒聞名。華盛頓的種植面積較大，有

左：聖塔克魯山是寒冷且多石灰岩的地區，Ridge酒莊在這裡釀造全加州最高雅耐久的Montebello紅酒。

右：中部海岸氣候涼爽的艾登谷。

近2萬公頃的葡萄園，大多位在乾燥的東部內陸地帶，以生產波爾多類型的葡萄酒為主。這兩州不僅發展迅速，而且也生產具有相當特色的葡萄酒，將在後頁專章介紹。

　　東岸是美國葡萄酒業發跡很早的地方，紐約州的長島(Long Island)在十七世紀中就已經開始種植葡萄釀酒。但是因為過於寒冷的氣候，使得葡萄較難成熟，歐洲種的品種雖然逐漸增加，但仍居少數。採用的品種以屬美洲種葡萄酒的Concord、Catawba、Delaware以及歐美雜交種Baco Noir、維岱爾(Vidal)和Seyval Blanc等品種為主，酒的風格粗獷，品質較難提升，一直到晚近才有較多的發展與進步，但葡萄園面積與重要性仍遠不及西部。東岸的氣候寒冷潮濕，唯有靠近大西洋或五大湖區的葡萄園有來自海洋或湖水的調節，比較溫和，葡萄園大多位在近海岸或近湖的區域。東岸的葡萄酒產區以紐約州最為重要，有一萬兩千多公頃的葡萄園，但附近的賓州(Pennsylvania)以及密西根州(Michigan)等也都有四千多公頃的規模。

　　紐約州的主要產區位於Finger Lakes、伊利湖(Lake Erie)、哈德遜河(Hudson River)以及長島，其中以長島的釀酒水準最高，全部種植歐洲種葡萄。位於安大略湖南邊的Finger Lakes是紐約州葡萄酒業的重心，但寒冷的大陸性氣候讓這裡除了少數耐寒的麗絲玲外，還是主要種植美洲種葡萄。

加州蒙特雷產區的San Bernabe葡萄園，全世界最廣闊的單一葡萄園。

加州
California

　　幅員遼闊的加州土地上，有廣達32萬公頃的葡萄園，是歐陸以外全球最寬廣的葡萄酒產區。加州南北長達1,255公里，東西寬僅320公里，但是因為沿太平洋岸有來自阿拉斯加的寒冷洋流經過，讓加州的氣候從東部到西部有著戲劇性的巨大變化，南北的差距反而沒有那麼明顯。寒涼的海岸濕潤蓊鬱，但因為山脈阻隔洋流帶來的冷空氣，到了內陸卻已是乾枯荒涼的炎熱沙漠，影響加州葡萄酒風格最最重要的關鍵，正在離海的遠近與海岸山脈山勢的高低，以及是否有開向海洋的河谷或海灣。而加州最好的葡萄園，全都位於離海岸有點距離、但又不太遠的地帶。

　　充滿陽光的加州有著近似地中海型的溫暖乾燥氣候，但配合海洋的影響，讓加州不僅能生產南方甜熟風格的葡萄酒，即使是來自寒冷氣候的葡萄品種，也一樣能在此找到條件相適的葡萄園，並且讓加州得以生產出種類多樣、同時又具有絕佳品質的葡萄酒。如果沒有海洋的調節，加州的頂級葡萄酒可能因為天氣過熱而無法保有葡萄酒優雅細緻的風味。

　　在加州，一家酒莊的葡萄園常常動輒數百甚至數千公頃，但現在也出現許多僅數公頃的小型酒莊，全加州的酒廠總數也已經多達1,100家。知名的產區不再侷限於那帕谷與索諾瑪谷，更延伸到中部海岸與舊金山灣區，最精采的葡萄品種也不僅限於卡本內-蘇維濃、梅洛與夏多內，金芬黛、希哈與黑皮諾等品種也越來越受重視，而出產的葡萄酒從兩塊美金一瓶的日常廉價酒一路攀升到每瓶500美元的稀有逸品酒款。加州葡萄酒現在已經不能再一語道盡，而是繁華多變、驚奇處處的葡萄酒樂園。

葡 萄 品 種

　　大部分加州的葡萄酒都是單一葡萄品種，儘量保留品種原有的特性，並且清楚地標有品種的名字，是選擇加州酒最重要的參考資訊。而大部分的酒廠也都會同時出產一系列不同品種的葡萄酒。不同於東岸，加州的釀酒葡萄幾乎全都採用歐洲種葡萄，而且葡萄品種的種類非常多，幾乎包含了全球各地的主要品種，雖然許多品種的種植面積還相當有限。原產於法國布根地的夏多內是目前加州最重要的葡萄品種，來自波爾多的卡本內-蘇維濃則占第二位，和同是來自波爾多的梅

中部海岸的Santa Rita Hill產區盛產非常多酸均衡的黑皮諾紅酒。

洛在加州隨處可見，而波爾多的白蘇維濃在加州也有五千多公頃的葡萄園。

　　加州最具代表的品種是金芬黛，廣達2萬公頃，雖然大多釀成帶甜味的粉紅酒白金芬黛(White Zinfandel)，但也常釀成高酒精濃度的濃重紅酒。來自法國隆河區的品種包括黑葡萄希哈、格那希和慕維得爾，以及白葡萄維歐尼耶、胡姍和馬姍等品種也越來越受重視，特別是希哈的種植面積不斷擴增。十九世紀自隆河區傳入的小希哈(Petite Sirah)，是希哈和Peloursin的混種Durif，在法國雖已經很少見，但卻在加州因為生產風格粗獷濃厚的紅酒而日漸受到重視。義大利的品種以山吉歐維列最為重要，另外也有不少巴貝拉和內比歐露。布根地的黑皮諾雖然對環境非常挑剔，但是在加州近海岸的涼爽氣候區種植越來越多，已經成為加州的主要品種之一。

葡萄酒產區

　　加州的葡萄酒產區主要分為五大區，分別為北海岸、中部海岸(Central Coast)、加州南部

(Southern California)、中央山谷(Central Valley)和內華達山區(Sierra Nevada)。其中以北海岸最為著名，生產品質相當優異的葡萄酒，中部海岸近年來也越來越受到重視，中央山谷區則是美國的葡萄酒倉，生產大量的平價葡萄酒。這五個區域各有特色，其中還分出許多精采的分區，有更獨特的自然環境與葡萄酒風格。

北海岸 North Coast

　　舊金山以北的北海岸是加州酒業的精華區，包括雷克(Lake)、門多西諾(Mendocino)、那帕和索諾瑪四個郡，所生產的葡萄酒都可以稱為North Coast，是加州相當常見的AVA。特別是那帕和索諾瑪兩郡內，頂尖的酒廠各處林立，是加州最富盛名的產區，將在後頁專章介紹。門多西諾郡的葡萄酒產區主要位在南部，區內現在已經有八個AVA產區，以門多西諾最常見，因為地形的變化，東西兩邊氣候的差別非常明顯，西部的安德森谷(Anderson Valley)因為直通太平洋岸，夏季午後經常有濕冷的海霧迷漫，氣候涼爽，適合種植寒冷天氣的黑皮諾、麗絲玲、格烏茲塔明那與夏多內，除了優雅多酸的紅、白酒，也生產爽口的氣泡酒。在安德森谷西南部山區的Mendocino Ridge，在海拔400公尺的山區因為不受海霧影響，生產精采的老藤金芬黛紅酒。其他六個AVA都位在內陸的南北向河谷內，氣候炎熱，主要生產豐滿圓熟的紅酒。東部雷克郡更深處內陸，只有一千多公頃的葡萄園，雖有Clear Lake AVA，但多混入North Coast。

中部海岸 Central Coast

　　中部海岸產區由舊金山灣區(San Francisco Bay)南部一直往南延伸到聖塔巴巴拉郡(Santa Barbara)的聖伊內斯谷(Santa Ynez Valley)為止，南北跨越九個郡。在舊金山灣區附近的產區因為郊區市鎮與矽谷的快速發展，葡萄園正日漸減少。灣區的所有葡萄園都含括於舊金山灣區AVA，但也有其他範圍較小的產區，其中最著名的是聖塔克魯山(Santa Cruz Mountains)AVA，位居矽谷邊的高寒山區，雖然葡萄園相當稀少，因Ridge酒莊所出產的優雅卡本內-蘇維濃紅酒而聞名。灣區東面的利弗莫爾谷(Livermore Valley)AVA有條件不錯的礫石地，生產白蘇維濃等可口的酒款。利弗莫爾谷北邊的Contra Costa郡內因為保留慕維得爾老樹、生產地中海風味的濃厚紅酒而受到注意。聖塔克拉拉谷(Santa Clara Valley)則位在矽谷南邊，生產粗獷簡單的葡萄酒。

　　不同於灣區多小型酒莊且歷史久遠，蒙特雷(Monterey)郡內的廣闊葡萄園，卻是新近三十多年內興起的。蒙特雷一萬六千多公頃的葡萄園主要集中在Salina河谷，這個長達138公里、由東南往西北開向太平洋的河谷，是加州海岸區最大的葡萄酒產地。來自太平洋的寒冷強風經常沿著河谷吹進內陸，氣候較為寒冷，但是雨量少，多陽光，需要靠人工灌溉，適合夏多內、黑皮諾和希哈等品種，生產有著爽口酸味的葡萄酒。下游的地區比較涼爽，以出產白酒為主，紅酒產區則多位於上游，但卡本內-蘇維濃仍較難成熟。

■ 上：帕索羅布斯產區以產金芬黛紅酒聞名的Peachy Canyon酒莊。
■ 中：來自墨西哥的移民在為希哈進行剪枝工作。
■ 下：中部海岸最南端的聖伊內斯谷東部生產希哈和維歐尼耶等隆河風味的葡萄酒。

蒙特雷郡內有八個AVA，其中除了面積廣闊的蒙特雷、San Lucas、San Bernabe和Hames Valley之外，也有一些小型的AVA產區，具有獨特的自然環境。Carmel Valley因為山脈阻隔寒冷海霧，氣候溫暖，是蒙特雷郡少數以卡本內-蘇維濃聞名的產區，有相當優雅的風格；Arroyo Seco位在Salina支流谷地內，以夏多內和麗絲玲著名；Chalone有許多石灰岩，來自布根地的黑皮諾與夏多內表現最佳；而海拔較高的Santa Lucia Highlands，則以希哈、夏多內和黑皮諾最具潛力。

蒙特雷郡東北邊的聖比尼托郡(San Benito)內也有相當多葡萄園，地形多起伏，氣候也較溫暖，卡本內-蘇維濃和金芬黛等都可成熟，已經有六個AVA，以中北部近蒙特雷郡的Mount Harlan和Cinega Valley最著名。

蒙特雷南邊的聖路易斯-歐比斯波郡(San Luis Obispo)雖然並不特別著名，但是郡內的兩個主要產區艾德納谷(Edna Valley)和帕索羅布斯，卻都是近年來加州最受矚目的產區之一。這兩區雖同屬一個郡，但風格卻相差甚遠。位在北部的帕索羅布斯位在Salina河谷的上游，和北邊的蒙特雷產區相鄰，最早以出產散發甜熟果味、口感圓熟、帶著巧克力般絲絨質地的卡本內-蘇維濃紅酒而成名。因為是全加州日夜溫差最大的葡萄酒產區，葡萄酒的香氣濃郁，顏色深黑，口感厚實卻柔和少澀味。

因為離海遠近與地形的關係，帕索羅布斯明顯地分為東西兩區，大略以101號公路為界，東邊的地形平坦廣闊，氣候乾燥炎熱，大型的酒廠大多集中這一區，以產濃厚紅酒為主，卡本內-蘇維濃、希哈、金芬黛和小希哈都有很好的表現。帕索羅布斯的西部多山，氣候溫和涼爽，也較潮濕，滿布加州少見的石灰岩層，葡萄園較分散且小酒莊林立，以希哈為主的隆河風格紅酒以及金芬黛紅酒都有絕佳的表現，比東邊的紅酒來得均衡且有更多的細節變化。

位居南部的艾德納谷和隔鄰的Arroyo Grande Valley兩個產區因為離海近，而且位在直接開向太平洋的河谷，氣候非常涼爽，和南鄰的聖塔瑪麗亞谷(Santa Maria Valley)相當類似，也是以種植夏多內與黑皮諾為主，葡萄酒均衡多酸且果味充沛，另外希哈的表現也相當具有潛力，擁有優雅強勁的風格。

加州的海岸線在聖塔巴巴拉郡突然轉成東西向，海岸山脈跟著轉向，形成了東西向的河谷，讓太平洋的寒冷海霧毫無阻礙地直接吹進谷地，即使聖塔巴巴拉位處加州北、中海岸的最南方，但卻是全加州最涼爽的葡萄酒產區。郡內的產區歷史都不長，一九七○年代才開始發展，但卻已經是加州重要的明星產區，主要分為三處，各有獨立的AVA。其中面積最大的是北部的聖塔瑪麗亞谷，這裡的谷地開闊，夏季的午後冷霧長驅直入，讓炎熱的天氣頓時有如寒冬，在這個寒冷且溫差大、生長季也特長的地區，非常適合夏多內葡萄的生長，可以釀成多酸多變、口感均衡，並有著奔放果香的夏多內白酒。這裡的黑皮諾在採用品質較佳的無性繁殖系之後，也開始有相當好的表現，另外隆河區的品種如希哈等也相當具有潛力。

南鄰的聖伊內斯谷氣候比較溫暖，因為東西部的氣候相差相當多，區內氣候變化多端，葡萄品

上：聖塔巴巴拉郡內的黑皮諾名園Sanford & Benedict Vineyard。

下：在舊金山灣區附近的利弗莫爾谷。

上：Ridge酒莊捨法國橡木，全部採用美國白橡木桶培養葡萄酒。

下：帕索羅布斯的西部因為受到寒流的影響，氣候比較涼爽，可以釀造比較細緻風味的金芬黛。

種非常多元，東邊最炎熱的區域種植較多以卡本內-蘇維濃爲主的波爾多品種，而隆河區的品種如希哈和維歐尼耶等，不論紅、白酒都有相當精采的表現，另外這裡的白蘇維濃果香濃且均衡多酸，也相當精采。西邊靠近海岸的地區因爲谷地直接開向太平洋岸，有特別寒涼的氣候，另外獨立成爲Santa Rita Hills AVA。因屬河谷地形，葡萄園分散且多位於含黏土或石灰質的山坡上，有許多具野心的新興小酒莊，生產非常具有特色的黑皮諾紅酒，已經逐漸成爲北美最佳的黑皮諾產區之一；因爲氣候寒冷，夏多內的表現也相當精采，比聖塔瑪麗亞產的夏多內多帶一些礦石香氣與更強勁的酸味。

聖塔巴巴拉以南，葡萄酒產區已經不再多見，只有非常零星的分布，但仍有幾個AVA產區，其中South Coast包含了南加州的所有AVA產區。雖然洛杉磯附近在十九世紀曾經生產相當多的葡萄酒，但是現在已經大多消失。洛杉磯東南方的Cucamonga Valley生產一些金芬黛老藤紅酒，Temecula則以產濃重的夏多內白酒爲主。

內陸產區

位處內陸的中央谷地是加州最廣闊的葡萄酒產區，有7萬公頃的葡萄園，大多位在谷地北邊的聖華金谷(San Joaquin Valley)。在這一片平坦而且非常酷熱的乾燥平原上，只要有灌溉，葡萄就非常容易生長，但因成熟速度太快，很難有好的品質。這裡大多是大規模工業化管理的葡萄園，產量相當大，主要生產簡單平價的普級葡萄酒，這裡最大的E & J Gallo酒廠，年產高達9億瓶葡萄酒，幾乎占了大半的產量。

深入內陸的聖帕布羅灣(San Pablo Bay)沿著Suisun Bay爲中央谷地的北部帶來了一些海洋的調節，特別是在Lodi和Clarksburg兩個產區附近，有較涼爽的氣候環境，除了讓Clarksburg曾經得以白梢楠白酒聞名外，較長的生長季也讓Lodi產區得以生產出濃厚雄壯、但仍能維持均衡的濃厚紅酒。金芬黛、小希哈和卡本內-蘇維濃等品種都有不錯的水準。

中央谷地北段往東邊靠近內華達山脈的謝拉山麓，是加州極東邊的葡萄酒產區，雖然僅有2,000公頃，但因爲出產相當精采的金芬黛老藤紅酒而受到特別注意。葡萄園主要位在El Dorado和Amador兩個縣內400公尺以上的高海拔地區，以火山灰與花崗岩組成的土質，讓此處的金芬黛顯得更狂野堅澀。

索諾瑪郡 Sonoma County

　　介於那帕谷和太平洋岸之間的索諾瑪郡，地形和氣候更加多變，有許多條件殊異的自然環境，生產出全加州種類和風格最多元的葡萄酒。索諾瑪谷地雖然也生產跟那帕谷一樣精采的卡本內-蘇維濃紅酒，但是區內更生產全加州最精采的金芬黛和黑皮諾紅酒。不同於那帕谷幾乎只有葡萄一種單一作物，索諾瑪同時也以酪農業和生鮮蔬果聞名，有著比那帕更迷人、也更貼近自然與真實的加州北海岸風情。

葡萄酒產區

　　索諾瑪郡內有一萬多公頃的葡萄園，因為環境變化多，分屬於13個AVA產區。除了是屬於North Coast AVA的一部分外，索諾瑪的最南部也和隔鄰的那帕郡一起共有卡內羅斯(Los Coneros)AVA產區。深入內陸的聖帕布羅灣為索諾瑪與那帕谷帶來水氣與海洋的影響，由南往北吹的海風也讓這兩個谷地的最南端因為太靠近海灣而過於寒冷，幾乎無法種植葡萄；越往北邊，離灣區越遠，海風較微弱，氣候也越來越溫暖。卡內羅斯的地形非常平坦，含有許多黏土，主要葡萄園位在北部稍溫暖一點的地方，有3,600公頃的葡萄園，主要種植黑皮諾和夏多內等較適合涼爽氣候的品種，卡本內-蘇維濃在這裡完全無法正常成熟，而梅洛和希哈卻有不錯的表現，較谷地

上：因產氣泡酒和黑皮諾聞名的卡內羅斯。
下：Cline酒莊位在卡內羅斯離聖保羅灣只有五公里的寒冷區域。

北邊來得多酸也較為細瘦優雅。除了盛產多酸的黑皮諾與夏多內，卡內羅斯也是加州重要的氣泡酒產區。

　　往北真正進入索諾瑪谷之後，氣候變得較為溫暖。跟那帕谷比起來，索諾瑪谷比較狹小，也略為寒冷一點，卡本內-蘇維濃、金芬黛和夏多內是最重要的品種，在更溫暖的谷地北邊，卡本內-蘇維濃有相當豐厚的表現，但仍保有均衡與優雅，是加州最精采的產區之一。索諾瑪谷西邊的山區也有一些葡萄園，屬於Sonoma Mountain AVA，生產較堅挺多澀的卡本內-蘇維濃。

　　索諾瑪谷的北邊連接著亞歷山大谷(Alexander Valley)，葡萄園主要集聚於較涼爽的南部，是郡內最大的AVA，因為偏處內陸，是索諾瑪郡內最炎熱的區域，卡本內-蘇維濃是區內最重要的品

種，此外金芬黛與來自法國隆河區的品種也頗適合這裡的環境。亞歷山大谷南邊有一個面積較小的騎士山谷(Knights Valley)AVA，是往那帕谷的過渡地帶，白天炎熱、日夜溫差大，也是主產濃厚風格的卡本內-蘇維濃。

亞歷山大谷西邊為乾河谷AVA，這裡的谷地比較狹窄，地形起伏較大，有較多葡萄園位於山坡，也有比較多小型酒莊，面積僅2,400公頃。因為環境與歷史因素，乾河谷的葡萄品種相當多元，除了加州所有主流品種外，也種有許多義大利品種，在眾多品種中最著名也最具代表的是金芬黛，在乾河谷區內仍保有許多老藤，其中有些甚至超過百年，生產出加州少見、強勁且帶精緻的金芬黛紅酒。乾河谷南端因為受到俄羅斯河谷(Russian River)的影響，比較涼爽，也產一些白酒。

穿過門多西諾郡和亞歷山大谷的俄羅斯河，在索諾瑪谷北邊蜿蜒穿過山區，最後注入太平洋。濕冷的海霧沿著河谷吹入內陸，不僅讓索諾瑪谷北部的炎熱氣候得到調節，也帶來一些雨水，並且讓俄羅斯河谷AVA因為特別寒冷的氣候而成為絕佳的黑皮諾產區。這裡的谷地大多堆積著礫石地，但多變彎曲的河谷營造了許多不同條件的小氣候，河谷內的黑皮諾也因此有了多變的風格和細微變化，是加州最精采的黑皮諾產區之一。除了黑皮諾，夏多內也有很好的表現，此外涼爽氣候也生產獨特的金芬黛，柔和而精巧，這裡的格烏茲塔明那也同樣有少見的細緻風格。俄羅斯河產區的南邊有氣候更加嚴寒的Green Valley AVA，生產多酸的夏多內與氣泡酒。

上：索諾瑪郡北部的乾河谷區。
下：採用有機種植的Benziger酒莊位在地形多變的Sonoma Mountain區。

索諾瑪北部的幾個AVA也組成另一個綜合性的AVA，稱為Northern Sonoma，不過因為範圍太大，變化太多，沒有太多明顯特性。Sonoma Coast也是另一個面積廣闊的AVA，精華區在索諾瑪面向太平洋的海岸區，這裡因為氣候過於寒冷，過去很少種植葡萄，現在這片多山的海岸區葡萄園大多位在300公尺以上的山坡之上，避開濕冷的海霧且有充沛的陽光。黑皮諾和夏多內是主要品種，其中黑皮諾有相當突出的表現，充沛的果味中帶著強勁的酸味。

那帕谷 Napa Valley

那帕谷是加州最著名也是最受推崇的葡萄酒產區，即使加州有越來越多的新興產區，但成名最早的那帕谷依舊是加州首席葡萄酒產區。跟大部分加州產區一樣，那帕谷也種植許多葡萄品種，但是最精采經典的，是以卡本內-蘇維濃為主所釀成的紅酒，不僅是頂尖美國葡萄酒的代表，而且也已經成為全球頂級酒中的重要經典。

地形與氣候

那帕谷南北長50公里，東西僅寬三到八公里，擠著1萬6,000公頃的葡萄園和兩百多家酒廠。窄小的那帕谷有著變化多元的自然環境。南北狹長的谷地，東有瓦卡山脈(Vaca)，西有馬雅卡馬斯山脈(Mayacamas)包圍，北邊更有聖海倫娜山(Mt. St. Helena)，將那帕包圍成半封閉的谷地，僅有南邊開向與太平洋相連的聖帕布羅灣。谷地裡蒸發上升的氣流，將海灣裡受寒冷洋流影響的冷空氣由南往北引入谷地，在那帕最南邊，氣候寒涼到無法種植葡萄，越往北邊越少受到冷空氣的影響，氣候也越炎熱乾燥，到了盆地北端的卡里斯多加(Calistoga)已經是炎熱之地，短短的距離卻有著極度激烈的氣候變化。這樣的特殊環境，讓那帕各地所生產的卡本內紅酒出現了各自獨特的風格，使得釀酒師們有更多的選擇元素，以調配出最精采完美的佳釀。

奧克維爾鎮的Opus One酒莊。

葡萄酒產區

那帕最南邊的卡內羅斯因為過於寒冷，是那帕少數以白葡萄酒和黑皮諾聞名的地區。往北到那帕市北郊的歐克諾區(Oak Knoll)才開始可以種植卡本內-蘇維濃，釀成的紅酒大多是柔和順口的風格。要再往北到揚特維爾村(Yountville)才真正進入那帕谷的精華區，因為稍冷一點，風格較不豐盈飽滿，是偏高瘦的個性。揚特維爾東面的谷地邊為鹿跳區(Stag's Leap)，位處近山緩坡上，在火山岩層上堆積著礫石與紅色的火山沉積土。這裡氣候乾燥，日照充足，偶有南風帶來冷空氣。在這樣的環境下，卡本內-蘇維濃表現出柔美與服貼的豐厚口感，並且保有爽口的酸味和豐沛的果味，是那帕各地最著名的精華地段之一。

那帕谷中段的奧克維爾(Oakville)與拉瑟福德(Rutherford)是最精華區，知名的酒莊林立。這裡的天氣更炎熱，日夜溫差大。出產的卡本內-蘇維濃紅酒不僅最為均衡，而且有全那帕最雄健的紅酒風格，有較佳的耐久潛力，同時又有豐沛的果味及薄荷草香。特別是較靠近谷地西邊的部分，有一個六哩長的帶狀區域，這片河積土壤的條件特佳，貧瘠而且排水好，非常適合卡本內-蘇維濃的

左：聖海倫鎮上的老牌酒莊Beringer。

右：Niebaum-Coppola酒莊產的Rubicon紅酒是最能表現Rutherford Dust風味的那帕谷紅酒。

種植，稱為Rutherford Bench。產自這一帶的酒經常帶有特殊的礦石香氣，稱為Rutherford Dust。

到了位置更北邊的聖海倫娜鎮(St. Helena)，谷地變得越來越窄，生產的卡本內-蘇維濃紅酒更為豐滿圓厚，特別是谷地東緣氣候最為乾熱，除了生產甜熟的卡本內-蘇維濃，金芬黛也有不錯的水準。接近谷地西邊的葡萄園風格比較嚴肅一點，有比較結實的口感。那帕谷極北的卡里斯多加三面環山，因為深處內陸，氣候更為炎熱，夏季是全那帕最熱的地方，不過這裡的冬季也更為嚴寒，所以讓卡本內-蘇維濃發芽比別的地方晚，但因夏季炎熱，成熟的速度可以很快趕上，生長的季節比谷地其他地方短，釀成的紅酒肥美甜熟，酒精濃度高。除了卡本內-蘇維濃，也生產圓熟豐滿且相當強勁的金芬黛。

那帕谷除了地勢平緩的谷地之外，谷邊的山區也非常適合種植葡萄，除了排水佳外，因為海拔較高，常可避開谷地裡的霧氣，葡萄可接收更多陽光。山區夜晚的溫度比較高，因海拔關係，白天溫度又較為涼爽，使得日夜溫差小，生產風格不同於谷地的葡萄酒。因為水土保持與環境保護的緣故，那帕山區雖然有許多條件優秀的區域，但僅有少部分可以開墾為葡萄園。谷地周邊的山區條件各有不同，讓那帕的葡萄酒風格更加豐富多變。

那帕谷東北側的豪厄爾山(Howell Mountain)，在十九世紀就已經以出產頂級葡萄酒聞名，是那帕的歷史產區。豪厄爾山屬火山地形，介於500到600公尺高的山區，葡萄園的土質大多是由混合著紅色黏土的火山灰所構成。這裡產的卡本內-蘇維濃紅酒風格偏高瘦，比較多細節變化，除了果味，還多些礦石與香料香氣，但同時卻又有較狂野的緊澀單寧。位居山上的大多是小規模的酒莊，是那帕小量昂價酒的發源地。

那帕東面的山坡離海較遠，氣候乾燥，植被較疏，多裸露的岩石，到了西面的馬雅卡馬斯山脈，水氣比較多，到處長滿蓊鬱的林木，由北往南分為鑽石山(Diamond Mountain)、春山(Spring Mountain)和維德山(Mt. Veeder)。鑽石山隔著谷地和豪厄爾山相望，因為山勢較低，來自太平洋的水氣可以直達，氣候比較潮濕。土質以火山灰為主，但更多變，所生產的紅酒除了有堅實嚴肅的結構外，還有特殊的礦石香氣。春山由聖海倫鎮爬升到將近七百公尺高的山上，大部分的葡萄園都位在陡峭的山坡或梯田之上，天氣較涼爽，採收晚。春山並不完全僅專精於卡本內，白酒和希哈也有很好的表現。如同其他山區，這裡的卡本內也同樣澀味較重，比較粗獷狂野。維德山位在谷地南邊、那帕市的西側，不同於山腳下的葡萄園很難讓卡本內葡萄成熟，山上卻能生產出圓熟的卡本內紅酒來，但比起其他山區稍微柔和一點，更平易近人。

西北部
Northwest

美國西北部的葡萄酒產區主要集中在華盛頓州和奧立崗州內。因為緯度較高，西北部比加州的氣候來得寒冷，但是炎熱的長夏卻還是提供足夠的陽光和溫度使葡萄成熟，不過，無論是奧立崗或華盛頓州產的葡萄酒都含有較高的酸味。Cascade山脈由北而南，將西北區分成東西兩個截然不同的氣候區。南邊奧立崗州的葡萄園主要位在山脈的西邊，但是在北邊的華盛頓州大部份的葡萄園卻是位於山脈的東邊。

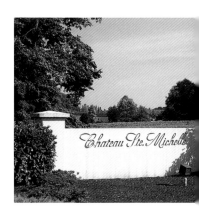

位在西雅圖近郊、華盛頓州最大酒莊Château Ste. Michelle。

奧立崗州 Oregon

奧立崗州的葡萄園面積不大，只有五千多公頃，不到華盛頓州的一半；區內大部分為小型的酒莊，主要生產精緻高品質的葡萄酒，不同於華盛頓州，較少大量生產的商業化酒款。州內的葡萄園集中在Cascade山脈西邊河谷附近的山坡，和太平洋之間雖然還隔著海岸山脈，因山勢不高且時有開口，有許多來自海洋的影響，氣候溫和多雨，比北邊華盛頓州的葡萄園來得寒冷潮濕，非常適合種植喜好涼爽氣候的黑皮諾，是種植最廣的葡萄，曾被認為是布根地之外的最佳黑皮諾產區。除了黑皮諾，也產均衡多酸的夏多內，另外也種有相當多的灰皮諾，風格介於清淡的北義與濃厚的阿爾薩斯之間。麗絲玲和格烏茲塔明那也有相當好的表現。黑葡萄除了黑皮諾外，有越來越多的加美，常可釀成較法國薄酒來更加濃厚的風格。梅洛和卡本內-蘇維濃反而較為少見。

州內北部鄰近首府波特蘭市(Portland)的Willamette Valley是最著名也最重要的產區，自一九六五年開始種植黑皮諾以來，現在已經占了一半的葡萄園。Willamette河由南往北流經谷地，在波特蘭市注入哥倫比亞河(Columbia River)。葡萄園大多位在朝東的左岸山坡以及波特蘭市西邊的丘陵地。谷地中部的Red Hill有非常適合黑皮諾生長的紅色火山黏土地，是谷地的精華區，另外在Eola Hills也有相當好的種植條件。整體而言，Willamette Valley的黑皮諾紅酒比布根地的紅酒來得柔和早熟一些，較可口圓潤，也較多果香，不過仍比加州海岸區的黑皮諾來得內斂多變，而且也有久存的潛力。

Willamette Valley南部還有Umpqua Valley以及Rogue River兩個產區，因位置偏南，有較溫和的

氣候，特別是在Rogue River，氣候乾熱，是州內少數可以種植晚熟的卡本內-蘇維濃的地方。

華盛頓州　Washington

在華盛頓州，Cascade山脈的西邊寒冷潮濕不適合種植葡萄，而且人口密集，葡萄園相當少見，只有西雅圖附近的Puget Sound區域有一些種植米勒-土高等耐寒品種的葡萄園，但僅有數百公頃。Cascade東邊因為山地阻隔來自太平洋的水氣，形成非常乾燥廣闊的半沙漠區，擁有超過一萬公頃的廣闊葡萄園。不過因為過於乾燥，葡萄的種植仰賴人工灌溉，葡萄園多位於河流兩岸以方便取得水源，嚴酷的冬季低溫也常凍死葡萄，葡萄園必須位在較避寒的向南坡地。華盛頓的葡萄園大部分位在沙質地上，少有根瘤蚜蟲病的問題，葡萄樹大多直接種植不嫁接砧木。

夏熱冬寒的極端氣候以及早晚兩極的巨大溫差，讓這裡出產的紅葡萄酒有相當濃厚的表現，顏色深、香氣奔放、口感厚重、有高成熟度，完全不同於奧立崗州的優雅風味，不過卻大多比加州來得多酸與均衡。在這樣的氣候下，華盛頓州的葡萄品種主要以來自波爾多的卡本內-蘇維濃和梅洛為主，另外希哈的種植也越來越重要。白葡萄以夏多內最多，但麗絲玲卻有相當好的表現，無論釀成干型和甜酒都有不錯的水準。

華盛頓州是美國僅次於加州的第二大葡萄酒產地，葡萄園廣闊且多大型酒廠，葡萄園主要分屬於哥倫比亞河谷(Columbia Valley)、亞克馬河谷(Yakima Valley)和Walla Walla Valley三個區。其中哥倫比亞河谷的範圍最大，幾乎涵蓋全區，甚至包括了一部分的奧立崗州，但大多是工業化生產的大型葡萄園，酒廠並不多。亞克馬河谷AVA內反而集聚了最多的酒廠，這個位在亞克馬河谷地內的葡萄酒產區，是華盛頓州歷史最早的產地。乾燥的谷地是全美日夜溫差最大的產區，加上冬寒夏酷熱的環境，讓這裡的葡萄酒常有非常深的顏色，而且有很強的酸味，也頗耐放。四千多公頃的葡萄園大多位在朝東南的山坡上。谷地內雖然種植許多夏多內，但是表現最好的卻是紅酒，除了卡本內-蘇維濃外，梅洛更加出色，酒的顏色深黑而口感豐厚，但也保有大量的圓熟單寧，並且有均衡的酸味。希哈的種植也越來越多，也有類似的風格和水準。也有一些來自奧地利的Braufränkisch，主要用來生產柔和可口的簡單紅酒。谷地東部的Red Mountain則以卡本內-蘇維濃聞名，已經成為獨立的AVA。

東南部橫跨華盛頓與奧立崗兩州的Walla Walla Valley AVA葡萄園的面積不多，有許多小酒莊，是相當著名的產區，因為雨量較多，不需灌溉即可種植葡萄，除了夏多內白酒，紅酒一樣也以卡本內-蘇維濃、梅洛和希哈為主，以生產濃厚風味的紅酒聞名，比亞克馬谷來得多單寧，有更強硬的風格。

在華盛頓州和奧立崗州東邊的愛德華州(Idaho)也生產一些葡萄酒，主要產自Snake River Valley。氣候條件和華盛頓東部類似，是冬寒夏熱、日夜溫差大的大陸性氣候，但海拔較高，出產多果味但也多酸的紅酒。

上：Willamette Valley區裡的Ponzi酒莊。
下：氣候乾燥的亞克馬河谷生產口味濃厚的紅酒，頗為耐放。

加拿大
Canada

位處寒帶的加拿大因氣候酷寒，葡萄園的規模不大，一九七三年來自德國的Walter Hainle第一次在加拿大生產冰酒，情況開始有了轉變，特別是一九八三年加拿大尼加拉瓜半島上開始更大規模的生產之後，加拿大很快就成為全球冰酒的最大產國，而且也化身為加拿大最具代表性的酒款。

冰酒的釀造

在加拿大，可以釀造冰酒的低溫常常要等到隔年一月、甚至二月才會出現。葡萄成熟後要在葡萄樹上再掛三個月甚至更久，是許多野生動物覬覦的美食。除了冬眠前的棕熊之外，鳥害的問題最為嚴重，葡萄農必須細心地用網子將葡萄樹包裹起來，以防止珍貴的葡萄被野鳥偷吃一空。

依據德國、奧地利和加拿大的協議，釀造冰酒的葡萄要在-7℃以下才能採收，而且甜度必須每公升含有255克以上的天然糖分。當氣溫降到-7℃以下（加拿大更嚴格，規定在-8℃以下），葡萄中大部分的水分都將結成堅硬的冰塊，採收之後進行榨汁時，因為少了結成冰的水分，榨出的葡萄汁量少且黏稠，通常1,000公斤的葡萄只能榨出約110公升的冰酒原汁，葡萄糖和酸味以及香味物質等都變得更加濃縮。

採收完，馬上進行榨汁，為了維持足夠的低溫，榨汁必須在室外進行，要從結冰的葡萄中榨出濃稠的汁液，需要壓力夠大的機器，一般的氣墊式榨汁機都派不上用場，大多採用傳統的垂直式榨汁機。冰酒因為必須採用直接在葡萄樹上天然結凍的葡萄釀造，所以特別費力，但是和採用人工冷凍方式製成的甜酒還是有很大的不同，因為掛在樹上晚收的葡萄會開始氧化，讓冰酒產生特殊的香氣，和人工冰凍的酒在風味上完全不同。

上：耐寒且皮厚的混種葡萄維岱爾是最適合用來釀造冰酒的品種。

下：冰酒不僅濃甜多酸，而且香氣濃郁奔放。

主要冰酒產區

加拿大最主要的冰酒產地在安大略省南邊與美國交界的尼加拉瓜半島上，尼加拉瓜瀑布所在的尼加拉瓜斷崖橫貫半島的南邊，自安大略湖往南吹來的溫和湖風，遇到300公尺高的斷崖之後往北

左：葡萄園用網包圍以防被野鳥吃光。
中：釀造冰酒的葡萄常要等到隔年一月才採收。
右：因為珍貴稀有，加拿大冰酒經常裝在只有200cc容量的小瓶之中。

吹回湖邊，一來一往間，在半島的北邊形成一個氣流圈，將嚴寒的北風擋在外面，於是造就了尼加拉瓜半島北部這個加拿大東部氣候最溫和的樂土，可以讓葡萄有足夠的成熟度，但是冬季卻又夠寒冷，每年都能生產冰酒。特別是在尼加拉瓜湖畔市(Niagara-on-the-Lake)附近，著名的酒莊雲集，是加拿大葡萄酒業的核心地帶。伊利湖北岸也是安大略省的葡萄酒產區，面積較小，酒莊不多，但氣候一樣寒冷，也生產冰酒。除了冰酒，尼加拉瓜半島的干型酒也相當有特色，為了適應環境，種有不少抗寒的人工配種葡萄，如Seyval Blanc、維岱爾和Baco Noir等品種，不過現在則以自歐洲引進的優秀品種如麗絲玲、夏多內和黑皮諾等品種為主。

加拿大西岸的冰酒產區主要集中在卑斯省內的歐卡內根谷(Okanagan Valley)，由於氣候不及東岸寒冷，本地的冰酒產量較少，而且也比較不穩定，並非每年都能生產。不過，這邊的酷寒天氣常常來得比較早，也讓谷地內的採收期常常提前，能夠釀造的冰酒品種也變得比較多元一點。歐卡內根谷地主要生產干型酒，因為南部的氣候與美國華盛頓的哥倫比亞河谷產區類似，主要生產卡本內-蘇維濃、梅洛和希哈等葡萄釀成的紅酒，風格也和華盛頓州的紅酒相類似。

加拿大最常用來釀造冰酒的品種為維岱爾。維岱爾是自法國引進的人工混種，是白于尼和Seyval Blanc交配成的耐寒葡萄。維岱爾的皮特別厚，即使過了成熟期，掛在葡萄樹上也不容易腐壞掉落，非常適合用來生產常常延至隔年一、二月才採收的冰酒。維岱爾的香氣非常濃郁，經常有鳳梨、芒果與杏桃及蜂蜜等甜熟的香氣。大部分的維岱爾冰酒的成熟速度較快，適合年輕時即飲用。

另外，麗絲玲也很常見，特別是西岸的產區最常使用麗絲玲來釀造冰酒，有更優雅均衡的風味與細緻變化。除了青檸檬、白花香氣外，也常有礦石與汽油等獨特的香味。一般麗絲玲的冰酒比較耐久存，可以變化出更豐富的酒香與更協調的口感。其他品種像夏多內、格烏茲塔明那等也偶而釀成冰酒，甚至以卡本內-弗朗、梅洛或黑皮諾釀成紅冰酒。

智利
Chile

　　智利靠著國際化的葡萄品種，多果味的可口風格，非常優異的自然條件以及合理的價格，成爲國際市場上最受歡迎也最具競爭力的南美洲葡萄酒產國。智利以生產單一品種的葡萄酒爲主，而且專精於量產非常主流的國際品種，紅酒爲卡本內-蘇維濃和梅洛；白酒則爲夏多內和白蘇維濃。每年生產的6億公升葡萄酒，有4億公升銷往海外，是一個以外銷爲導向的產酒國。

地 形 與 氣 候

　　智利國土狹長，從南到北長達4,000公里，其中有1,300公里種植葡萄，不過北部炎熱產區主要生產新鮮葡萄、葡萄乾以及Pisco白蘭地，適合釀造葡萄酒的產區位在中部，由北到南分別爲阿空卡瓜(Aconcagua)、中央谷地(Central Valley)和南部谷地(Southern Valley)三大區。這三個南北相連的產區東邊爲高聳的安地列斯山脈，西邊爲有寒流經過的太平洋岸，在兩者之間則有海拔較低的海岸山脈。整體而言，氣候溫和乾燥而且多陽，病蟲害少，相當適合種植葡萄酒，因爲日夜溫差非常大，生長季節特別長，可以讓葡萄緩慢地成熟。各區之間也有些差距，一般而言，距太平洋越近的地方，氣候就越涼爽潮濕，有海岸山脈屏障或離海較遠的地帶則較溫暖乾燥。因爲多砂質土，智利很少有根瘤蚜蟲病，不須嫁接砧木即可直接種植。

葡 萄 品 種

　　跟隔鄰的阿根廷比起來，智利的葡萄品種非常國際化，而且黑葡萄也比白葡萄多。現在卡本內-蘇維濃是最重要的品種，占1萬6,000公頃，主要集中在中央谷地。智利的卡本內-蘇維濃以純淨充沛的黑色漿果香氣以及成熟柔和的單寧聞名，即使不是特別耐久，但卻非常可口均衡，最頂尖的智利酒大多都是以卡本內-蘇維濃釀造。智利也種植相當多的梅洛，風格較爲粗獷一些，不及卡本內-蘇維濃迷人，不過，許多智利的梅洛其實是Camenère。這個同樣來自波爾多的品種，因爲非常晚熟，在當地已經相當少見。Camenère的單寧澀味較重，但有獨特的花草香氣，相當特別，已經逐漸成爲智利特有的代表性品種。近年來也開始種植希哈和黑皮諾等品種。西班牙殖民時期引進

上：智利的中央谷地因為日夜溫差大，葡萄皮的顏色往往非常深黑。

中：鄰近首都的Maipo Valley是發展最早、集聚最多酒莊的產區。

下：智利南邊涼爽多雨的Maule Valley。

智利與阿根廷 Chile & Argentina

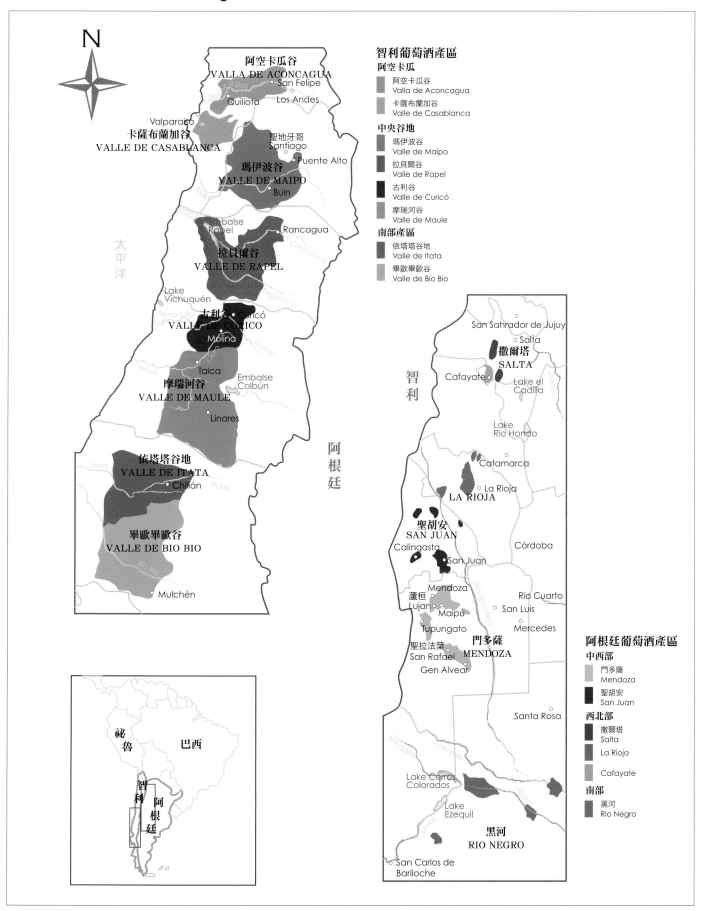

N

阿空卡瓜谷
VALLA DE ACONCAGUA
　San Felipe
Quiliota　Los Andes
Valparaiso
卡薩布蘭加谷
VALLE DE CASABLANCA
聖地牙哥
Santiago
瑪伊波谷
VALLE DE MAIPO
Puente Alto
Buin
Embalse Rapel
Rancagua
拉貝爾谷
VALLE DE RAPEL
Lake Vichuquén
Malaquito
古利谷
VALLE DE CURICO　Curicó
Molina
Talca
Embalse Colbún
摩瑞河谷
VALLE DE MAULE
Linares
依塔塔谷地
VALLE DE ITATA
Chillán
Nuble
畢歐畢歐谷
VALLE DE BIO BIO
Bío Bío
Mulchén

太平洋

阿根廷

智利葡萄酒產區

阿空卡瓜
　阿空卡瓜谷
　Valla de Aconcagua
　卡薩布蘭加谷
　Valle de Casablanca

中央谷地
　瑪伊波谷
　Valle de Maipo
　拉貝爾谷
　Valle de Rapel
　古利谷
　Valle de Curicó
　摩瑞河谷
　Valle de Maule

南部產區
　依塔塔谷地
　Valle de Itata
　畢歐畢歐谷
　Valle de Bío Bío

智利

San Sahrador de Jujuy
Salta
撒爾塔
SALTA
Cafayate
Lake el Cadilla
Lake Rio Hondo
Catamarca
La Rioja
LA RIOJA
聖胡安
SAN JUAN
Calingasta
San Juan
Córdoba
Mendoza
蘆桓
Lujan
Maipú
Río Cuarto
San Luis
Tupungato
Mercedes
聖拉法葉
San Rafael
門多薩
MENDOZA
Gen Alvear
Santa Rosa
Lake Cerros Colorados
Lake Ezequil
黑河
RIO NEGRO
San Carlos de Bariloche

阿根廷葡萄酒產區

中西部
　門多薩
　Mendoza
　聖胡安
　San Juan

西北部
　撒爾塔
　Salta
　La Rioja
　Cafayate

南部
　黑河
　Rio Negro

祕魯　巴西
智利　阿根廷

的País，在南部谷地相當常見，雖然面積僅次於卡本內-蘇維濃，但是主要釀成主銷國內市場的廉價紅酒，很少出現在酒標上。

智利的白酒不及紅酒聞名，夏多內和白蘇維濃同爲最重要的品種，在近太平洋岸的涼爽地區有相當出色的表現。同樣來自波爾多的榭密雍也相當常見，可以釀成口味較豐厚的白酒或甚至貴腐甜酒。智利種植相當多的蜜思嘉葡萄，但是主要銷往國內市場，很少出現在酒標上。新進還開始種植包括維歐尼那、麗絲玲和格烏茲塔明娜等白葡萄。

葡萄酒的標示

智利並沒有建立法定產區制度，只區分出不同層級的地理區標示，在三大區內各有不同的分區，大多以河谷命名，如中央谷地的Maipo Valley，有些分區內還列出可標示在酒標上的小區域的葡萄園，如Maipo Valley的Puente Alto。智利的產區雖然爲西班牙文，但是在外銷的酒標上大都會標示英文，反而比西班牙文更常見。

葡萄酒產區

位在智利首都聖地牙哥市(Santiago)北邊的阿空卡瓜有兩個分區，北邊的阿空卡瓜谷地是智利最乾燥炎熱的葡萄酒產區，生產風味濃厚強勁的紅酒。南邊的Casablanca谷地因爲離太平洋岸僅20公里，寒冷洋流的調節和海霧的籠罩形成了一個非常涼爽的氣候區，是智利最佳的夏多內、白蘇維濃白酒和氣泡酒產區。

聖地牙哥市南邊的中央谷地是智利最重要的產區，全國75%的葡萄園就位在海岸山脈和安地列斯山脈間的300公里谷地內，高達90%的外銷葡萄酒全都產自這一區。肥沃乾燥多陽光的中央谷地從南到北分爲四個分區，最北邊的是Maipo Valley，鄰近首都，開發較早，雖然葡萄園不多，卻是大型酒廠聚集的最知名產區。卡本內-蘇維濃是最重要的品種，智利最頂級的葡萄酒有許多產自這裡，特別是靠近安地列斯山海拔較高的Puente Alto。Maipo河靠近出海口的San Antonio附近，可生產優雅多酸的黑皮諾與干白酒。

Maipo以南爲Rapel Valley，雨水較多，是四個分區中葡萄園面積最大的產地，主要生產紅酒，南邊的Colchagua谷地種植相當多的梅洛，靠近Santa Cruz附近的Apalta谷地則是最具潛力的產區之一。往南的Couricó Valley地勢平坦肥沃，是許多大型酒莊的集聚區域。最南邊的Maule Valley因爲海岸山脈山勢較低，氣候涼爽多雨，主要生產País釀成的紅酒以及榭密雍釀成的白酒，供應國內市場。

南部谷地產區直接受到來自太平洋的影響，比較寒冷潮濕，多雲霧，分爲北面的Itata河谷和南邊的Bío Bío河谷產區。País是這裡最重要的品種，生產量大的日常紅酒，不過因爲氣候的關係，黑皮諾和麗絲玲等品種有不錯的潛力。

智利最大酒莊Concha y Toro。

阿根廷
Argentina

　　阿根廷是南美洲最大的葡萄酒產國，葡萄園全位在西部內陸鄰近安地列斯山脈的地方。由最北的Salta省到南邊的Rio Negro長達1,600公里之間，種植了21萬公頃的葡萄園。不過葡萄園主要集中在生產條件最好的中西部，包括門多薩(Mendoza)和San Juan兩省，分別生產了全國60%與30%的葡萄酒。門多薩因為離大西洋遠，海拔7,000公尺的安地列斯山脈又阻擋了來自太平洋的水氣，有著類似沙漠般的大陸性氣候，年雨量只有200公釐，晴朗乾燥，靠著春、夏兩季安地列斯山的融雪，提供了灌溉所需的水分。氣候雖然炎熱，但日夜溫差大，非常有利葡萄生長。這裡的環境提供了一個穩定而且容易控制的葡萄酒產區。

葡 萄 品 種

　　因為國內市場的需求，阿根廷主要生產白葡萄酒，但是因為氣候的關係，紅葡萄酒反而有比較精采的表現，特別是風格粗獷且濃厚的阿根廷紅酒，確實相當符合現在的國際市場需求。阿根廷人有相當多的西班牙與義大利裔移民，他們不僅飲用大量葡萄酒，並且傾向於喜好非常老式、帶氧化味道、口感比較淡的葡萄酒，和國際主流風格的葡萄酒相差甚遠。因為這樣的原因，阿根廷種植最廣的葡萄品種是十六世紀從西班牙引進的的Criolla、Cereza和Pedro Gimenez等即使在西班牙都不復見的稀有品種，用來釀造以國內市場為主的低品質葡萄酒或製成葡萄濃縮汁。

　　跟智利比起來，阿根廷較晚進入國際市場，近年來，有非常多來自國外的投資者與釀酒師，讓阿根廷葡萄酒品質迅速提升，採用國際品種生產以海外市場為主的葡萄酒。阿根廷的高品質葡萄品種中，以十九世紀中傳入的馬爾貝克最重要，雖僅有一萬多公頃，卻是阿根廷的代表性品種，

門多薩的氣候讓馬爾貝克得以達到在原產地法國西南部無法達到的成熟度，釀造出非常濃厚的紅酒。其他重要的品種包括來自義大利的Bonarda和山吉歐維列，西班牙的田帕尼優，不過因爲天氣太熱，都不及原產地的表現。晚近引入的卡本內-蘇維濃可釀成非常濃郁厚實的紅酒，非常適合和馬爾貝克混合釀造。梅洛和希哈也有不錯的潛力。白葡萄以本地特有的混血種Torrontés最爲重要，可釀成清爽多酸卻有濃郁蜜思嘉香氣的白酒。另外，品質較佳的重要白葡萄酒品種還包括夏多內和白梢楠。

葡萄酒產區

　　阿根廷是南美洲唯一建立法定產區制度(DOC)的國家，但是自一九九二年以來，只有在門多薩省內成立了San Rafael和Luján de Cuyo兩個DOC產區，並沒有特別受到重視。大部分酒廠跟其他新世界國家一樣，生產以品種名稱爲主的葡萄酒。阿根廷有七個省份生產葡萄酒，無論就品質和產量而言，門多薩省都是阿根廷最重要的產區，省內共分爲五區，北部和東部的產區多位於平原區，主要生產廉價的散裝葡萄酒，南部的San Rafael以生產白梢楠白酒聞名。門多薩河上游(Alta del Río Mendoza)以及舞苟谷(Valle de Uco)最靠近安地列斯山脈，海拔較高，氣候較涼爽，土地貧瘠多石，日夜溫差大，是門多薩的精華產區。

　　門多薩河上游是阿根廷最傳統的核心產區，因爲也是門多薩市的所在，阿根廷90%的酒廠幾乎都位在這一區內。海拔高度介於800到1,200公尺之間，有3萬公頃的葡萄園，種植相當多的馬爾貝克，也有最多的老樹，卡本內-蘇維濃種植的比例也相當高，Lujan de Guyo和Maipú兩縣被認爲是最精華區，生產強勁粗獷的濃厚紅酒。舞苟谷的海拔更高，除了傳統的馬爾貝克和榭密雍，卡本內-蘇維濃和梅洛也相當成功，釀成的葡萄酒有更多的酸味也更耐久，特別是海拔達1,400公尺的Tupungato，是阿根廷最有潛力的新興產區。

　　位在門多薩北部的San Juan是阿根廷第二大產區，天氣更爲乾燥炎熱，是日常白酒以及葡萄濃縮汁的生產中心之一，只有在海拔較高的區域有比較好的潛力。阿根廷其他省份的產區都不大，南部的Río Negro和Neuqén兩省氣候寒冷，適合生產多酸的白酒以及風味較爲均衡優雅的紅酒。北部Salta省的葡萄園集中在Cafayate市附近，雖已位處熱帶，且位於沙漠區，但葡萄園位於近2,000公尺的高海拔區域，出產阿根廷品質優異、最香濃均衡的Torrontés。

▌ 上：位在門多薩河上游精華區Luján de Cuyo的
Catena Zapata酒莊。
▌ 下：門多薩氣候乾燥，幾近沙漠氣候，葡萄園需
要依靠安地列斯山的融雪灌溉。

南非
South Africa

　　在南半球的產區中，南非與阿根廷是近年來急起直追的兩個重要葡萄酒產國，相較於阿根廷有廣大的內銷市場，南非身為非洲最大產國，卻是以外銷為導向，有60%的葡萄酒銷往海外。曾經獨占南非葡萄酒業的釀酒合作社已經不再具有過去的重要性，越來越多的獨立酒廠、全新改種的國際品種以及逐漸轉移至涼爽海岸區的葡萄園，讓南非的葡萄酒業進入革新的時代。特別是歷經一九九四年之後的政治改革，葡萄酒業不再是白人的獨占產業，所有人都可以進入釀酒學校，也有越來越多非歐洲裔的釀酒師投入葡萄酒的釀造。

上：Stellenboch和Paarl為南非葡萄酒業的最核心區域。
下：山坡上的葡萄園必須以人工採收。

地 形 與 氣 候

　　位處非洲南端的南非，氣候相當炎熱乾燥，大部分的地區都不適合生產葡萄酒。來自南極的本吉拉洋流(Benguela Current)流經南非西開普省(Western Cape)的西部大西洋岸邊，帶來珍貴的涼爽氣候，在沿岸附近地區形成類似地中海型氣候區的環境，全南非的葡萄酒產區幾乎全部位在西開普省，而且，最精華區都位在離海較近的區域。位在內陸的產區非常乾燥炎熱，已近沙漠區的氣候，必須依靠人工灌溉，炎熱的夏季讓葡萄成熟得非常快，常缺乏細膩的風味，生產的葡萄大多製成葡萄乾、濃縮汁、白蘭地或是廉價的葡萄酒。南非葡萄酒產區的土壤大多為火成岩為主的酸性土，讓葡萄在炎熱的氣候裡更難保留酸味。

葡 萄 品 種

　　雖然天氣炎熱，但是南非10萬公頃的葡萄園還是超過一半以上種植白葡萄。近年來南非改種了許多葡萄園，黑葡萄的比例越來越高，而且也種植越來越多的國際品種，但許多原有的品種仍扮演著重要的角色。原產自法國羅亞爾河區的白梢楠是南非最重要的品種，占將近20%的種植面積，在本地又稱為Steen。跟在羅亞爾河產區一樣，南非的白梢楠也釀成非常多樣的葡萄酒，包括不同甜度的白酒，也製成氣泡酒甚至雪莉酒風格的白酒。另外西班牙的巴羅米諾，法國西南部的Colombard以及蜜思嘉都是主要的傳統品種。近年來大量增加的則以夏多內與白蘇維濃最重要。因

南非 South Africa

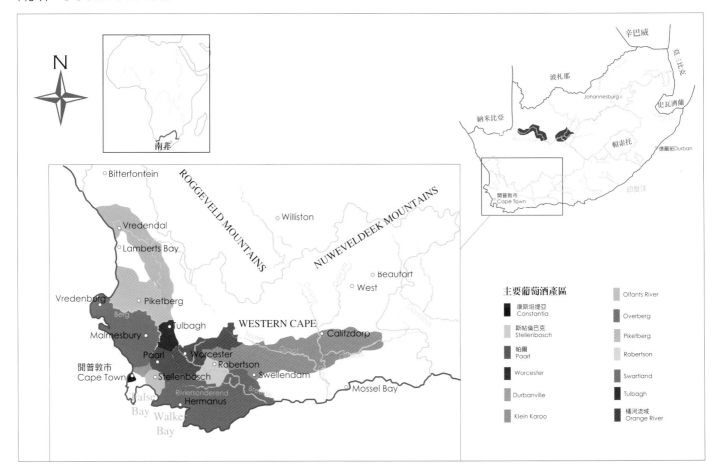

為大規模地改種，南非的優質品種通常都產自還很年輕的葡萄樹，但未來卻相當具有潛力。

　　南非的黑色葡萄品種也頗特別，來自法國南部的仙梭（當地稱為Cinsaut）；葡萄牙釀造波特酒的Tinta Barocca和Touriga Nacional都曾經是南非重要的品種。近年來以卡本內-蘇維濃為主的波爾多品種（包括梅洛和卡本內-蘇維濃）成為主流，希哈和黑皮諾也逐漸增加。在眾多品種中，Pinotage是南非最具地方特色的品種，雖然面積僅有卡本內-蘇維濃的一半。Pinotage於一九二五年在南非繁殖成功，成為新的混血品種，是由仙梭與黑皮諾配種而成。Pinotage的產量大，顏色深，香氣很濃郁，但卻不是非常優雅細緻，有時釀成粗獷的紅酒，有時也釀成簡單柔和，有點像薄酒來的新鮮淡紅酒，但卻很難釀成像澳洲的希哈或阿根廷的馬爾貝克那麼精采且耐久的頂級珍釀。

葡萄酒產區

　　西開普的葡萄酒產區主要分布在海岸區(Costal Region)、布理德河谷(Breede River Valley)、Klein Karoo和Olifants River Valley四個大區內。其中位處西南部的海岸區不僅葡萄園集中，也是最精華的區域，包括Paarl、Stellenbosch、Malmesbury和Constantia幾個南非最知名的傳統產區都位在這一區。Stellenbosch產區是南非酒業中心，自十七世紀就開始生產葡萄酒，集聚最多南非的精英酒莊，因為緊鄰著False Bay海灣區，氣候涼爽，可以釀出更均衡高雅的葡萄酒，是南非的最佳產區。葡萄園多位在四周有山脈圍繞、排水良好的丘陵區，生產包括卡本內-蘇維濃、梅洛、希哈和

上：機械化採收葡萄。
下：Stellenbosch生產品質相當好的卡本內-蘇維濃和梅洛。

上：Stellenzicht酒莊位在Heldersberg山坡下的葡萄園。

下：Stellenbosch較近南邊海岸與高海拔的葡萄園生產風格更高雅均衡風味的葡萄酒。

Pinotage等品種在內的優質紅酒。在近海灣區域則可生產可口多酸的白蘇維濃。位在Stellenbosch北邊的Paar因為較偏內陸，氣候比較炎熱乾燥，除了產紅、白酒和氣泡酒之外，也是加烈甜紅酒和雪莉酒風格白酒的生產中心。Malmesbury位在Paarl的北邊，屬於Swartland產區，主要生產粗獷濃厚的紅酒與加烈紅酒，近年來卡本內-蘇維濃與希哈逐漸增多，紅、白酒都有不錯的品質。

Constantia在開普敦市(Cape Town)南邊，葡萄園位在桌山(Table Mountain)的東坡上，雖然葡萄園已經不多，但卻是南非最著名的葡萄酒產區，在十八世紀時，Constantia出產的珍貴甜酒曾經聲名遠播，與匈牙利的多凱貴腐甜酒同為當時歐洲最珍貴的葡萄酒。產區因為臨海，氣候潮濕涼爽，雨量達1,000公釐。除了傳統的蜜思嘉甜白酒之外，也生產可口多酸的白蘇維濃與夏多內。

四個大區中，位在比較內陸的布理德河谷是產量最大的產區，氣候更為炎熱乾燥，靠著布理德河的灌溉而得以發展葡萄酒業。上游的Worcester是南非最大的葡萄產區，不僅生產大量的平價葡萄酒，同時也是主要的白蘭地產區。靠近下游的Robertson含有較多石灰質，受到沿著布理德河谷吹進來的印度洋水氣的影響，得以生產比上游更均衡的葡萄酒。比布理德河谷更內陸的Klein Karoo產區氣候更為乾熱極端，以生產甜酒聞名，種植許多波特品種與蜜思嘉。西開普省西北邊的Olifants River Valley則是一個產量大、以大型釀酒合作社為主的葡萄酒產區，靠近海岸區和海拔較高的區域有比較好的潛力，生產均衡的葡萄酒。

除了四大區之外，西部大西洋岸邊的Darling、印度洋岸Walker Bay以及東鄰的Overberg等區因為有涼爽的氣候環境，可以釀造出南非少見的優雅風格，黑皮諾、夏多內和麗絲玲等品種皆有不錯的表現。

澳洲
Australia

Lower Hunter的葡萄園位在斷背山脈東面的山腳下與低緩的坡地之上，生產獨特的榭密雍白酒與優雅的希哈紅酒。

　　澳洲已經是一種葡萄酒類型的象徵，不論是最具代表的夏多內白酒或希哈紅酒，都有毫不羞怯的奔放香氣、濃厚豐滿的口感與嚴格技術控管的穩定品質。澳洲輸出的不僅是非常可口的葡萄酒，而且是他們精密掌控的釀酒技術和理念，影響著全球許多產區的葡萄酒發展。但是在主流風格之外，現在澳洲也出現非常多樣的產區與葡萄酒風格。

　　澳洲於十八世紀末才開始發展葡萄酒業，但不僅成長快速，轉化的速度更是驚人。從最早期的加烈甜紅酒與榭密雍白酒，到二十世紀九○年代初，散發著香草與奶油香氣、如鮮奶油般肥潤的夏多內白酒從無到有，在十年間幾近獨占式地成為澳洲葡萄酒的主流。九○年代中之後，帶著甜熟桑椹與胡椒香氣、厚實多酒精的希哈紅酒，以十年間成長五倍的驚人速度，成為澳洲葡萄酒的最典型代表。在過去的十年之間，澳洲的葡萄酒產量成長了2.3倍，已經擁有將近17萬公頃的葡萄園。

地形與氣候

　　澳洲的葡萄酒產區集中在東南角落。從新南威爾斯州(New South Wales)的獵人谷，往南經過維多利亞州(Victoria)到南澳大利亞州(South Australia)東南隅的阿德雷得市(Adelaide)為止的地區內，集聚了全國95%的葡萄園。於此之外，較重要的產區只有西澳大利亞州西南端、塔斯馬尼亞島與昆士蘭州的東南角。其餘大部分的地區，不是屬於乾燥炎熱的沙漠和莽原氣候，就是炎熱多雨的熱帶雨林區，完全不適合葡萄的種植。

　　澳洲的葡萄園也集中在鄰近海岸的地區，靠著來自南極的寒流以及西風漂流等洋流的調節，提

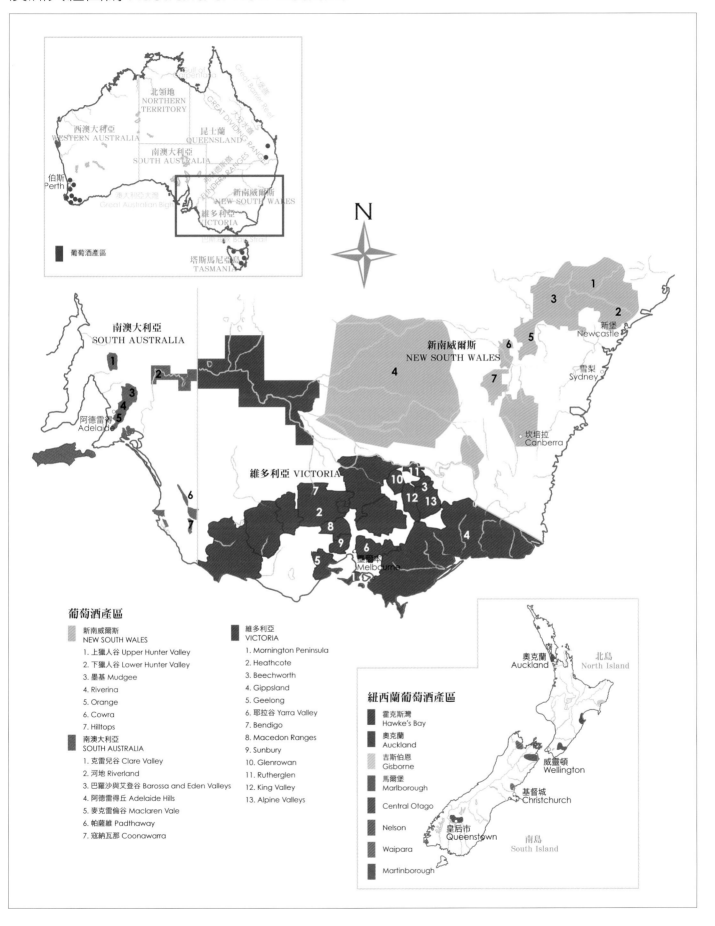

澳洲與紐西蘭 Australia & New Zealand

北領地
NORTHERN
TERRITORY

西澳大利亞
WESTERN AUSTRALIA

昆士蘭
QUEENSLAND

南澳大利亞
SOUTH AUSTRALIA

伯斯
Perth

新南威爾斯
NEW SOUTH WALES

維多利亞
VICTORIA

塔斯馬尼亞島
TASMANIA

葡萄酒產區

N

南澳大利亞
SOUTH AUSTRALIA

新南威爾斯
NEW SOUTH WALES

新堡
Newcastle

阿德雷得
Adelaide

雪梨
Sydney

坎培拉
Canberra

維多利亞 VICTORIA

墨爾本
Melbourne

葡萄酒產區

新南威爾斯 NEW SOUTH WALES

1. 上獵人谷 Upper Hunter Valley
2. 下獵人谷 Lower Hunter Valley
3. 墨基 Mudgee
4. Riverina
5. Orange
6. Cowra
7. Hilltops

南澳大利亞 SOUTH AUSTRALIA

1. 克雷兒谷 Clare Valley
2. 河地 Riverland
3. 巴羅沙與艾登谷 Barossa and Eden Valleys
4. 阿德雷得丘 Adelaide Hills
5. 麥克雷倫谷 Maclaren Vale
6. 帕薩維 Padthaway
7. 寇納瓦那 Coonawarra

維多利亞 VICTORIA

1. Mornington Peninsula
2. Heathcote
3. Beechworth
4. Gippsland
5. Geelong
6. 耶拉谷 Yarra Valley
7. Bendigo
8. Macedon Ranges
9. Sunbury
10. Glenrowan
11. Rutherglen
12. King Valley
13. Alpine Valleys

紐西蘭葡萄酒產區

霍克斯灣 Hawke's Bay
奧克蘭 Auckland
吉斯伯恩 Gisborne
馬爾堡 Marlborough
Central Otago
Nelson
Waipara
Martinborough

北島
North Island

奧克蘭
Auckland

威靈頓
Wellington

基督城
Christchurch

皇后市
Queenstown

南島
South Island

供較內陸溫和潮濕的氣候，稍偏內陸一些的地區則爲日夜溫差大的大陸性氣候區，也一樣非常適合種植葡萄。整體而言，澳洲的葡萄園位在比較炎熱乾燥的環境，但是在海岸邊與海拔較高的地區，也有葡萄園種植於較寒冷或多雨的區域。

在澳洲各州中，以南澳大利亞的葡萄酒業最爲重要，有一半的澳洲葡萄酒產自這裡，而發展最早的新南威爾斯占四分之一，維多利亞爲五分之一，西澳大利亞雖然相當著名，但產量不及5%。澳洲的葡萄酒業建基於規模龐大的大型酒廠，經常混合不同產區，甚至跨州的葡萄釀造，混合前述三大產區的葡萄酒可標爲Southeast Australia。除了各州的葡萄酒以州名標示，澳洲也劃分出許多分區，現在全國已經有70個以上的葡萄酒產區。

主要葡萄品種

來自法國隆河產區的希哈在澳洲稱爲Shiraz，是目前澳洲種植最廣也最重要的品種，超過40%的紅葡萄酒是以希哈釀造。卡本內-蘇維濃也在澳洲各產區廣泛地種植，生產四分之一的澳洲紅酒，此外也有不少梅洛以及黑皮諾。而在較炎熱的產區，格那希和慕維得爾（在澳洲又稱Mataro）也頗常見，且多爲高齡的老樹。澳洲除了生產單一品種葡萄酒，也生產不少混合多種品種的葡萄酒，最著名的是Shiraz-Cabernet，在比較炎熱的產區也常有Shiraz-Grenache等雙品種或多品種的混合。

白葡萄以夏多內最重要，帶有濃重橡木味和成熟水果香氣的夏多內是澳洲的代表酒種之一。不過榭密雍的歷史最悠久，種植面積也相當廣闊，而且非常有特色，甚至可耐久放。來自德國的麗絲玲在澳洲也有非常優異的品質，是歐洲以外最令人興奮的產區之一。受到紐西蘭成功的影響，白蘇維濃在澳洲也開始釀出好成績。另外也有一些非常適合與希哈混合釀造的維歐尼耶。

上：巴羅沙谷的希哈老樹。
下：Morington半島上的夏多內葡萄，因為嚴寒的氣候釀成澳洲少見的均衡多酸白酒。

葡萄酒產區

澳洲的葡萄園不僅面積快速增長，產區的多元性也快速增加，特別是許多過去被視爲太冷的區域也開始種植葡萄，釀造較優雅多酸的葡萄酒，非主流的葡萄品種也日漸受重視，小型的特色酒

上：獵人谷種於一八八○年的希哈葡萄園Old Hill。

下：獵人谷產的榭密雍雖然清淡卻非常耐久存。

莊也逐漸增多。雖然澳洲酒的主流市場以廠牌與品種爲主，但是，產區特色也開始扮演更重要的角色。南澳大利亞是澳洲酒業最核心的區域，將於後頁專章介紹。

新南威爾斯 New South Wales

　　一七八八年澳洲最早的葡萄園種植在雪梨市附近，因爲過於潮濕，不太適合種植葡萄，新南威爾斯的葡萄園大多往內陸發展。位在雪梨北邊的獵人谷是新南威爾斯最重要也具代表的產區，自一八三○年即開始種植葡萄。葡萄酒產量雖只占全國的3%，卻是最多外國觀光客造訪的葡萄酒鄉，因爲開發較早，獵人谷集聚著相當多的老牌酒莊，雖然本地產量不大，但大型酒莊也自其他地區購進葡萄釀造，讓獵人谷成爲新南威爾斯的釀酒中心。獵人谷的精華區位在較下游的Lower Hunter區，葡萄園與酒莊幾乎全都集中在Brokenback山脈東面的山腳下與低緩的坡地之上。

　　從氣候的條件上來看，獵人谷似乎不會是一個優質的葡萄酒產區。位置太偏北，天氣過於炎熱，上游的Upper Hunter甚至過熱而完全無法釀出任何精緻的葡萄酒。這裡的雨量雖然不高，但降雨集中在採收季，讓葡萄容易染病腐壞。但這些缺點卻造就了獵人谷非常特別的榭密雍白酒和希哈紅酒。爲了避開陰雨季節，榭密雍在還沒有完全成熟前就提早採收，釀成的葡萄酒酒精度大多僅有10.5%，有著非常強勁的酸味；年輕時喝起來常顯得平淡無味，但因多酸卻能夠非常耐久，經多年陳年之後常會出現蜂蜜、乾果、火藥以及香料等非常迷人多變的陳年香氣，口感也變得柔順圓熟，是澳洲風味最獨特的白酒。

　　採收季的陰雨天氣也常遮蔽住炎陽，讓炎熱的獵人谷在葡萄進入成熟期時開始變得涼爽，延緩成熟速度，釀成的希哈紅酒有澳洲相當少見的柔和與高雅風格，相當細緻迷人。因爲特殊的條件，獵人谷雖然炎熱，卻是生產較多白酒的產區，除了榭密雍，也可釀出不錯的夏多內，同時也有非常多的Verdelho，主要釀成清爽可口、帶一點點甜味的年輕可口白酒。紅酒除了希哈之外，卡本內-蘇維濃也可以釀成相當柔和細緻的風格。

　　雪梨西邊的內陸山區有Mudgee產區，氣候更炎熱乾燥，主要生產紅酒，以濃厚粗獷爲特色。Mudgee南邊的Orange是一個新興產區，因爲海拔較高，紅、白酒都具潛力，也較均衡。東邊的Cowra海拔低，以產濃厚口味的夏多內爲主。更深處內陸的Riverina則是新南威爾斯最大的產區，過去主要生產老式的加烈甜酒，現在則是生產大量的平價干型酒，以及極少量的榭密雍貴腐甜白酒。雪梨西南方的新南威爾斯南部(Southern NSW)海拔較高，氣候較爲涼爽，其中以坎培拉(Canberra)和Hilltops最爲著名，雖然產量不多，但希哈、卡本內-蘇維濃、甚至適合寒冷氣候的黑皮諾和麗絲玲，都有不錯的水準。

維多利亞 Victoria

不同於澳洲其他地區，維多利亞州與首府墨爾本(Melbourne)是澳洲最歐洲化的地方，至少，這裡的居民這樣認為。這樣的地區文化特色，結合了因為位處南方而更為寒冷的氣候，以及更為多變起伏的地形地勢，這一切，讓維多利亞成為全澳洲最多元變化的葡萄酒產區，有著最多實踐歐洲釀酒理念的小型酒莊，釀造出最類似歐洲風格的澳洲葡萄酒。而這也說明了為何維多利亞州雖然面積不大，卻擁有最多的葡萄酒產區以及為數最多的葡萄酒莊。

在靠近墨爾本附近的南部海岸區涼爽多雨，有著比布根地還要寒冷的氣候，越往北、往內陸，氣候越乾燥炎熱，在西北部的Swan Hill和Murray Darling已經是幾近莽原，以人工灌溉的廣闊葡萄園生產大規模的廉價葡萄酒。在眾多環境殊異的產區中，以環繞著Port Phillipe海灣，氣候寒冷的Yarra Valley、Geelong、Mornington半島、Sunbury和Macedon Range等南部的寒冷產區最為特別，在這些產區主要生產了包括清爽多酸的氣泡酒，柔和精巧多果香的黑皮諾紅酒，均衡多酸少橡木味的夏多內，產自涼爽氣候、更為多酸高雅的卡本內-蘇維濃和希哈紅酒等等，都有極精采的表現，共同成為澳洲在南澳風格的陽光葡萄酒外，另一種更為均衡精緻、有更多細節、也更適合佐餐的澳洲葡萄酒風格。

墨爾本東北郊的Yarra Valley是州內最早種植葡萄，而且最知名的葡萄酒產區。因為氣候寒冷，可以釀出均衡多果味的高品質黑皮諾，夏多內也表現較優雅均衡的風格，兩者都名列澳洲的最佳產區之一。希哈和卡本內-蘇維濃雖不及南澳的巴羅沙谷(Barossa Valley)產區那般深厚，但卻更為高雅，且有耐久的潛力，有著接近北隆河與梅多克的架構與質地。此外，麗絲玲和白蘇維濃也相當迷人可口，而且，Yarra Valley還是澳洲最佳的氣泡酒產區之一，在全球各產區中，很少有一個面積這麼小的產區卻生產出這麼多樣風格的精采葡萄酒。墨爾本南邊的Mornington半島和西邊的Geelong氣候因為直接臨海，甚至於更加寒冷，主要專注於生產更細緻多酸的黑皮諾，另外也生產非常清麗迷人的夏多內。Macedon Range雖然離海較遠，但因為海拔最高，也是一個相當寒冷的產區，不僅以氣泡酒聞名，黑皮諾和夏多內也有相當精采的表現。

中部的維多利亞州氣候較為乾燥極端，有較多的大陸性氣候特質，日夜溫差大，主要以生產紅酒為主，特別是希哈紅酒最為著名，卡本內-蘇維濃也相當多。Bendigo的面積最大，但是Heathcote卻是更吸引人的精華區，跟Bendigo比起來，Heathcote氣候涼爽而且擁有非常適合種植希哈、稱為Cambrian的紅色石灰黏土，可以釀出單寧圓熟、口感深厚的精采希哈紅酒，在均衡與

上：專精於生產黑皮諾紅酒的Morington半島。
下：Yarra Valley的Cold Stream Hill酒莊。

上：Heathcote的Jasper Hill酒莊。
下：Gippsland出產的黑皮諾紅酒。

細緻度上甚至勝過南澳的巴羅沙谷。來自義大利的山吉歐維列和內比歐露也有非常好的潛力。Heathcote東邊的Strathbogie Ranges和Upper Goulburn海拔由北往南爬升到1,800公尺，前者海拔較低，生產頗堅實的希哈和卡本內-蘇維濃，到了南邊的Upper Goulburn則主產非常多酸的夏多內與相當多香的麗絲玲。

維多利亞州東北部地區的Glenrowan和Rutherglene過去以出產氧化甜熟的加烈酒為主，現在則生產濃厚多酒精的希哈以及卡本內紅酒，也產一些濃厚干白酒。稍南邊一點的Alpine Valley和King Valley海拔較高，氣候比較涼爽，除了希哈和卡本內-蘇維濃之外，也種植較多的義大利品種。

西澳大利亞 Western Australia

雖然西澳是澳洲最大的一州，但葡萄酒產區卻侷促在西南部尖端的小角落，因為地廣人稀，雖然有相當優異的條件，但是葡萄園的面積一直不是很大。位在伯斯市北方的Swan Valley酷熱乾燥，是最早成名的產區，以白梢楠釀成的平價白酒頗均衡可口。伯斯市南方的海岸邊因為有南極寒流經過，氣候比較溫和，更適合釀造精采的葡萄酒，以極西南邊的Margaret River產區最為著名，是澳洲最佳的卡本內-蘇維濃產區之一，有厚實堅挺的架構。梅洛也有好表現，經常混合成Cabernet-Merlot。夏多內也是明星品種，除了濃郁豐滿之外，也有一些耐久的潛力，白蘇維濃和榭密雍亦相當可口。西澳最南端的Great Southern產區面積廣闊，除了濕涼的海岸區，大部分屬於大陸性氣候區。麗絲玲是最具代表的品種，展現迷人的香氣和爽口的酸味，已經接近南澳克雷兒谷的水準。除了卡本內-蘇維濃外，希哈也越來越精采。

塔斯馬尼亞島 Tasmania

位在澳洲最南端的塔斯馬尼亞島氣候寒冷潮濕，加上強勁的西風，種植不易，葡萄園的面積和產量都很小。但全球暖化以及尋求更涼爽氣候種植葡萄的趨勢，讓塔斯馬尼亞島日漸受到重視。島上的地形多變化，造就一些可以避風和防霜害的特殊環境，北部的Tamar Valley和南部的Derwent是島上的主要產區。適合寒冷氣候的黑皮諾、夏多內，以及麗絲玲和格烏茲塔明那是表現最好的品種。除了一般的葡萄酒，也產爽口的氣泡酒。另外，在比較避風的東岸地區，也產寒冷氣候的卡本內-蘇維濃紅酒。

昆士蘭 Queensland

昆士蘭的氣候炎熱，只有在南部靠近新南威爾斯邊界的山地地區有小量的種植，特別是在Granite Belt產區，海拔達800公尺的大陸性氣候，可生產和獵人谷類似的希哈紅酒和榭密雍白酒。

南澳大利亞 South Australia

　　南澳大利亞是澳洲最重要的葡萄酒產區，除了生產全澳50%的葡萄酒，同時這裡產的希哈、夏多內、卡本內-蘇維濃和麗絲玲全都是澳洲最具代表性的典型。南澳的氣候非常乾燥酷熱，葡萄園全部集中在東南部向南延伸的狹長海岸區域，受到西風的影響，南澳這片與維多利亞隔鄰的東南角落，有著全州最溫和涼爽的氣候。大部分的葡萄園集中在阿德雷得市附近，包括城東的阿德雷得丘(Adelaide Hills)、城南的麥克雷倫谷(McLaren Vale)、城北的巴羅沙谷與艾登谷(Eden Valley)以及更北面的克雷兒谷，都名列澳洲最佳產區。此外，南澳在墨雷河(Murray)上游更內陸的地方，還有一片廣大的葡萄酒產區Riverland，和維多利亞的Murray Darling產區連結，是澳洲大規模生產的平價葡萄酒最核心的產區。在南澳極東南角的氣候比較涼爽，還有Coonawarra和Padthaway兩個知名產區。

巴羅沙谷 Barossa Valley

　　巴羅沙谷是澳洲最知名的產區，位於阿德雷得東北方70公里。自一八五〇年就開始葡萄酒的生產，因為沒有蚜蟲病的問題，當時所種植的葡萄園還有一小部分保留至今。幾乎所有澳洲的大型酒廠不是建基在此就是在谷地內設有酒廠，是全澳洲最名符其實的釀酒中心，許多南澳其他產區的葡萄也經常運到巴羅沙谷釀造。9,000公頃的葡萄園大多種植黑葡萄，其中超過一半是希哈，因為谷地內相當炎熱乾燥，而且有不少百年的希哈葡萄園，常釀成顏色深黑、香氣濃郁，充滿著巧克力、尤加利樹葉與成熟黑莓果味的奔放酒香，酒精通常很高，口感相當濃厚，並且有著強勁卻又圓熟的單寧，是澳洲紅酒的最典型代表。因為環境的關係，巴羅沙谷主要生產濃厚型的紅酒，除了希哈，卡本內-蘇維濃也相當精采，區內也保有珍貴的格那希與慕維得爾老樹，原用來釀造加烈酒，現常與希哈混合調配。即使非常熱，巴羅沙谷也產一些白酒，以麗絲玲為主，主要種植於東面海拔較高的區域。

艾登谷 Eden Valley

　　巴羅沙東部的丘陵區稱為艾登谷，海拔550公尺，氣候比巴羅沙來得涼爽，葡萄園雖然不多，但這裡的希哈卻能釀造成更為均衡優雅的精采紅酒，卡本內-蘇維濃與梅洛也有更高雅的風格。不過艾登谷的招牌卻是白酒，以麗絲玲種植最廣也最具代表。通常可釀成多酸且具花香、礦石與檸檬果香的清新風格，爽口早熟但也頗耐久存，成熟後常有獨特的焦味香氣。南澳的麗絲玲通常酒精度較德國和奧地利來得高一些，以干型為主，很少帶有甜分，是澳洲最值得自豪的酒種之一。

▌上：在巴羅沙谷還保留許多種植著百年老樹、無人工灌溉的葡萄園。
▌中：一八四九年建立的Yalumba酒莊，是巴羅沙谷典型的十九世紀石造酒窖。
▌下：全澳洲最知名的單一葡萄園Hill of Grace位在海拔較高的艾登谷，生產風格非常高雅的希哈紅酒。

■ 左：Picadilly是阿德雷得丘以產夏多內著名的名
　園。
■ 中：麥克雷倫谷D'Arenberg酒莊的希哈老樹。
■ 右：克雷兒谷的Watervale附近以出產柔和多果味
　的麗絲玲聞名。

克雷兒谷 Clare Valley

　　克雷兒谷雖是南澳最偏北的葡萄酒產區，但由於海拔較高，氣候不至於過熱，加上更接近大陸性氣候，日夜溫差大，晚上的溫度非常低，連同區內的石灰質土壤，讓葡萄保有非常高的酸味，常有檸檬、礦石與汽油香氣，具久存潛力，是澳洲最典型的麗絲玲產區。克雷兒谷為一南北狹長的谷地，在南段Watervale附近主產多檸檬果香、口感較柔和的麗絲玲，中段東側的Polish Hill則以出產非常強勁多酸、極端耐久的麗絲玲聞名。除了麗絲玲，克雷兒谷生產的希哈和卡本內-蘇維濃也相當著名，常比巴羅沙多一些變化和酸味，但口感同樣非常濃厚，而且顏色更深，常有更多的單寧和澀味。

阿德雷得丘、麥克雷倫谷 Adelaide Hills, McLaren Vale

　　阿德雷得丘位在阿德雷得市的東邊山區，因海拔高，氣候涼爽，雨量也多，東邊最高近600公尺，甚至因過於寒冷僅能釀造氣泡酒。夏多內、麗絲玲與白蘇維濃多酸且均衡，名列澳洲的最佳產區之一。希哈和卡本內-蘇維濃也有種植，主要集中於海拔較低的東部。阿德雷得城南的麥克雷倫谷位居海與山丘之間，因有海洋的調節，氣候比較溫和，生產的希哈紅酒除了口味濃重，有著甜熟的單寧，卻有較高雅和細緻的變化，也頗耐久，是澳洲的最佳產區之一。卡本內-蘇維濃也有類似的風格，亦有一些格那希老樹，白酒以夏多內為主，也有不錯的白蘇維濃。

Coonawarra、Padthaway

　　Coonawarra位在南澳的最東南邊，葡萄園座落在平坦的紅土平原上，是一個主要生產紅酒的頂尖產區。這裡的紅土叫作Terra Rossa，排水性佳，底土則是白色的石灰土，卡本內-蘇維濃在這樣的環境有相當好的表現，強勁堅實而且耐久，為全澳洲最佳的卡本內-蘇維濃產區。希哈和梅洛也有相當的水準。Padthaway位在Coonawarra北邊，生產類似風格的紅酒，但白酒也相當著名，出產可口的夏多內、麗絲玲及白蘇維濃。

紐西蘭
New Zealand

上：紐西蘭的飛鳥眾多，葡萄園到了採收季必須加罩細網以防鳥啄食。

下：南島東北邊的Nelson晴朗多陽，生產非常精采的黑皮諾與麗絲玲。

　　紐西蘭是一個發展相當晚進的葡萄酒產國，雖然葡萄園的面積在近十年來快速增長2.5倍，但依舊是一個葡萄園面積僅近兩萬多公頃、產量一億多公升的小型產國。但是，這完全不影響紐西蘭躋身為全球知名的葡萄酒產區。獨特的自然條件讓本地的葡萄酒有難以比擬的獨特風味，擁有乾淨純美的水果香氣、可口誘人的爽口酸味。特別是馬爾堡(Marlborough)產區的白蘇維濃，以及馬丁堡(Martinborough)和中部奧塔戈(Central Otago)產的黑皮諾，都已經是不可忽視的新經典產區。

地形與氣候

　　紐西蘭南北兩個狹長的島嶼，因為四面環海，而且緯度高，氣候寒冷潮濕。南島的中部奧塔戈產區甚至是全世界最南邊的葡萄酒產區。北島的氣候較為溫和，特別是東部霍克斯灣(Hawke's Bay)產區主產成熟濃厚紅酒。紐西蘭豐沛的雨量不是非常有利葡萄的生長，為了避開西部較多的水氣，不論南、北島，葡萄園大多位於比較少雨的東岸，並且靠著精確的藤架與引枝法應用，改善了過於潮濕的問題。無論如何，紐西蘭涼爽的氣候以及特別長的生長季，讓紐西蘭葡萄酒共同擁有非常清新的爽口酸味以及可口的新鮮果味。

葡萄品種

　　紐西蘭的葡萄酒大多採用單一品種釀製，品種是選購的重要指標。因為氣候的緣故，白葡萄比黑色品種來得重要。白蘇維濃近年來取代夏多內，成為最種植最廣的品種，占全國三分之一以上的面積，優異的白葡萄還包括麗絲玲和成長非常快的灰皮諾，除了干型酒，近年來白葡萄也用來生產可口的甜型酒。成長快速的黑皮諾是紐西蘭最重要的黑葡萄，主要種植於北島南邊與南島，卡本內-蘇維濃、梅洛和新近增加的希哈等品種，大多種植於北島北部和東部。

葡 萄 酒 產 區

紐西蘭南北差距1,600公里，已經有十多個葡萄酒產區，出產多種風格的葡萄酒。

北島 North Islands

北島氣候較炎熱，紅酒的表現最佳。第一大城奧克蘭附近即是葡萄酒產區，葡萄園主要位在西北城郊，因為氣候太潮濕，葡萄園不多，但因為交通便利是紐西蘭的釀酒中心，集聚許多大型酒廠。奧克蘭附近的威黑克島(Waiheke Island)因為島上有特別炎熱乾燥的氣候，可釀出相當濃厚堅實的紅酒。霍克斯灣以出產口味濃重的紅酒聞名，主要採用卡本內-蘇維濃及梅洛釀造。

霍克斯灣是紐西蘭最早發展葡萄酒業的地方，氣候較全國其他產區來得乾燥多陽，是紐西蘭最重要的卡本內-蘇維濃紅酒產區，比較早熟的梅洛也有不錯的品質。霍克斯灣也生產相當多的夏多內和白蘇維濃，風格較為柔和甜潤。北島東北角的吉斯本(Gisborne)比霍克斯灣炎熱而且潮濕，主產白酒，以散發熱帶水果香氣，口感濃郁肥美，類似澳洲風格的夏多內白酒著名。北島南端首都威靈頓(Wellington)附近的Wairarapa產區因為氣候較涼爽，葡萄酒的風格更均衡高雅，黑皮諾和卡本內-蘇維濃都有相當的品質，特別是黑皮諾常有非常奔放的果香與清爽多酸的口感，以產自馬丁堡鎮旁河階沙地的強勁黑皮諾最為著名。

南島 South Islands

南島的氣候寒冷但日照充足，得以保留葡萄的清新果味，南島東北面的馬爾堡是紐西蘭最大的葡萄酒產區，有將近一半的紐西蘭葡萄園位在這個自一九七三年才開始種植葡萄、以白蘇維濃干白酒聞名全球的產區。這裡出產的白蘇維濃經常散發著新鮮濃郁的百香果、醋栗與青草香氣，可口多酸且容易辨識，是紐西蘭最具代表性的酒種。馬爾堡的夏多內、黑皮諾、灰皮諾和麗絲玲也一樣具有清新迷人的風味。馬爾堡最佳的葡萄園位在多河沙與鵝卵石的Wairau河南岸平原上，寒冷多陽以及日夜溫差大和較長的生長季節，造就了這裡帶著奔放果香的白蘇維濃白酒。

位在南島西北邊的Nelson因為地形阻隔水氣，是紐西蘭最多晴天的地區，除了黑皮諾外，麗絲玲是明星品種。南島東岸的坎特布里(Canterbury)氣候更冷，Waipara和鄰近的Waikari是區內最為精華的產區，黑皮諾和麗絲玲都有相當精彩的表現。更南邊的中部奧塔戈是紐西蘭少數具大陸性氣候的地區，氣候冬寒夏熱，而且乾燥，地形變化大，有不少頁岩地質，生產香氣非常奔放、口感柔和多酸的黑皮諾紅酒。奧塔戈北邊的Waitaki多石灰土質，是黑皮諾的潛力產區。

附錄一

梅多克列級酒莊
Crus Classés du Médoc

▌ 一級酒莊 Premiers crus
Château Lafite-Rothschild (Pauillac)

Château Margaux (Margaux)

Château Latour (Pauillac)

Château Haut-Brion Pessac

Château Mouton Rothschild (Pauillac)

▌ 二級酒莊 Secondes crus
Château Rauzan-Ségela (Margaux)

Château Rauzan-Gassie (Margaux)

Château Léoville Las Cases (Saint Julien)

Château Léoville-Poyféré (Saint Julien)

Château Léoville-Barton (Saint Julien)

Château Dufort-Vivens (Margaux)

Château Gruaud-Larose (Saint Julien)

Château Lascombes (Margaux)

Château Brane-Cantenac (Cantenac)

Château Pichon-Longueville (Pauillac)

Château Pichon-Longueville- Comtesse de Lalande
(Pauillac)

Château Ducru-Beaucaillou (Saint Julien)

Château Cos-d'Estournel (Sait Estèphe)

Château Montrose (Saint Estèphe)

▌ 三級酒莊 Troisièmes crus
Château Kirwan (Cantenac)

Château d'Issan (Cantenac)

Château Lagrange (Saint Julien)

Château Langoa (Saint Julien)

Château Giscours (Labarde)

Château Malescot-Saint-Exupery (Margaux)

Château Boyd-Cantenac (Cantenac)

Château Cantenac-Brown (Cantenac)

Château Palmer (Cantenac)

Château La Lagune (Ludon en Médoc)

Château Desmirail (Cantenac)

Château Calon-Ségur (Saint Estèphe)

Château Ferrière (Margaux)

Château Marquis-d'Alesme-Becker (Margaux)

▌ 四級酒莊 Quartièmes crus
Château Saint-Pierre (Saint Julien)

Château Talbot (Saint Julien)

Château Branaire-Ducru (Saint Julien)

Château Duhart-Milon Rothschild (Pauillac)

Château Pouget (Cantenac)

Château La Tour Carnet (Saint Laurent)

Château Lafon-Rochet (Saint Estèphe)

Château Beychevelle (Saint Julien)

Château Prieuré-Lichine (Cantenac)

Château Marquis de terme (Margaux)

▌ 五級酒莊 Cinquièmes crus
Château Pontet-canet (Pauillac)

Château Batailley (Pauillac)

Château Haut-Batailley (Pauillac)

Château Grand-Puy-Lacoste (Pauillac)

Château Grand-Puy-Ducasse (Pauillac)

Château Lynch-Bages (Pauillac)

Château Lynch-Moussas (Pauillac)

Château Dauzac (Labarde)

Château d 'Armailhac (Pauillac)

Château du Terte (Arsac)

Château Haut-Bages-Libéral (Pauillac)

Château Pédesclaux (Pauillac)

Château Belgrave (Saint Laurent)

Château de Camensac (Saint Laurent)

Château Cos-Labory (Saint Estèphe)

Château Clerc-Milion (Pauillac)

Château Croizet-Bages (Pauillac)

Château Cantemerle (Macau)

附錄二

索甸與巴薩克列級酒莊
Crus Classés de Sauternes et de Barsac

▌ 優等一級酒莊 Premier cru supérieur
Château d'Yquem

▌ 一級酒莊 Premiers crus
Château La Tour Blanche

Château Clos Haut-Peyraguey

Château Lafaurie-Peyraguey

Château Rayne-Vigneau

Château Suduiraud

Château Coutet

Château Climens

Château Guiraud

Château Rieussec

Château Rabaud-Promis

Château Siglas-Rabaud

▌ 二級酒莊 Deuxièmes crus
Château Myrat

Château Doisy-Daëne

Château Doisy-Dubroca

Château Doisy-Védrines

Château d'Arche

Château Filhot

Château Broustet

Château Nairac

Château Caillou

Château Suau

Château de Malle

Château Romer

Château Romer de Hayot

Château Lamothe

Château Lamothe-Guignard

|附錄三|
格拉夫列級酒莊
Crus Classés de Graves

Château Bouscaut 紅酒/白酒

Château Carbonnieux 紅酒/白酒

Domaine de Chevalier 紅酒/白酒

Château Couhins 白酒

Château Couhins-Lurton 白酒

Château Fieuzal 紅酒

Château Haut-Bailly 紅酒

Château Haut-Brion 紅酒

Château Laville-Haut-Brion 白酒

Château Malartic-Lagravière 紅酒/白酒

Château La-Mission-Haut-Brion 紅酒

Château d'Olivier 紅酒/白酒

Château Pape Clement 紅酒

Château Smith-Haut-Lafitte 紅酒

Château La Tour-Haut-Brion 紅酒

Château La Tour Martillac 紅酒/白酒

|附錄四|
聖愛美濃列級酒莊
Crus Classés de Saint-Emilion（2006年）

▌一級特等酒莊Premiers grands crus A級

Château Ausone

Château Cheval Blanc

▌一級特等酒莊Premiers grands crus B級

Château Angélus

Château Beauséjour Duffau-Lagarrosse

Château Beau-Séjour-Bécot

Château Belair

Château Canon

Château Figeac

Château La Gaffelière

Château Magdelaine

Château Pavie

Château Pavie-Macquin

Château Troplong-Mondot

Château Trottevieille

Clos Fourtet

▌特等酒莊Grands crus classé

Château Balestard la Tonnelle

Château Bellefont-Belcier

Château Bergat

Château Berliquet

Château Cadet Piola

Château Canon la Gaffelière

Château Cap de Mourlin

Château Chauvin

Château Corbin

Château Corbin Michotte

Château Dassault

Château Destieux

Château Fleur-Cardinale

Château Fonplégade

Château Fonroque

Château Franc Mayne

Château Grand Corbin

Château Grand Corbin Despagne

Château Grand Mayne

Château Grand Pontet

Château Haut Corbin

Château Haut Sarpe

Château L'Arrosée

Château La Clotte

Château La Couspaude

Château La Dominique

Château La Serre

Château La Tour Figeac

Château Laniote

Château Larcis Ducasse

Château Larmande

Château Laroque

Château Laroze

Château Le Prieuré

Château Les Grandes Murailles

Château Matras

Château Monbousquet

Château Moulin du Cadet

Château Pavie-Decesse

Château Ripeau

Château Saint-Georges-Côte-Pavie

Château Soutard

Clos de l'Oratoire

Clos des Jacobins

Clos Saint-Martin

Couvent des Jacobins

|附錄五|
布根地村莊級法定產區與特級葡萄園

▌夏布利與歐歇瓦AOC

Petit Chablis

Chablis

Chablis premier cru

Chablis grand cru

Irancy

Saint Bris

▌夜丘區村莊級AOC

Chambolle-Musigny

Côte de Nuits-Villages

Fixin

Gevrey-Chambertin

Marsannay

Morey-Saint-Denis

Nuits-Saint-Georges

Vosne-Romanée

Vougeot

▌伯恩丘區村莊級AOC

Aloxe-Corton

Beaune

Pommard

Volnay

Auxey-Duresses

Blagny

Chassagne-Montrachet

Chorey-lès-Beaune

Côte de Beaune

Côte de Beaune-Villages

Ladoix-Serrigny

Meursault

Monthélie

Pernand-Vergelesses

Puligny-Montrachet

Saint-Aubin

Saint-Romain

Santenay

Savigny-lès-Beaune

Maranges

▌夜丘區特級葡萄園AOC

Bonnes Mares

Chambertin

Chambertin-Clos de Bèze

Chapelle-Chambertin

Charmes-Chambertin

Mazoyères-Chambertin

Clos de la Roche

Clos des Lambrays

Clos Saint-Denis

Clos de Tart

Clos de Vougeot

Échezeaux

Grands Échezeaux

Griotte-Chambertin

La Grande Rue

La Tâche

Latricières-Chambertin

Mazis-Chambertin

Musigny

Richebourg

Romanée

Romanée-Conti

Romanée-Saint-Vivant

Ruchottes-Chambertin

▌伯恩丘區特級葡萄園AOC

Bâtard-Montrachet

Bienvenues-Bâtard-Montrachet

Chevalier-Montrachet

Corton

Criots-Bâtard-Montrachet

Montrachet

Corton-Charlemagne

|附錄六|
義大利DOCG產區

▌PIEMONTE

Asti 與 Moscato d'Asti

Barbaresco

Barolo

Brachetto d'Acqui 或 Acqui

Dolcetto di Dogliani Superiore 或 Dogliani

Gattinara

Gavi 或 Cortese di Gavi

Ghemme

Roero

▌LOMBARDIA

Franciacorta

Sforzato di Valtellina 或 Sfursat di Valtellina

Valtellina Superiore

▌VENETO

Recioto di Soave

Soave Superiore

▌FRIULI

Colli Orientali del Friuli Picolit

Ramandolo

▌TOSCANA

Brunello di Montalcino

Carmignano

Chianti

Chianti Classico

Morellino di Scansano

Vernaccia di San Gimignano

Vino Nobile di Montepulciano

▌MARCHE

Conero

Vernaccia di Serrapetrona

▌ABRUZZO

Montepulciano d'Abruzzo Colline Teramane

▌UMBRIA

Montefalco Sagrantino

Torgiano Riserva

▌CAMPANIA

Fianco di Avellino

Greco di Tufo

Taurasi

▌SARDINIA

Vermentino di Gallura

▌SICILIA

Cerasuolo di Vittoria

|附錄七|
年份表

葡萄酒產區	06	05	04	03	02	01	00	99	98	97	96	95	其他優異年份
法國波爾多左岸紅酒(Médoc)	7	10	8	9	8	8	10	7	7	6	9	8	90, 89, 86, 85, 82, 79, 75, 70
法國波爾多右岸紅酒(Pomerol)	8	9	8	8	6	8	10	8	9	6	8	9	90, 89, 88, 85, 82, 78, 71, 70
法國波爾多貴腐甜酒(Sauterne)	6	9	7	10	7	10	8	9	8	9	8	8	90, 89, 88, 86, 83, 79, 75, 70
法國布根地紅酒(Côte de Nuits)	7	10	8	8	9	8	7	8	8	7	8	8	93, 90, 89, 85, 83, 78, 76, 71
法國布根地白酒(Côte de Beaune)	8	8	8	6	9	7	8	7	7	8	9	8	92, 89, 85, 83, 79, 78, 71
法國香檳	8	7	8	6	9	7	8	8	8	8	10	9	90, 89, 88, 83, 82, 86, 75,
法國隆河谷地北部紅酒	9	9	8	9	6	8	8	10	9	9	7	8	91, 90, 89, 88, 86, 85, 83, 78, 70
法國隆河谷地南部紅酒	9	10	9	9	5	9	9	8	10	7	6	8	90, 89, 88, 86, 85, 81, 79, 78
法國阿爾薩斯白酒	7	8	7	8	9	9	9	8	9	9	10	9	94, 93, 90, 89, 88, 85, 83, 76,71
義大利西北部紅酒(Piemonte)	8	6	8	6	6	9	8	8	10	9	10	7	90, 89, 88, 85, 82, 79, 78, 71, 70
義大利中部紅酒(Toscana)	9	7	9	8	6	9	7	10	7	9	9	9	93, 90, 88, 85, 82, 78, 71
西班牙北部紅酒(Rioja)	8	9	8	8	6	9	6	7	8	6	8	10	94, 91, 83, 82, 81, 76, 75, 70, 68
西班牙中部紅酒(Ribera del Duero)	8	8	8	8	6	9	6	8	8	7	10	10	94, 91, 90, 89, 87, 86, 82, 81
葡萄牙波特酒	7	10	8	9	6	8	10	7	7	8	6	5	94, 92, 91, 85, 83, 77, 70, 66, 63
德國Mosel	8	9	9	9	9	10	7	8	7	9	8	9	94, 93, 90, 89, 88, 76, 75, 73, 71
德國Rheingau	8	9	9	9	8	9	6	8	8	9	8	9	90, 89, 88, 85, 83, 76, 75, 71
美國加州Cabernet Sauvignon	8	8	8	9	9	10	7	8	7	10	7	9	94, 92, 91, 90, 87, 86, 85, 78, 70
美國加州Zinfandel	7	7	8	8	8	9	7	8	7	8	8	8	94, 93, 92, 91, 90, 87
美國奧立崗州Pinot Noir	8	9	9	8	9	8	8	9	7	6	8	6	93, 90, 89, 85, 83
美國華盛頓州Cabernet Sauvignon	9	8	7	8	8	9	8	9	9	8	8	7	94, 90, 89, 85
智利Central Valley Cabernet Sauvignon	8	9	8	9	8	9	8	9	7	9	7	9	94, 93, 92, 90, 87
阿根廷Mendoza Malbec	9	10	9	9	9	7	8	9	7	8	7	8	94, 93, 92
南非Western Cape紅酒	9	9	8	9	8	8	9	8	8	8	7	9	93, 92, 91, 88
澳洲Barossa Valley Shiraz	7	7	9	7	10	8	5	6	9	9	10	7	91, 90, 85, 84, 82, 79, 76,
澳洲Coonawarra Cabernet-Sauvignon	9	8	7	9	9	8	6	9	9	8	9	7	94, 91, 90, 88, 86, 82
澳洲Hunter Valley Sémillon	9	9	8	7	7	8	9	8	9	6	10	8	93, 91, 89, 88, 87, 86, 85, 83, 80,
澳洲Clare Valley Riesling	9	10	7	8	10	8	9	8	8	10	8	9	94, 90, 87, 86
紐西蘭Martinborough Pinot Noir	8	9	8	9	6	9	9	8	8	8	9	7	94, 91
紐西蘭Marlborough白酒	8	7	9	8	8	9	9	8	7	9	9	7	94, 91, 90, 89, 88

＊10：完美年份 9：極優年份 8：非常好的年份 7：不錯的年份 6：較差年份 5：壞年份 4以下：極差年份

主要參考書目

Anderson B., Wines of Italy, 2002, Mitchell Beazley.

Bastianich J. and Lynch D., Vino Italiano, 2002, Potter.

Bazin J.-F., Le Vin de Bourgogne, 1996, Hachette.

Beeston J., The Wine Regions of Australia, 2002, Allen & Unwin.

Belfrage N., Barolo to Valpolicella, 2004, Mitchell Beazley.

Belfrage N., Brunello to Zibibbo, 2003, Mitchell Beazley.

Bettane M. et Dessauve T., Le Classement de 2005, La Revu du Vin de la France, Paris.

Brook S., The Wines of Germany, 2003, Mitchell Beazley.

Brook S., Wines of California, 2002, Mitchell Beazley.

Casamayor P., La Dégustation, 2006, Hachette.

Cernilli D. and Sabellico M., The New Italy, 2000, Mitchell Beazley.

Clarke O., Atlas Hachette des Vins du Monde, 1995, Hachette, Paris.

Clarke O., Encyclopedia of Wine, 1993, Simon & Schuster, New York.

Clarke O., The Essential Wine Book, 1989, Fireside, New York.

Coates C., Côte d'Or, 1997, University of California.

Coates C., Encyclopedia of the Wines and Domaines of France, 2000, University of California.

Coates C., The Wines of Bordeaux, 2004, Mitchell Beazley.

Cooper M., Buyer's Guide to New Zealand 2007, Hodder Moa.

Diel A. And Payne J., German Wine Guide, 1999, Abbeville.

Dominé A., Le Vin, 2001, Place des Victoires.

Enoteca Italiana, The list of Italian DOC and DOCG Wines, 2002, Enoteca Italiana, Siena.

Fielden C., The Wines of Argentina, Chile, and Latin America, 2003, Mitchell Beazley.

Fribourg G. et Sarfati C., La Degustation, 1989, Université du Vin, Suze-la-Rousse.

Galet P., Grands Cépages, 2006, Hachette.

George R., The Wines of the South of France, 2003, Mitchell Beazley.

Halliday J. Wine Atlas of Australia, 2006, Mitchell Beazley.

Halliday J., Australian Wine Companion 2007 Edition, Collins.

Halliday J., Wines of Australia, 2003, Mitchell Beazley.

Hanson A., Burgundy, 2004, Mitchell Beazley.

Hawkins B., Rich, Rare & Red – a Guide to Port, 2003, Wine Appreciation Guild.

Jefford A., The New France, 2002, Mitchell Beazley.

Jeffs J., The Wine of Spain, 1999, Faber and Faber.

Johnson H. and Halliday J., The Vinter's Art, 1992, Simon & Schuster.

Johnson H. and Robinson J., The World Atlas of Wine 3rd Edition, 2001, Mitchell Beazley.

Johnson H., How to Enoy Wine, 1985, Fireside, New York.

Johnson H., Une Histoire Mondial du Vin, 1990, Hachette, Paris.

Johnson H., Wine Companion Third Edition, Michell Beazley, London.

Kramer M., Making Sense of Wine, 1989, William Morrow, New York.

Kramer M., New California Wine, 2004, Running Press.

Larousse, Larousse Encyclopedia of Wine, 1994, Larousse, Paris.

Larousse, Vin & Vignoble de France, 1987, Larousse, Paris.

Mayson R., Port and The Douro, 1999, Faber and Faber.

Mayson R., The Wines and Vineyards of Portugal, 2003, Mitchell Beazley.

McNie M., Champagne, 2000, Faber and Faber.

Moisseeff M. et Casamayor P., Arômes du Vin, 2006, Hachette.

Navarre C., L'Oenologie, 1998, Lavoisier TEC & DOC.

Norman R., Rhone Renaissance, 1995, Mitchell Beazley.

Nusswitz P., L'Accord des Vins et des Mets, 1991, Dormonval.

O.I.V., Lexique de la Vigne et du Vin, 1984, Office International de la Vigne et du Vin, Paris.

Peñín J., Guía Peñín 2007, Peñín.

Peppercorn D., Bordeaux, 2004, Mitchell Beazley.

Peynaud E. Connaissance et Travail du Vin, 1984, Dunod, Paris.

Peynaud E., Le Goût du Vin, 1983, Dunod, Paris.

Priewe J., L'Univers du Vin, 1998, Hachette.

Proensa A., Guía Proensa 2006, Vade Vino.

Radford J., The New Spain, 2002, Mitchell Beazley.

Read J., The Wines of Spain, 2005, Mitchell Beazley.

Reynier A., Manuel de Viticulture, 1997, Lavoisier TEC & DOC.

Ribéreau-Gayon P., Atlas Hachette des Vins de France, 1993, Hachette, Paris.

Robinson J., Guide to Wine Grapes, 1996, Oxford.

Robinson J., How to Taste, 2000, Simon & Schuster.

Robinson J., Jancis Robinson's Wine Course, 2003, BBC.

Robinson J., Le livre des Cépages, 1988, Hachette, Paris.

Robinson J.,The Oxford Companion to Wine, 3rd Edition, 2006, Oxford University Press, Oxford.

Schreiner J., Icewine, 2001, Warwick.

Simon J., Wine with Food, 1996, Mitchell Beazley.

Stevenson T., The New Sotheby's Wine Encyclopedia, 2001, Dorling Kindersley.

Stevenson T., Wine Report 2004/2005/2006/2007, Dorling Kindersley.

Stevenson T., World Encyclopedia of Champagne & Sparkling Wine, 2003, Wine Appreciation Guild.

Strang P., Languedoc Roussillon, 2002, Mitchell Beazley.

Watson J., Vinos de España, 2002, Montagud.

Wilson J., Terroir, 1998, Mitchell Beazley.

法國葡萄酒翻譯詞解, 2003, SOPEXA.

照片出處

本書照片除以下所列之外，皆為作者拍攝。

封面：廖家威
P11：謝忠道
P18上、中：Veuve Clicquot Ponsardin
P28中：Deutsches Weininstitut
P30左下、右上：Deutsches Weininstitut
P54上：Green Point
P66上：廖家威
P66中、下：張緯宇
P67上：張緯宇
P73：CIVB Bordeaux, S.A. Burdin
P104上：Veuve Clicquot Ponsardin
P107左、右：CIVA Alsace
P109左下：CIVA Alsace
P114中：CIVCRVR Côtes du Rhône
P115上：CIVCRVR Côtes du Rhône

P118左：Les Vins de Nantes, Thierry Mezerette
P123左上：Alexandre Gerbe
P124左、右：CIVRB Bergerac, Alain Benoit
P126左：CIVRB Bergerac, Alain Benoit
P140左、右：Allegrini
P141上：Allegrini
P154上、下：Tormaresca
P156：陳匡民
P184上：Iatituto do Vinho do Porto
P185上：Iatituto do Vinho do Porto
P186左、中、下：Deutsches Weininstitut
P190左、中、下：Deutsches Weininstitut
P191：Deutsches Weininstitut
P192：Deutsches Weininstitut
P103左、右上、右下：Deutsches Weininstitut
P198上、中、下：Bundesminsterium für Land-und Forstwirtschaft, Austria
P200上、下：Oremus de Vega Sicilia
P201：Oremus de Vega Sicilia
P220上、中、下：Viña Concha y Toro
P222：Viña Concha y Toro

P223上：Catena Zapata
P224上：Catena Zapata
P225上、下：Stellenzicht
P226上、下：Stellenzicht
P227上：South African Wine and Spirit Exporters' Association
P227下：Stellenzicht
P238：Tyrrell's
P230下：Stonier Vineyard
P231：Albert Yeh
P232上：Stonier Vineyard
P232下：Albert Yeh
P234上：Rumi Tanibuchi
P234中：Albert Yeh
P235中：d'Arenberg

各國葡萄酒在台推廣單位

法國食品協會
Tel: (02) 2876-6616
www.bonjourclub.com.tw
加州餐酒協會
Tel: (02) 8789-8939
www.wineinstitute.org

西班牙商務辦事處
Tel: (02) 2518-4901
www.winesfromspain.com/
義大利經濟貿易文化推廣辦事處
Tel: (02)2725-1542
www.enjoygourmet.com/italianwines/
澳洲貿易投資中心
Tel: (07) 336-4143

www.awbc.com.au
紐西蘭觀光局
Tel: (02) 2764-8986
www.nzwine.com
智利商務辦事處
Tel: (02) 2723-0329
www.winesofchile.org

台灣葡萄酒進口商

三商福寶
Tel: (02) 2502-3233
www.wine-cigar.com.tw
大同亞瑟頓
Tel: (02) 2592-5252
www.wine.com.tw
亨信
Tel: (02) 2737-0123
亞舍
Tel: (02) 2877-1178
www.oriental-house.com.tw
廣和洋酒
Tel: (02) 2735-3000
法蘭絲
Tel: (02) 2795-5615
肯歐企業
Tel: (02) 2516-8278
台灣金醇洋酒
Tel:(02) 2393-1233
www.formosawine.com.tw
長榮桂冠酒坊
Tel: (02) 2563-9966
www.evergreet.com.tw
南聯國際
Tel: (02) 2758-2911
www.nic.com.tw
威廉彼特國際
Tel: (02) 2718-2669
www.creation.com.tw

星坊酒業
Tel: (02) 2508-0079
酒之最
Tel: (02) 2702-9888
酩悅-軒尼斯
Tel: (02) 2730-1853
陶樂
Tel: (02) 2781-8218
誠品
Tel: (02) 2503-7687
酩洋國際
Tel: (02) 2712 6660
樂索門
Tel: (02) 2872-3531
www.sommelier.com.tw
橡木桶
Tel: 0800-059-099
www.drinks.com.tw
孔雀葡萄酒
Tel: (02) 2777-1050
交響樂
Tel: (02) 2741-2939
www.winesymphony.com
夏朵
Tel: (02) 2708-2567
www.chateaux.com.tw
心世紀葡萄酒
Tel: (02) 2521-3121
ncw.tw
雅得蕊
Tel: (02) 2325-6625

酒堡國際
Tel: (02) 2506-5875
大葡園洋酒
Tel: (02) 2702-5025
美多客
Tel: (02) 2705-0245
www.medoc.com.tw
泰德利
Tel: (02) 2298-3206
www.titlist.com.tw
萬樂事
Tel: (02) 2896-9911
灃商國際
Tel: (02) 2598-3588
倍若德
Tel: (02) 2336-1998
W酒坊
Tel: (02) 2704-2526
唯諾
Tel: (02) 2547-3895
卡釀葡萄酒莊園
Tel: (04) 2471-6542
玉山金醇
Tel: (04) 2321-9098
漢時
Tel: (06) 226-0098
www.brighttime.com.tw
常瑞
Tel: (07) 537-9966
開普洋酒
Tel: (07) 747-8152

索引

A

Abbaye de Cîteaux 熙篤會 12、86、193
Abruzzo 阿布魯索 146、148、149
Aconcagua 阿空卡瓜 220、222
Adelaide Hills 阿德雷得丘 234、235
Adelaide 阿德雷得市 228、234、235
Aglianico 150、154、155
Aglianico del Vulture 155
Agriano 152
Ahr 阿爾 188、191
Airén 阿依倫 161、166
Ajaccio 123
Alba 阿爾巴市 142、144
Albana 149
Albariño 阿爾巴利諾（葡：Alvarinho）162、164、165、171、180
Aldige 阿弟杰 141
Aleatico 151
Alentejo 阿連特茹 181
Alexander Valley 亞歷山大谷 212、213
Alezio 156
Alfrocheiro 181
Algarve 阿爾加維 181
Alicante 27、166
Alicante Bouchet 181
Aligoté 阿里哥蝶 91、98、100
Almansa 166
Aloxe-Corton 阿羅斯-高登村 97
Alpine Valley 233
Alsace 阿爾薩斯 28、30、31、46、50、107、108、109、194、195、199、216
Alta del Río Mendoza 門多薩河上游 224
Alto Adige 上阿弟杰 142
Alto Ebro 埃布羅河上游 163
Alt-Penedès 上佩內得斯 174
Alvarinho 180
Amador 211
Amarone della Valpolicella 141
Amontillado 64、157、176、177
Ampuis 113
Andalucía 安達魯西亞 161、166、167、175、176
Anderson Valley 安德森谷 209
Anjou 安茹 29、118、119、120
AOC(appellation d'origne contrôlée) 法國法定產區管制系統 13、70、72
Apalta 222
Aragón 亞拉岡 163、164
Arbois 129
Arinto 180、181
Arnad-Montjovet 138
Arneis 143
arrope
Arroyo Grande Valley 210
Arroyo Seco 210
Arrufiac 127
Assmannshaussen 193
Assyrtiko 203
Asti 142、143、145
Asti Spumante 31、145
Aszú 202
Aszú Eszencia 202
Aube 104
Auslese 191
Auxerrois Blanc 109
Auxerrois 歐歇瓦 92
Auxey-Duresses 97、98
AVA(Approved Viticultural Area) 美國葡萄種植區制度 204
Avellino 155
Aÿ 105

B

Ayze 129

Băbească Nagră 202
Bacchus 巴庫斯 11
Baco Noir 206、219
Bad Kreuznach 194
Badacsony 200
Baden 巴登 31、188、189、192、195
Baden-Baden 巴登-巴登市 195
Baga 180、181
Bairrada 181
Baix Penedès 下佩內得斯 173
Baixo Corgo 183
Balaton 巴拉頓湖 200
Bandol 邦斗爾 27、123
Banyuls 班努斯 64、133
Barbaresco 巴巴瑞斯柯 26、137、143、144、145
Barbera d'Alba 143
Barbera d'Asti 143、145
Barbera 巴貝拉 26、138、140、143、144、145、208
Bardolino 巴多力諾 137、140
Barolo 巴羅鏤 26、137、142、143、144、145、152
Barossa Valley 巴羅沙谷 232、233、234
Barquet 121
barrel 225公升橡木桶（法國波爾多：barrique）45
Barsac 巴薩克 79、84
Basilicata 巴西里卡達 154、155
Bas-Médoc 下梅多克 80、81
Bâtard-Montrachet 98
Beaujolais Nouveau 薄酒來新酒 38、47
Beaujolais 薄酒來 17、25、39、63、91、100、101、216、226
Beaune 伯恩市 96、97
Bellet 貝雷 123
Bendigo 232
Benedictine 本篤會 12、102
Benguela Current 本吉拉洋流 225
Bereich 189、191、192
Bergerac 貝傑哈克 124、126
Bernkastel 189、191
Beychevelle 82
Bianco 136、156
Biancolella 155
Bienvenues-Bâtard-Montrachet 98
Bierzo 畢耶羅 164、170、172
Biferno 150
Bingen 194
Binissalem 167
Bío Bío 222
Biodynamic viticulture 自然動力種植法 20
Biondi-Santi 146
Blanc de Blancs 64、106
Blanc de Morgex et de La Salle 138
Blanc de Noirs 106
Blanchots 93
Blanquette de Limoux 133
Blauer Portugieser 199
Blaufränkish 198、199
bleeding 放血 33
blending 調配 35
Bobal 博巴爾 162、166
Bodensee 195
Bolgheri Sassicaia 151
Bolgheri 博給利 153
Bolzano 142
Bonarda 224
Bondarda 140

Bonnes Mares 96
Bonnezeaux 29、119
Borba 181
Bordeaux 波爾多 12、17、21、23、24、25、26、28、29、45、50、63、70、72、73、74、76、77、78、79、80、81、83、84、85、86、87、89、91、109、118、121、124、126、127、150、153、168、169、171、197、206、207、208、211、217、220、222、226
Bosa 157
Bosco 138
Botrytis cinerea 貴腐黴 20、29、52、63、83、84、109、141、189、200、202
Bougros 93
bouillie bordelaise 波爾多液 20
bouquet 陳年酒香 49
Bourboulenc 布布蘭克 113、115、132
Bourgogne 布根地 12、17、21、23、24、25、28、31、45、46、70、72、80、87、89、90、91、92、93、94、96、97、98、99、104、118、120、128、144、207、208、210、216、232
Bourgueil 布戈憶 25、119
Bouzeron 布哲宏 91、98
Bouzy 105
Brachetto 143、145
Brachetto d'Acqui 143
Braufränkisch 217
Brauneberg 191
Breede River Valley 布理德河谷 226、227
Brokenback 231
Brouilly 101
Brunello di Montalcino 136、146、152
Brunello 布雷諾 152
Brut 41、64、72、105
Bual 182
Bubal 180
Bucelas 180、181、231
budbreak 發芽 18
Bullas 166
Burgenland 198、199
Buskadi 巴斯克 127、162、164、165
Buttafuoco 140
Buzet 126

C

Cabardès 132
Cabernet Franc 卡本內-弗朗（義：Bordo）25、74、77、78、80、85、116、118、119、127、142、172、219
Cabernet Sauvignon 卡本內-蘇維濃 17、23、24、25、26、53、56、73、74、77、78、80、81、83、86、121、124、126、127、132、141、142、143、148、150、151、153、164、166、181、170、173、174、200、202、203、206、207、209、210、211、212、213、214、215、216、217、219、220、222、224、226、227、230、231、232、233、234、235、236、237
Cafayate 224
Cahors 卡歐 26、126
Cairanne 113
Calabria 加拉比亞 154、156
Calamin 197
Calatayud 164
Calistoga 卡里斯多加 214、215
Callet 167
Calvi 123
Camaralet 127
Camenère 220
Campania 坎佩尼亞 254、155
Campo de Borja 164
Canaiolo 26、146、148、151
Canberra 坎培拉 231
Cannonau 157

Cannonau di Sardegna 157
Canon-Fronsac 加儂-弗朗薩克 86
Canterbury 坎特布里 237
Cape Town 開普敦市 227
carbonic maceration 二氧化碳浸皮法 39、132
Carema 145
Carignan 卡利濃（又名Mazuelo）27、112、132、168、173、174
Carignano 157
Carignano del Sulcis 157
Cariñena 27、157、164
Carmel Valley 210
Carmenère 142
Carmignano 150
Casablanca 222
Cascade 216、217
Cask 大型橡木桶（法：foudre）45
Cassis 卡西斯 123
Castel del Monte 156
Castellina 151
Castiglione Falletto 144
Castilla y Léon 卡斯提亞-萊昂 164、170、172
Castilla-La Mancha 卡斯提亞-拉曼恰 166
Cataluña 加泰隆尼亞（Catalunya）27、161、162、163、166、173、174
Catarratto 157
Catawba 206
Cava 31、162、163、173、174
Cayentana Blanca 166
Celte 居爾特人 44
Central Coast 中部海岸 207、208、209
Central Otago 中部奧塔戈 236、237
Centre 中央區 116、118、120
Cépages nobles 優質品種 108、109
Cerasuolo 150、156
Cereza 223
Ch. Auson 85
Ch. Chalon 夏隆堡 128、129
Ch. Cheval Blanc 85
Ch. Climens 84
Ch. d'Yquem 78、84
Ch. Grillet 格里業堡 114
Ch. Haut-Brion 76、79、83
Ch. La Conseillante 86
Ch. Lafite-Rothschild 82
Ch. Lafleur 86
Ch. Latour 81
Ch. Margaux 83
Ch. Mouton-Rothschild 80
Ch. Petrus 86
Chablais 196
Chablis 夏布利 28、88、90、91、92、93
Chalone 210
Chalon-sur-Saône 夏隆市 98
Chambertin 94
Chambertin Clos-de-Bèze 94
Chambolle-Musigny 香波-蜜思妮 94、96
Champagne 香檳 12、17、24、28、38、40、48、50、55、56、61、64、70、72、102、104、106、140、145、163、174、195
chaptalization 加糖 33
Chardonnay 夏多內（又名Melon d'Arbois）17、24、28、62、87、89、90、91、92、93、96、97、98、99、100、104、105、106、109、119、123、128、129、132、133、138、141、142、168、173、174、197、198、199、200、207、209、210、211、212、213、216、217、219、220、222、224、225、227、228、230、231、232、233、234、235、236、237
Charmat method 夏馬法 40
Chassagne-Montrachet 夏山-蒙哈榭 97、98

Chasselas 夏思拉（又名Gutedel）30、109、120、129、188、196、197
château 城堡 70、72
Châteauneuf-du-Pape 教皇新堡 17、27、63、110、115
Chaume 119
Chénas 101
Chenin Blanc 白梢楠（南非：Steen）29、56、116、118、119、120、133、211、224、225、233
Chevalier-Montrachet 98
Cheverny 120
Chianti Classico 古典奇揚替 26、148、150、151、153
Chianti 奇揚替 63、136、148、151
Chiaretto 138、140
Chignin 129
Chiliegiolo 148、153
Chinon 希濃 25、119、121
Chiroubles 101
Cigales 西加雷斯 164、172
Ciliegiolo 148
Cima Corgo 183、185
Cinega Valley 210
Cinque Terre 138
Cinsault 仙梭（南非：Cinsaut）53、112、115、132、226
Cirò Classico 156
Ciron 83
Cistercian 熙篤會 12、87、193
clairet 淡紅葡萄酒 76
Clairette 113、115、123、132
Clairette de Die 113
Clare Valley 克雷兒谷 28、233、234、235
Clarksburg 211
Clavelin 128
Clone 無性繁殖系 24、25、26、210
Clos de la Roche 94
Clos de Tart 94
Clos de Vougeot 梧玖莊園 12、86、96
Clos des Chênes 97
Colares 181
Colchagua 222
cold maceration & skin contact 低溫浸皮 33、36
Colheita 185
Colli Orentali del Friuli 142
Colli Senesi 151
Colli Teramane 150
Collio 142
Colombard 225
Colorino 148、151
Columbia Valley 哥倫比亞河谷 217、219
Completer 197
con crianza 經培養成熟 160、169
Conca de Barberà 174
concentration 濃縮 33
Concord 206
Condado de Huelva 167
Condado do Tea 165
Condrieu 恭得里奧 29、30、112、114
Cònero 149
Constantia 226、227
Contra Costa 27、209
Coonawarra 234、235
Copertino 156
Corbières 柯比耶 132
Cordon de Royat 高登式 21
Cornalin 196
Cornas 高納斯 112、115
Cortese 143、145
Corton 高登 94、97

Corton-Charlemagne 高登-查里曼 97
Corvina 140
Costers del Segre 174
Costières de Nîme 113
Côte Blonde 金美丘 113
Côte Brune 棕丘 113
Côte Chalonnaise 夏隆內丘 89、91、92、98、99
Côte d'Or 金丘區 24、46、88、92、93、94、98
Côte de Beaune Villages 伯恩丘村莊 97
Côte de Beaune 伯恩丘 28、92、93、94、96、97、99
Côte de Brouilly 101
Côte de Nuits 夜丘區 92、93、94、96、97
Côte de Nuits-Villages 夜丘村莊 94
Côte de Sézanne 104
Côte des Blancs 白丘 104、105
Côte Rôtie 羅第丘 17、24、110、112、113、114
Coteaux Champenois 105
Coteaux d'Aix en Provence 艾克斯丘 121、123
Coteaux de Pierrevert 皮耶維爾丘 121
Coteaux de Saumur 119
Coteaux du Cap Corse 123
Coteaux du Languedoc 隆格多克丘 132
Coteaux du Layon 萊陽丘區 116
Coteaux du Loir 120
Côteaux du Tricastin 113
Coteaux Varois 瓦華丘 121
Côtes de Duras 126
Côtes de Provence 普羅旺斯丘 121、123
Côtes du Jura 侏羅丘 129
Côtes du Lubéron 113
Côtes du Marmandais 126
Côtes du Rhône méridionales 南隆河丘區 110
Côtes du Rhône septentrionales 北隆河丘區 110
Côtes du Rhône 隆河丘 110、113
Côtes du Roussilllon Villages 胡西雍村莊 133
Côtes du Roussillon 胡西雍丘 133
Côtes du Ventoux 113
Cotnari 202
Coulée-de-Serrant 119
coulure 落花病 19
Courbu 127
Cour-Cheverny 120
courson 結果母枝 21
Cowra 231
Cramant 105
Cream 177
Crémant d'Alsace 109
Crémant de Bourgogne 布根地氣泡酒 91、99
Crémant de Limoux 133
Crépy 129
Crimea 克里米亞 203
Criolla 223
Criots-Bâtard-Montrachet 98
Crozes-Hermitage 克羅茲-艾米達吉 114
Crus du Beaujolais 薄酒來特級村莊 101
crush 破皮 32、33、36、38
Crusting Port 184
Cucamonga Valley 211
Cuvée Prestige 頂級香檳 106
cuvée 105

D
Dão 180、181
Darling 227
Deidesheim 194
Delaware 206

demi-sec 半干型葡萄酒 72
Derwent 233
destem 去梗 22、32、33、36、38
Dézaley 197
Diamond Mountain 鑽石山 215
Dionysus 戴奧尼索斯 11
Dobrogea 202
DOC(Denominazione di Origine Controllata) 義大利法定產區 134、136
DOCG(Denominazione di Origine Controllata e Garantita) 義大利保證法定產區 136
Dolceacqua 138
Dolchetto 多切托（又名Ormeasco） 63、137、138、143、144
Dom Pérignon 貝里儂 102
Dominio de Valdepusa 158、166
Donnas 138
Dora Baltea 138
Dordogne 多爾多涅河 74、79、85、76、126
Dorin 196
Douro Superior 183
Douro 斗羅 178、180、183、184
doux 甜型葡萄酒 41
Drava 202
Dry Creek Valley 乾河谷 27、213
Duero 斗羅河 27、158、162、170、171、172
Duras 127
Durif 208

E
Echezeaux 96
Edelzwicker 阿爾薩斯「高貴的混合」 107
Eden Valley 艾登谷 234
Edna Valley 艾德納谷 210
Eger 200
Egri-Bikavér 200
Einzellagen 德國葡萄園單位 189
Eiswein 冰酒 20、33、50、58、63、186、202、218、219
Eitelsbach 191
El Dorado 211
El Levande 黎凡特地區 166
Elba 151
Elbling 190、191
Eloro 156
Eltville 193
Emilia-Romagna 艾米亞-羅馬涅 146、148、149
Empordá-Costa Brava 174
En de l'El 127
Encruzado 181
Entre Deux Mers 兩海之間 74、79
Erbach 193
Erden 191
estufa 182
Eszencia 202
Etna 156
Evora 181
Extremadura 埃斯特雷馬杜拉 166

F
Falaphina 154
Falerno del Massico 154
False bay 226
Faro 156
Faugères 佛傑爾 132
Federspier 199
Fendant 196
Fer 127
Feteascā Albā 202
Feteascā Nagrā 202

Feulla （又名：Folle Noir） 121、123
Fiano 154、155
Fiano di Avellino 155
Figari 123
filtration 過濾 35
Finger Lakes 206
fining 黏合過濾 35
Fino 64、175、176、177
Fitou 菲杜 132
Fixin 94
Flagey-Echezeaux 96
Fleurie 101
flor 175
flowering 開花 18
Fogoneu 167
fortified wine 加烈酒 13、42、43、47、49、57、133、156、157、175、178、181、184、233、234
Franciacorta 138
Frangy 110
Franken 弗蘭肯 30、195
Frascati 148、149
Freisa 143、145
Friuli-Venezia Giulia 弗里尤利-維內奇亞-朱利亞 142
Fronsac 弗朗薩克 74、86
Frontignan 133
Fronton 風東 127
Frühburgunder 191
fruit set 結果 19
Furmint 20、202

G
Gaglioppo 154、156
Gaillac 加雅克 127
Gaiole 151
galestro 150
Galicia 加利西亞 161、162、164、165、171、172
Galilee 200
gallo nero 黑公雞 151
Gamay 加美 17、25、87、89、91、99、100、118、129、196、197、216
Gambellara 141
Gamza 203
Garda Bresciano 138、140
Garda Classico 138
Garda 加達湖 138、140
Garganega 138、141
Garonne 加隆河 74、83、84
Garrut 173
Gattinara 加替那拉 143、145
Gavi 143、145
Gebiet 德國葡萄酒產區 189
Geelong 232
Geisenheim 193
Genèva 日內瓦州 197
Genevrières 98
Genova 熱那亞 138
Getariako Txakolina 165
Geverey-Chambertin 哲維瑞-香貝丹 94
Gewürztraminer 格烏玆塔明那（又名Traminer） 30、62、108、109、142、186、194、199、209、213、219、233
Ghemme 143、145
Gigondas 吉恭達斯 115
Gioia del Colle 156
Gironde 吉隆特省 73、124
Gisborne 吉斯本 237
Givry 吉弗里 99

Glenrowan 233
Goblet 杯型式（西：en vaso；義：alberelli a vaso） 21
Godello 165
Graach 191
Graciano 168
Granacha Tintorera 166
Grands Echezeaux 96
Granite Belt 233
Graves 格拉夫 74、76、77、79、80、82
Great Southern 233
Grechetto 148
Greco Bianco 154、155、156
Greco di Bianco 156
Greco di Tufo 155
green harvest 綠色採收 19
Green Valley 213
Grenache Blanc 白格那希（西：Garnacha Blanca） 113、115、132、168
Grenache 格那希（西：Garnacha；義：Cannonau） 24、26、27、53、55、110、112、115、123、132、162、163、164、166、168、169、170、172、173、208、230、234、235
Grenouilles 93
Gries 142
Grignolino 143
Grillo 157
Groppello 138
Gros Manseng 大蒙仙 127
Grosslagen 189
Grüner Veltliner （又名Veltlinské Zélené） 198、199、202
Guyot double 雙居由式 21
Guyot 居由式 21

H
Haardt 194
Hallgarten 193
Hames Valley 210
Hárslevelü 200
harvest 採收 19
Hattenheim 193
Hautes-Côtes-de-Beaune 上伯恩丘區 94
Hautes-Côtes-de-Nuits 上夜丘 94
Hautevillier 奧特維雷修院 102
Haut-Médoc 上梅多克 79、80、91
Hawke's Bay 霍克斯灣 236、237
Heathcote 232、133
Heiligenstein 109
Hermann Müller 米勒博士 30
Hermitage 艾米達吉 24、110、112、113、114
Heurige 199
Heurigen 199
Hockheim 193
Howell Mountain 豪厄爾山 215
Hudson River 哈德遜河 206
Huelva 167
Humagne 196
Hunter Valley 獵人谷 29、228、231、233

I
Idaho 愛德華州 217
IGT(Indicazione Geografica Tipica) 義大利地區餐酒 134
Illmitz 199
Inzolia 157
Irancy 92
Irouléguy 依盧雷姬 127
Ischia 155
Iseo 依歐歐湖 138
Islas Baleares 巴利亞利群島 167

Islas Canarias 加那利群島 167

J

Jacquère 129
Jasnières 120
Jerez de la Frontera 耶黑茲市 175
Johannisberg 193
Joven 年輕酒 169
Jules Guyot 21
Juliénas 101
Jumilla 166
Jura 侏羅 128、129
Juraçon 居宏頌 127

K

Kadarka 200
Kaiserstuhl 195
Kakheti 203
Kamptal 199
Kékfrankos 200
Kéknyelü 200
Kerner 188、190、195
Kiedrich （又名Blaufränkisch） 189、193、200
Kimmérigien 89
King Valley 233
Klein Karoo 226、227
Klevener de Heiligenstein 109
Kloster Eberbach 192、193
Knights Valley 騎士山谷 213
Kosher 200
Kremstal 199

L

L. Pasteur 巴斯德 13、44
L.B.V.(Late-Bottled-Port) 晚裝瓶年份波特 185
L'Etoile 129
La Bordure Aquitaine 阿基坦邊區 124、126
La Clape 132
La Landonne 113
La Mancha 拉曼恰 161、166
La Meseta 高原地區 166
La Mouline 113
La Palma 167
La Romanée 96
La Saône 蘇茵河 100
La Tâche 96
Ladoix-Serrigny 拉都瓦村 96
Lagares 184
Lagoa 181
Lagos 181
Lagrein 142
Lake Erie 伊利湖 206、219
Lake 雷克 209
Lalande de Pomerol 86
Lambrusco 64、148、149
Lambrusco di Sorbara 148、149
Lambrusco Grasparossa 148、149
Langhe 朗給 142、143、144
Languedoc 隆格多克 23、25、27、30、130、132、133
Lanzarote 167
Lauzet 127
Lazio 拉契優 146、148、149、154
Le Haut Pays 高地區 124、126
lee stirring 攪桶 45
lees 死酵母 37
Léognan 雷奧良 82
Les Baux de Provence 玻-普羅旺斯 123

Les Carriques 174
Les Clos 93
Les Preuses 93
Leverano 156
Libourne 利布恩市 74、85、86
Liebfrauenkirche 194
Liebfraumilch 194
Liguria 利克里亞 138
Limnio 203
Limoux 利慕 133
Lipari 157
Liquoroso 157
Lirac 里哈克 115
Listán 167
Listrac-Médoc 里斯塔克 82
Livermore Valley 利弗莫爾谷 209
Llicorella 174
Lodi 211
Lombardia 倫巴底 138、140
Long Island 長島 206
Los Coneros 卡內羅斯 212、214
Loureira 165
Lower Hunter 231
Lugana 138
Luján de Cuyo 224
Lussac St-Emilion 85

M

Macabeo 162、174
Macedon 232
Maceration 浸皮 34
Mâcon 馬貢 28、90、91、92、99、100
Mâconnais 馬賣區 89、98、99、100
Madeira 馬弟拉酒 13、31、64、178、182
Madiran 馬弟宏 127
Main 曼茵河 186、195
Maindreieck 195
Mainz 曼茲市 192
Maipo Valley 222
Maipú 224
Málaga 馬拉加 13、30、167
Malbec 馬爾貝克（又名Côt、Auxerrois） 26、78、80、124、126、223、224、226
Malepère 132
Mallorca 167
Malmesbury 226、227
malo-lactic fermentation 乳酸發酵 34
Malsala Soleras 157
Malvasia delle Lipari 157
Malvoisie 馬爾瓦西（義：Malvasia；又名Malmsey） 31、148、149、151、157、167、168、180、182
Manduria 156
Manto Negro 167
Manzanilla 64、167、176
Manzanilla passada 176
Mar Tirreno 提瑞諾海 146
Maranges 馬宏吉 96、97
Marche 馬給 146、148、149
Maremma 150、151
Marestel 129
Margaret River 233
Margaux 瑪歌 82、83
Maria Thunn 21
Marino 149
Marlborough 馬爾堡 29、236、237
Marlenheim 107
Marsala Vergine 157

Marsala 馬沙拉 13、156、157
Marsannay 94
Marsanne 馬姍（瑞士：Ermitage） 112、114、115、196、208
Martinborough 馬丁堡 236、237
Marzemino 138、141
Massif Armoricain 亞摩里坎山地 116、119
Maule Valley 222
Maury 133
Mauzac 133
Mavrud 203
Mayacamas 馬雅卡馬斯山脈 214、215
McLaren Vales 麥克雷倫谷 234、235
Médoc 梅多克 17、23、74、76、77、79、80、81、82、83、84、85、232
Melnick 203
Mencía （葡：Jaen） 162、165、170、172、180
Mendocino Ridge 209
Mendocino 門多西諾 209、213
Mendoza 門多薩 223、224
Menetou-Salon 120
Mercurey 梅克雷 99
Merlot 梅洛 23、25、26、55、73、74、77、78、80、81、82、83、85、86、124、126、127、132、133、141、142、148、150、151、153、164、166、170、173、174、197、200、203、207、208、212、216、217、219、220、222、224、226、230、233、234、235、236、237
Merseguera 166
Mertesdorf 191
Mesnil-sur-Oger 105
Méthode Champenoise 香檳法 105
méthode traditionnelle 傳統製造法 41
Meursault 梅索村 97、98
microclimat 小區域氣候 16
Mildiou 霜黴病 13、20
Minervois 密內瓦 132
Minho 180
Mistral 密斯拖拉風 110、130
Mitja Penedès 中佩內得斯 174
Mittelburgenland 198
Mittelhaardt 194
Mittelmosel 中摩塞爾 191
Moldova 202
Molinara 140
Molise 摩利切 146、149、150
Monbazillac 蒙巴季亞克 126
Mondeuse 129
Monferrato 蒙菲拉多 142、143、145
Monica 157
Monica di Sardegna 157
Montagne de Reims 漢斯山區 104、105
Montagne St-Emilion 85
Montagny 蒙塔尼 99
Montalcino 蒙塔奇諾區 146
Montefalco 148
Montepulciano 蒙鐵布奇亞諾 148、150、153、156
Monterey 蒙特雷 209、210
Monterminod 129
Monterrei 165
Montforte d'Alba 144
Monthélie 97、98
Monthoux 129
Montilla-Morilles 167
Montlouis 蒙路易 120
Montpeyroux 132
Montrachet 蒙哈榭 92、98
Montravel 蒙哈維爾 126
Montsant 174

Moravia 202
Morellino 148、153
Morellino di Scansano 150、153
Morey-Saint-Denis 莫瑞-聖丹尼 94
Morgon 25、101
Mornington 232
Moscadello di Montalcino 164
Moscado Passito 30
Moscatel 蜜思嘉甜酒 30、42、60、133、157、163、166、173、203
Moscato d'Asti 31、145
Moscato di Noto 157
Mosel 摩塞爾 28、189、190、191、192
Moulin-à-Vent 101
Moulis-en-Médoc 慕里斯 82
Mount Harlan 210
Mourvèdre 慕維得爾（西：Monastrell） 26、27、56、112、115、123、132、162、166、173、200、209、230、234
Mt. Veeder 維德山 215
Mudgee 231
Müller-Thurgau 米勒-土高 30、141、142、186、188、190、194、195、198、202、217
Muntenia 202
Murcia 慕爾西亞 27、166
Murray Darling 232、234
Murray 墨雷河 234
Muscadelle 蜜思卡岱勒 78、118
Muscadet sur lie 31
Muscadet 蜜思卡得 31、118
Muscat de Beaumes-de-Venise 112
Muscat de Frantignan 133
Muscat de Lunel 133
Muscat de Miraval 133
Muscat de Rivesaltes 麗維薩特蜜思嘉 133
Muscat de Saint-Jean-de-Minervois 133
Muscat du Cap Corse 122
Muscat 蜜思嘉（義：Moscato；匈：Muskotály） 30、31、42、52、54、55、62、64、108、112、113、132、133、137、143、145、157、167、175、202、222、224、225、227
Musigny 96

N
Nackenheim 194
Nahe 186、194
Nantes 南特 31、116、118
Naoussa 203
Napa Valley 那帕谷 23、28、30、206、207、212、213、214、215
Navarra 那瓦拉 163、164
Nebbiolo 內比歐露（又名Spanna、Chiavennasca） 17、26、53、137、138、142、143、144、145、208、233
négociant 酒商 72、87
Negramoll 167
Négrette 124、127
Negroamaro 154、156
Neive 144、145
Nelson 237
Nemea 203
Nerello Capuccio 156
Nero d'Alvora （又名Calabrese） 154、156
Neuchâtel 197
Neuqén 224
Neusiedlersee 198、199
New South Wales 新南威爾斯州 228、230、231、233
New York 紐約州 204、206
Niagara-on-the-Lake 尼加拉瓜湖畔市 219
Niederösterreich 下奧地利 199
Nierstein 199
North Coast 北海岸 206、208、209

Northern Sonoma 213
Nosiola 141
Novello 140
Nuits-Saint-Georges 夜-聖喬治 94、96
Nuoro 157
Nuragus 157

O
O'Rosal 165
Oak Knoll 歐克諾區 214
Oakville 奧克維爾 214
Obermosel 上摩塞爾 191
Oïdium 粉孢菌 13、20
Okanagan Valley 歐卡內根谷 219
Olifants River Valley 226、227
Oloroso 52、175、176、177
Oltrepò Pavese 140
Ondarrubi Beltza 165
Ondarrubi Zuri 165
Orange 231
Oregon 奧立崗州 204、206、216、217
organic wine 有機葡萄酒 18
Oristano 157
Orvieto 歐維耶多 148、149
Overberg 227

P
Paarl 226、227
Pacherenc du Vic-Bilh 127
Pachino 156
Padthaway 234、235
País 22
Pale Cream 177
Palette 巴雷特 123
Palomino 巴羅米諾 31、161、172、175、225
Pamid 203
Pantelleria 157
Parellada 173、174、162
Paso Robles 帕索羅布斯 28、210
Patras 203
Patrimonio 123
Pauillac 波雅克 63、81、82
Pécharmant 126
Pedro Gimenez 223
Pedro-Ximénez 161、167
Peloponnese 203
Peloursin 208
Pénedes 佩內得斯 162、163、173、174
Pergola 棚架式 21
Periquita 181
Pernand-Vergelesses 佩南-維哲雷斯村 97
Pessac 貝沙克 83
Pessac-Léognan 貝沙克-雷歐良 29、78
Petit Manseng 小蒙仙 124、127
Petite Arvine 196
Petite Syrah / Sirah 小希哈 208、210、211
Petit-Verdot 小維多 78、80
Pfalz 法茲 192、194
phenol 酚類物質 17、19、22、36、38、49
Phylloxera 根瘤蚜蟲病 13、92、204、217
Picolit 132、142
Picpoul 132
Picpoul de Pinet 132
Pic-Saint-Loup 132
pièce 布根地228公升橡木桶 45
Piedirosso 155
Piemonte 皮蒙區 26、137、138、142、143、144、145、146

Piesport 191
pigeage 踩皮 34、195
Pinot Blanc 白皮諾（又名Klevner blanc；德：Weisser Burgunder） 109、138、141、142、188、194
Pinot Gris 灰皮諾（又名Tokay；義：Pinot Grigio；德：Ruländer或Grauburgunder；Grauerburgunder；Grauer Burgunder） 31、54、55、108、141、142、188、194、195、196、200、216、236、237、
Pinot Meunier（德：Müllerrebe） 24、104、195
Pinot Noir 黑皮諾（德：Spätburgunder） 17、23、24、25、28、31、53、54、63、87、89、90、92、93、94、96、97、98、99、104、105、108、118、120、128、129、138、140、141、142、188、191、193、194、195、196、197、206、207、208、209、210、211、212、213、214、216、219、226、227、230、231
Pinotage 226、227
Pipe 185
Pisco 220
Plá I Llevant 167
Podravje 202
Pomerol 玻美侯 25、74、77、85、86
Pommard 玻瑪 91、97
Port 波特酒 13、27、48、50、64、141、156、157、178、180、181、183、185、203、226、227
Portalegre 181
Portimão 181
Portlandian 118
Porto-Vecchio 123
Portugieser（又名Képoporto） 188、191、200
Pouilly-Fuissé 普依-富塞 91、99
Pouilly-Fumé 普依-芙美 29、120
Pouilly-Loché 99
Pouilly-sur-Loire 120
Pouilly-Vinzelles 99
Poulsard 128
pourriture grise 灰黴病 20
Prälat 191
press 榨汁 33
Primitivo 27、154、156
Primitivo di Manduria 156
Primoski 141、202
Priorat 普里奧拉 27、158、163、174
Procecco 141
Provence 普羅旺斯 24、27、115、122、123
Prugnolo Gentile 153
pruning 剪枝 20
Puente Alto 222
Puget Sound 217
Puglia 普利亞 154、156
Puisseguin St-Emilion 85
Puligny-Montrachet 普里尼-蒙哈榭 91、97、98
pumping over 淋汁 34
Purcari 203
Putton 202
Puttonyos 202

Q
Quarts de Chaume 29、119
Quercus alba 白橡木 46
Quercus robur 46
Quercus sessiliflora 46
quinta 獨立酒莊 178

R
Racha-Lechikumi 203
racking 換桶 35
Radda 151
Ramandolo 142
Ramisco 180、181

Rapel Valley 222
Rasteau 112、113
Rauenthal 193
Recioto 136、137、141、151
Recioto della Valpolicella 141
Red Hill 216
Red Mountain 217
Redondo 181
Refosco 142
Régnié 101
Reguengos 181
Retsina 142
Rheingau 萊茵高 12、28、189、190、192、193、194
Rheinhessen 萊茵黑森 30、194
Rhoditi 203
Rías Baixas 下海灣 164、165、171
Ribeira Sacra 165
Ribeiro 165
Ribera del Duero 斗羅河岸 27、158、162、170、171、172
Ribera del Guadiana 167
Richebourg 96
Ridge 209
Rieslaner 188
Riesling 麗絲玲
Riesling Italico（又名：Welschriesling、Olaszrizling）28、200
Rio Grande de Sul 22
Río Negro 224
Rioja Alavesa 169
Rioja Alta 上利奧哈 169
Rioja Baja 下利奧哈 169
Rioja 利奧哈 27、31、158、161、162、163、168、169、170、174
Ripaille 129
Riverina 231
Riverland 234
Rivesaltes 麗維薩特 133
Rkatsiteli 203
Robertson 227
Roche-aux-Moines 119
Rogue River 216、217
Romanée-Conti 92、96
Romanée-Saint-Vivant 96
Romorantin 120
Rondinella 140
Rosso di Montalcino 152
Rosso di Montepulciano 153
Rosso Piceno 149
Roupeiro 181
Roussanne 胡姍（又名Bergeron）56、110、112、114、115、129、208
Roussette（又名Altesse）129
Roussillon 胡西雍 30、130、132、133
Rubino 157
Ruby 寶石紅波特 60、64、184
Rüdesheim 192、193
Rudolf Steiner 21
Rueda 胡耶達 162、164、170、171、172
Rúfina 151
Ruländer 195
Rully 乎利 99
Ruppertsberg 194
Russian River 俄羅斯河谷 213
Rust 199
Rutherford Bench 215
Rutherford Dust 215
Rutherford 拉瑟福德 214
Rutherglene 233
Ruwer 魯爾 190、191

S

Saale-Unstrust 186
Saar 薩爾 190、191
Sachsen 186
Sagrantino 148
Saint Amour 101
Saint Emilion 聖愛美濃 25、50、74、77、79、80、85
Saint Estèphe 聖艾斯臺夫 81、82
Saint Joseph 聖喬瑟夫 114
Saint Julien 聖朱里安 82
Saint Romain 97
Saint-Aubain 98
Saint-Bris 91
Saint-Chinian 聖西紐 132
Saint-Jean-de-Minervois 133
Saint-Jean-Pied-de-Port 127
Saint-Péray 聖佩雷 115
Saint-Véran 99
Salento 156
Salice Salentino 156
Salina 209、210
Salta 223、224
Samos 203
San Antonio 222
San Benito 聖比尼托郡 210
San Bernabe 210
San Francisco Bay 舊金山灣區 207、209
San Gimignano 聖吉米亞諾 151
San Joaquin Valley 聖華金谷 211
San Juan 223、224
San Lucas 240
San Luis Obispo 聖路易斯-歐比斯波郡 210
San Pablo Bay 聖帕布羅灣 211、212、214
San Rafael 224
Sancerre 松塞爾 29、120
Sangiovese 山吉歐維列（又名Nielluccio）26、54、123、138、146、
148、149、150、151、152、153、156、208、224、233
Sanlúcar de Barrameda 176
Sant Sadruni d'Anoa 173
Sant'Antimo 152
Santa Barbara 聖塔巴巴拉郡 24、209、210、211
Santa Clara Valley 聖塔克拉拉谷 209
Santa Cruz 222
Santa Cruz Mountains 聖塔克魯山 209
Santa Lucia Highlands 210
Santa Maddalena 142
Santa Maria Valley 聖塔瑪麗亞谷 210
Santa Rita Hills 211
Santa Ynez Valley 聖伊內斯谷 209、210
Santenay 松特內 97
Santiago 聖地牙哥市 222
Santorin 203
Saperavi 203
Sardinia 薩丁尼亞 30、154、157
Sartène 123
Sassicaia 151、153
Saumur 梭密爾 119
Saumur-Champigny 119
Saussignac 126
Sauternes 索甸 29、63、74、78、79、84、109、126
Sauvignon Blanc 白蘇維濃（又名Fumé Blanc）28、29、56、73、78、
83、84、91、92、116、118、120、121、124、126、142、153、168、
170、171、173、198、199、200、208、209、211、220、222、225、
227、230、232、233、235、236、237
Sauvignonasses 222
Sava 202
Savagnin 128、129

Savatiano 203
Savennières 莎弗尼耶 29、118、119、120
Savigny-lès-Beaune 薩維尼 97
Savoie 薩瓦區 110、129
Scansano 史坎薩諾 153
Scheurebe 188
Schiava 141、142
Schloss Johannisberg 12、192、193
Schloss Reinhartshausen 192
Schloss Vollrades 192
Sciaccarello 123
Sciacchetrà 138
Sémillon 榭密雍 29、73、78、83、84、121、124、126、222、224、
228、230、231、233
Sercial 180、182
Serralunga d'Alba 144
Sésia 145
setting 去泥沙 33
Setúbal 181
Seyssel 129
Seyval Blanc 206、219
SGN(Sélection de Grains Nobles) 選粒貴腐甜白酒 50、109
Sherry 雪莉酒（西：Jerez）12、31、42、52、64、157、161、162、
163、167、171、175、176、177、203、225、227
Sicilia 西西里 11、13、30、154、156、157
Sierra de Málaga 167
Sierra Foothills 謝拉山麓 28、211
Sierra Nevada 內華達山區 209
Silvaner 186、188、194、195
Sin crianza 未經培養成熟 169
Single Quinta Vintage Port 單一酒莊年份波特酒 185
Smaragd 199
Snake River Valley 217
SO2 二氧化硫 33、35
Soave 31、140、141
Solera 索雷拉混合法 167、176、177
sommelier 侍酒師 59、60、65
Somontano 164
Sonoma Coast 213
Sonoma Valley 索諾瑪谷 27、206、207、212、213
Sonoma 索諾瑪 204、209、212、213
Sorni 141
sorting 篩選 32
South Australia 南澳大利亞 228、230、231、234
Southern California 加州南部 208
Southern Valley 南部谷地 220 222
Sovana 150、153
Spring Mountain 春山 215
St. Helena 聖海倫娜鎮 215
stabilization 酒質穩定 35
Stag's Leap 鹿跳區 214
Steiermark 198、199
Stein 195
Steinfeder 199
Stellenbosch 226、227
St-Georges St-Emilion 85
St-Nicolas de Bourgueil 120
Strohwein 198
Struma 203
Suisun Bay 211
Sunbury 232
Super Tuscan 151、153
Swan Hill 232
Swan Valley 233
Swartland 227
Sylvaner 希爾瓦那（瑞士：Johannisberg）30、109、142、196
Syrah 希哈（澳：Shiraz）24、27、53、55、110、112、114、115、

123、132、166、174、181、196、207、208、209、210、211、212、
215、217、220、224、226、227、228、230、231、232、233、234、
235、236
Szamorodni 202

T
Table Mountain 桌山 227
Tain-l'Hermitage 114
Tamar Valley 233
Tannat 塔那 222
Tarragona 塔拉戈納 174
tartrate 酒石酸化鹽 35、40
Tauberfranken 195
Taunus 192、193
Taurasi 154、155
Tavel 塔維勒 115
Tavira 181
Tawny 陳年波特 64、185
Tempranillo 田帕尼優（又名Tinto del País、Tinto fino、Cencibel、Tinta
de Toro）　26、27、162、163、164、166、180、181、168、169、
170、171、173、174、224
Tenerife 167
Teroldego 141
Teroldego Rotaliano 141
Terra Alta 174
Terra di Franciacorta 140
Terra Rossa 235
terroir 16
Thann 107
Thracian 203
Tibouren 121
Ticino 197
Tinta Amarella 184
Tinta Barroca 184
Tinta Cão 184
Tinta negra mole 182
Tinta Roriz(Aragonez) 180、184
Tocai Friulano 142
Tokajhegyalja 200
Tokaji 多凱 200、202、227
Toledo 166
topping 添桶 45
Torbato 157
Toro 多羅 162、164、172
Torrontés 165
Toscana 托斯卡納 17、23、26、142、146、148、149、150、151、
152、153
Tourain 土倫 29
Touraine 都漢區 118、119、120
Touriga Francesa 180、184
Touriga Nacional 180、181、184
training systems 整枝系統 20、21
Tramontain 塔蒙丹風 130
Transilvania 202
Trebbiano 31、141、148、149、150、151、156
Trebbiano di Lugana 138
Treiso 144、145
Treixadura 165
Trentino 鐵恩提諾 141、142
Trier 191
Trincadeira 165
Trockenbeerenauselese 202
Trollinger 188、195
Trousseau 128
Tupungato 224
Txacoli 查口利 165

U
Ugni-Blanc 白于尼（義：Trebbiano）31、113、148、219
Umbria 翁布 里亞 146、148、149
Umpqua Valley 216
Untermosel 下摩塞爾區 190
Ürzig 191
Utiel-Requena 166
Uva di Troia 156

V
Vaca 瓦卡山脈 214
Vacqueyras 瓦給哈斯 115
Val di Cornia 153
Val do Salnés 165
Valais 瓦瑞州 196
Valbuena 171
Valdeorras 165
Valdepeñas 166
Valencia 瓦倫西亞 27、161、166
Valladolide 瓦亞多利德市 170
Valle d'Aosta 阿歐斯達谷（又名Vallée d'Aoste）138、145
Valle de Uco 舞荀谷 224
Vallée de la Loire 羅亞爾河谷地 25、26、116
Vallée de la Marne 馬恩河谷 104
Vallée du Rhône 隆河谷地 17、24、63、110、112、129
Valmur 93
Valpolicella 瓦波利切拉 63、137、140、141
Valtellina 138
Vaud 沃德州 196、197
Vaudésir 93
VDN(Vin Doux Naturel) 天然甜葡萄酒 72、112、113、123、130、132、
133
VDQS 優良地區葡萄酒 70、72
Vega Sicilia 171
Vendanges Tardives 遲摘葡萄酒 108
Vente en Primeur 新酒預售 76
veraison 開始成熟 19
Verdejo 青葡萄 162、164、170、171、172
Verdelho 180、182、231
Verdello 148
Verdicchio 148、149
Verdil 166
Verduzzo Friulano 142
Vermentino（又名Rolle）121、123、138、151、153、157
Vermentino di Gallura 157
Vermentino di Sardegna 157
Vernaccia 148
Vernaccia di Oristano 157
Vernaccia di San Gimignano 151
Verona 維羅那省 140、141
Vidal 維岱爾 206、219
Vidigueira 181
Vienne 維恩市 110、113
Vila Nova de Gaia 183
Villány 200
vin de paille 麥桿酒 55、63、114、128、129、198
Vin de Pays 地區餐酒 70、134、158、180、188
Vin de Table 普通餐酒 70、72
Vin jaune 黃葡萄酒 128、129
Vin Santo di Montepulciano 151
Vin Santo Occhio di Pernice 151
Vin Santo 聖酒 63、141、148、151、152、153
Vinho de Mesa 普通餐酒 180
Vinho Regional 地區餐酒 180
Vinhos Verdes 綠酒 165、178、180

Vino da Tavola 日常餐酒 134
Vino de Pago 166
Vino Nobile di Montepulciano 146、153
Vinos de Madrid 166
Vinsobres 115
Vintage Port 特優年份波特酒 50、185
Viognier 維歐尼耶 24、29、62、110、112、113、114、208、211、230
Viré-Clessé 99
Visperteminen 196
Vitis labusca 204
Vitis Vinifera 10、24
Vitória 156
Viura（又名Macabeo）162、168、171、173、174
Volnay 渥爾內 97
Vosges 弗日山脈 46、107、190
Vosne-Romanée 馮內-侯馬內 94、96
Vougeot 梧玖 96
Vouvray 梧雷 29、118、120
VQA(Vintners Quality Alliance) 加拿大高品質葡萄酒 219
Vulture 155

W
Wachau 198、199
Wachenheim 194
Waiheke Island 威黑克島 237
Waikari 237
Waipara 237
Wairarapa 237
Wairau 237
Waiter's Friend 侍者之友 66
Walker Bay 227
Walla Walla Valley 217
Walluf 193
Walter Hainle 218
Washington 華盛頓州 204、206、216、217、219
Wehlen 189、191
Weinviertel 198
Welschriesling 28、198、199、200
Western Cape 西開普省 225、227
White Zinfandel 白金芬黛 208
Wiesbaden 193
Willamette Valley 216
Wiltingen 191
Winkel 193
Wissemborg 107
Worcester 227
Worm 194
Württemberg 烏登堡 195
Würzburg 烏茲堡市 195
Würzgarten 191

X
Xarel-lo 沙雷洛 162、173、174
Xynomavro 203

Y
Yakima Valley 亞克馬河谷 217
Yarra Valley 232
Yecla 166
Yountville 揚特維爾村 214

Z
Zell 191
Zibbibo 157
Zinfandel 金芬黛（義：Primitivo）27、55、154、206、207、208、
209、210、211、212、213、215
Zweigelt 199

譯名對照

225公升橡木桶　barrel(barrique)

二劃
二氧化硫　SO2
二氧化碳浸皮法　carbonic maceration

三劃
下利奧哈　Rioja Baja
下佩內得斯　Baix Penedès
下海灣　Rías Baixas
下梅多克　Bas-Médoc
下奧地利　Niederösterreich
下摩塞爾區　Untermosel
上伯恩丘區　Hautes-Côtes-de-Beaune
上利奧哈　Rioja Alta
上佩內得斯　Alt-Penedès
上夜丘　Hautes-Côtes-de-Nuits
上阿弟杰　Alto Adige
上梅多克　Haut-Médoc
上摩塞爾　Obermosel
土倫　Tourain
大型橡木桶　Cask(foudre)
大蒙仙　Gros Manseng
小希哈　Petite Syrah / Sirah
小區域氣候　microclimat
小維多　Petit-Verdot
小蒙仙　Petit Manseng
山吉歐維列　Sangiovese(Nielluccio)

四劃
中央區　Centre
中佩內得斯　Mitja Penedès
中部海岸　Central Coast
中部奧塔戈　Central Otago
中摩塞爾　Mittelmosel
內比歐露　Nebbiolo(Spanna、Chiavennasca)
內華達山區　Sierra Nevada
天然甜葡萄酒　VDN(Vin Doux Naturel)
巴巴瑞斯柯　Barbaresco
巴多力諾　Bardolino
巴西里卡達　Basilicata
巴利亞利群島　Islas Baleares
巴貝拉　Barbera
巴拉頓湖　Balaton
巴庫斯　Bacchus
巴斯克　Buskadi
巴斯德　L. Pasteur
巴登　Baden
巴登-巴登市　Baden-Baden
巴雷特　Palette
巴薩克　Barsac
巴羅米諾　Palomino
巴羅鏤　Barolo
斗羅　Duero
斗羅河岸　Ribera del Duero
日內瓦州　Genèva
日常餐酒　Vino da Tavola
瓦卡山脈　Vaca
瓦亞多利德市　Valladolide
瓦波利切拉　Valpolicella
瓦倫西亞　Valencia
瓦給哈斯　Vacqueyras
瓦華丘　Coteaux Varois
瓦瑞州　Valais

五劃
乎利　Rully
仙梭　Cinsault(Cinsaut)
加州南部　Southern California
加利西亞　Galicia
加那利群島　Islas Canarias
加拉比亞　Calabria
加美　Gamay
加拿大高品質葡萄酒　VQA(Vintners Quality Alliance)
加泰隆尼亞　Catalonia
加烈酒　fortified wine
加替那拉　Gattinara
加隆河　Garonne
加雅克　Gaillac
加達湖　Garda
加儂-弗朗索克　Canon-Fronsac
加糖　chaptalization
北海岸　North Coast
北隆河丘區　Côtes du Rhône septentrionales
半干型葡萄酒　demi-sec
卡內羅斯　Los Coneros
卡本內-弗朗　Cabernet Franc(Bordo)
卡本內-蘇維濃　Cabernet Sauvignon
卡西斯　Cassis
卡利濃　Carignan(Mazuelo)
卡里斯多加　Calistoga
卡斯提亞-拉曼恰　Castilla-La Mancha
卡斯提亞-萊昂　Castilla y Léon
卡歐　Cahors
去泥沙　setting
去梗　destem
古典奇揚替　Chianti Classico
史坎薩諾　Scansano
尼加拉瓜湖畔市　Niagara-on-the-Lake
布戈憶　Bourgueil
布布蘭克　Bourboulenc
布哲宏　Bouzeron
布根地　Bourgogne
布根地228公升橡木桶　pièce
布根地氣泡酒　Crémant de Bourgogne
布理德河谷　Breede River Valley
布雷諾　Brunello
弗日山脈　Vosges
弗里尤利-維內奇亞-朱利亞　Friuli-Venezia Giulia
弗朗薩克　Fronsac
弗蘭肯　Franken
本吉拉洋流　Benguela Current
本篤會　Benedictine
未經培養成熟　Sin crianza
田帕尼優　Tempranillo(Tinto del País、Tinto fino、Cencibel、Tinta de Toro)
白于尼　Ugni-Blanc(Trebbiano)
白丘　Côte des Blancs
白皮諾　Pinot Blanc(Klevner blanc、Weisser Burgunder)
白金芬黛　White Zinfandel
白格那希　Grenache Blanc(Garnacha Blanca)
白梢楠　Chenin Blanc(Steen)
白橡木　Quercus alba
白蘇維濃　Sauvignon Blanc(Fumé Blanc)
皮耶維爾丘　Coteaux de Pierrevert
皮蒙區　Piemonte

六劃
伊利湖　Lake Erie
冰酒　Eiswein
列級酒莊　Grand Cru Classé
吉弗里　Givry
吉恭達斯　Gigondas
吉斯本　Gisborne
吉隆特省　Gironde
地區餐酒　Vin de Pays
地區餐酒　Vinho Regional
多切托　Dolchetto(Ormeasco)
多凱　Tokaji
多爾多涅河　Dordogne
多羅　Toro
安茹　Anjou
安達魯西亞　Andalucía
安德森谷　Anderson Valley
年輕酒　Joven
托斯卡納　Toscana
有機葡萄酒　organic wine
死酵母　lees
灰皮諾　Pinot Gris(Tokay、Pinot Grigio、Ruländer、Grauburgunder、Grauerburgunder、Grauer Burgunder)
灰黴病　pourriture grise
米勒-土高　Müller-Thurgau
米勒博士　Hermann Müller
自然動力種植法　Biodynamic viticulture
艾米里亞-羅馬涅　Emilia-Romagna
艾米達吉　Hermitage
艾克斯丘　Coteaux d'Aix en Provence
艾登谷　Eden Valley
艾德納谷　Edna Valley
西加雷斯　Cigales
西西里　Sicilia
西開普敦省　Western Cape

七劃
佛傑爾　Faugères
伯恩丘　Côte de Beaune
伯恩丘村莊　Côte de Beaune Villages
伯恩市　Beaune
低溫浸皮　cold maceration & skin contact
克里米亞　Crimea
克雷兒谷　Clare Valley
克羅茲-艾米達吉　Crozes-Hermitage
利布恩市　Libourne
利弗莫爾谷　Livermore Valley
利克里亞　Liguria
利奧哈　Rioja
利慕　Limoux
坎佩尼亞　Campania
坎特布里　Canterbury
坎培拉　Canberra
希哈　Syrah(Shiraz)
希爾瓦那　Sylvaner(Johannisberg)
希儂　Chinon
沙雷洛　Xarel-lo
沃德州　Vaud
貝沙克　Pessac
貝沙克-雷奧良　Pessac-Léognan
貝里儂　Dom Pérignon
貝傑哈克　Bergerac
貝雷　Bellet
邦斗爾　Bandol
那瓦拉　Navarra
那帕谷　Napa Valley
里哈克　Lirac

里斯塔克 Listrac-Médoc
乳酸發酵 malo-lactic fermentation

八劃

亞克馬河谷 Yakima Valley
亞拉崗 Aragón
亞摩里坎山地 Massif Armoricain
亞歷山大谷 Alexander Valley
依歐歐湖 Iseo
依盧雷姬 Irouléguy
侍者之友 Waiter's Friend
侍酒師 sommelier
佩內得斯 Pénedes
佩南-維哲雷斯村 Pernand-Vergelesses
侏羅 Jura
侏羅丘 Côtes du Jura
兩海之間 Entre Deux Mers
夜丘村莊 Côte de Nuits-Villages
夜丘區 Côte de Nuits
夜-聖喬治 Nuits-Saint-Georges
奇揚替 Chianti
居由式 Guyot
居宏頌 Juraçon
居爾特人 Celte
帕索羅布斯 Paso Robles
拉契優 Lazio
拉曼恰 La Mancha
拉都瓦村 Ladoix-Serrigny
拉瑟福德 Rutherford
放血 bleeding
杯型式 Goblet(en vaso、alberelli a vaso)
松特內 Santenay
松塞爾 Sancerre
波特酒 Port
波雅克 Pauillac
波爾多 Bordeaux
波爾多液 bouillie bordelaise
法茲 Pfalz
法國法定產區管制系統 AOC(appellation d'origne contrôlée)
金丘區 Côte d'Or
金芬黛 Zinfandel(Primitivo)
金黃丘 Côte Blonde
長島 Long Island
門多西諾 Mendocino
門多薩 Mendoza
門多薩河上游 Alta del Río Mendoza
阿布魯索 Abruzzo
阿里哥蝶 Aligoté
阿依倫 Airén
阿空卡瓜 Aconcagua
阿基坦邊區 La Bordure Aquitaine
阿第杰 Aldige
阿連特茹 Alentejo
阿爾 Ahr
阿爾巴市 Alba
阿爾巴利諾 Albariño(Alvarinho)
阿爾加維 Algarve
阿爾薩斯 Alsace
阿爾薩斯「高貴的混合」 Edelzwicker
阿德雷得丘 Adelaide Hills
阿德雷得市 Adelaide
阿歐斯達谷 Valle d'Aosta(Vallée d'Aoste)
阿羅斯-高登村 Aloxe-Corton
青葡萄 Verdejo

九劃

俄羅斯河谷 Russian River
南特 Nantes
南部谷地 Southern Valley
南隆河丘區 Côtes du Rhône méridionales
南澳大利亞州 South Australia
哈德遜河 Hudson River
城堡 château
威黑克島 Waiheke Island
春山 Spring Mountain
柯比耶 Corbières
查口利 Txacoli
玻美侯 Pomerol
玻-普羅旺斯 Les Baux de Provence
玻瑪 Pommard
美國葡萄種植區制度 AVA(Approved Viticultural Area)
耶黑茲市 Jerez de la Frontera
胡西雍 Roussillon
胡西雍丘 Côtes du Roussillon
胡西雍村莊 Côtes du Roussillon Villages
胡姍 Roussanne(Bergeron)
胡耶達 Rueda
風東 Fronton
香波-蜜思妮 Chambolle-Musigny
香檳 Champagne
香檳法 Méthode Champenoise

十劃

倫巴底 Lombardia
哥倫比亞河谷 Columbia Valley
哲維瑞-香貝丹 Geverey-Chambertin
埃布羅河上游 Alto Ebro
埃斯特雷馬杜拉 Extremadura
夏山-蒙哈榭 Chassagne-Montrachet
夏布利 Chablis
夏多內 Chardonnay(Melon d'Arbois)
夏思拉 Chasselas(Gutedel)
夏馬法 Charmat method
夏隆內丘 Côte Chalonnaise
夏隆市 Chalon-sur-Saône
夏隆堡 Ch. Chalon
恭得里奧 Condrieu
朗給 Langhe
根瘤芽蟲病 Phylloxera
桌山 Table Mountain
格那希 Grenache(Garnacha、Cannonau)
格里業堡 Ch. Grillet
格拉夫 Graves
格烏茲塔明那 Gewürztraminer(Traminer)
浸皮 Maceration
烏茲堡市 Würzburg
烏登堡 Württemberg
特優年份波特酒 Vintage Port
班努斯 Banyuls
破皮 crush
粉孢菌 Oïdium
索甸 Sauternes
索雷拉混合法 Solera
索諾瑪 Sonoma
索諾瑪谷 Sonoma Valley
紐約州 New York
翁布里亞 Umbria
酒石酸化鹽 tartrate
酒商 négociant
酒質穩定 stabilization
馬丁堡 Martinborough
馬宏吉 Maranges
馬沙拉 Marsala

十一劃

乾河谷 Dry Creek Valley
剪枝 pruning
曼茵河 Main
曼茲市 Mainz
唯內多 Veneto
密內瓦 Minervois
密斯拖拉風 Mistral
採收 harvest
教皇新堡 Châteauneuf-du-Pape
晚裝瓶年份波特 L.B.V.(Late-Bottled-Port)
梧玖 Vougeot
梧玖莊園 Clos de Vougeot
梧雷 Vouvray
梭密爾 Saumur
梅多克 Médoc
梅克雷 Mercurey
梅洛 Merlot
梅村村 Meursault
淡紅葡萄酒 clairet
添桶 topping
淋汁 pumping over
甜型葡萄酒 doux
畢耶羅 Bierzo
莎弗尼耶 Savennières
莫瑞-聖丹尼 Morey-Saint-Denis
都漢區 Touraine
陳年波特 Tawny
陳年酒香 bouquet
雪莉酒 Sherry(Jerez)
頂級香檳 Cuvée Prestige
鹿躍區 Stag's Leap
麥克雷倫谷 McLaren Vales
麥桿酒 vin de paille
酚類物質 phenol

十二劃

博巴爾 Bobal
博給利 Bolgheri
單一酒莊年份波特酒 Single Quinta Vintage Port
提瑞諾海 Mar Tirreno
換桶 racking
揚特維爾村 Yountville
普利亞 Puglia
普里尼-蒙哈榭 Puligny-Montrachet
普里奧拉 Priorat
普依-芙美 Pouilly-Fumé
普依-富塞 Pouilly-Fuissé

馬姍 Marsanne(Ermitage)
馬拉加 Málaga
馬恩河谷 Vallée de la Marne
馬貢 Mâcon
馬貢區 Mâconnais
馬得拉酒 Madeira
馬第宏 Madiran
馬給 Marche
馬雅卡馬斯山脈 Mayacamas
馬爾瓦西 Malvoisie(Malvasia、Malmsey)
馬爾貝克 Malbec(Côt、Auxerrois)
馬爾堡 Marlborough
高地區 Le Haut Pays
高原地區 La Meseta
高納斯 Cornas
高登 Corton
高登式 Cordon de Royat
高登-查里曼 Corton-Charlemagne

普通餐酒 Vin de Table
普通餐酒 Vinho de Mesa
普羅旺斯 Provence
普羅旺斯丘 Côtes de Provence
棕丘 Côte Brune
棚架式 Pergola
渥爾內 Volnay
無性繁殖系 Clone
發芽 budbreak
結果 fruit set
結果母枝 courson
華盛頓州 Washington
萊茵高 Rheingau
萊茵黑森 Rheinhessen
萊陽丘區 Coteaux du Layon
菲杜 Fitou
貴腐黴 Botrytis cinerea
開始成熟 veraison
開花 flowering
開普敦市 Cape Town
黑公雞 gallo nero

十三劃
隆河丘 Côtes du Rhône
隆河谷地 Vallée du Rhône
隆格多克 Languedoc
隆格多克丘 Coteaux du Languedoc
馮內-侯馬內 Vosne-Romanée
黃葡萄酒 Vin jaune
黑皮諾 Pinot Noir(Spätburgunder)
傳統製造法 méthode traditionnelle
塔那 Tannat
塔拉戈納 Tarragona
塔維勒 Tavel
塔蒙丹風 Tramontain
奧立崗州 Oregon
奧克維爾 Oakville
奧特維雷修院 Hautevillier
愛德華州 Idaho
新南威爾斯州 New South Wales
新酒預售 Vente en Primeur
經培養成熟con crianza
義大利地區餐酒 IGT(Indicazione Geografica Tipica)
義大利法定產區 DOC(Denominazione di Origine Controllata)
義大利保證法定產區 DOCG(Denominazione di Origine Controllata e Garantita)
聖比尼托郡 San Benito
聖伊內斯谷 Santa Ynez Valley
聖吉米亞諾 San Gimignano
聖地牙哥市 Santiago
聖朱里安 Saint Julien
聖艾斯臺夫 Saint Estèphe
聖西紐 Saint-Chinian
聖佩雷 Saint-Péray
聖帕布羅灣 San Pablo Bay
聖海倫娜鎮 St. Helena
聖酒 Vin Santo
聖喬瑟夫 Saint Joseph
聖華金谷 San Joaquin Valley
聖塔巴巴拉郡 Santa Barbara
聖塔克拉拉谷 Santa Clara Valley
聖塔克魯山 Santa Cruz Mountains
聖塔瑪麗亞谷 Santa Maria Valley
聖愛美濃 Saint Emilion
聖路易斯-歐比斯波郡 San Luis Obispo
落花病 coulure
過濾 filtration

雷克 Lake
雷奧良 Léognan
榨汁 press
榭密雍 Sémillon

十四劃
漢斯山區 Montagne de Reims
熙篤會 Abbaye de Cîteaux
熙篤會 Cistercian
瑪歌 Margaux
綠色採收 green harvest
綠酒 Vinhos Verdes
維多利亞州 Victoria
維岱爾 Vidal
維恩市 Vienne
維德山 Mt. Veeder
維歐尼耶 Viognier
維羅那省 Verona
舞苟谷 Valle de Uco
蒙巴季亞克 Monbazillac
蒙非拉多 Monferrato
蒙哈榭 Montrachet
蒙哈維爾 Montravel
蒙特雷 Monterey
蒙塔尼 Montagny
蒙塔奇諾區 Montalcino
蒙路易 Montlouis
蒙鐵布奇亞諾 Montepulciano
蜜思卡岱勒 Muscadelle
蜜思卡得 Muscadet
蜜思嘉 Muscat(Moscato、Muskotály)
蜜思嘉甜酒 Moscatel
豪厄爾山 Howell Mountain

十五劃
德國葡萄酒產區 Gebiet
德國葡萄園單位 Einzellagen
慕里斯 Moulis-en-Médoc
慕爾西亞 Murcia
慕維得爾 Mourvèdre(Monastrell)
摩利切 Molise
摩塞爾 Mosel
歐卡內根谷 Okanagan Valley
歐克諾區 Oak Knoll
歐歐瓦 Auxerrois
歐維耶多 Orvieto
熱那亞 Genova
調配 blending
踩皮 pigeage
魯爾 Ruwer
黎凡特地區 El Levande
墨雷河 Murray

十六劃
整枝系統 training systems
濃縮 concentration
獨立酒莊 quinta
篩選 sorting
選粒貴腐甜白酒 SGN(Sélection de Grains Nobles)
遲摘葡萄酒 Vendanges Tardives
霍克斯灣 Hawke's Bay

十七劃
優良地區葡萄酒 VDQS
優質品種 Cépages nobles
戴奧尼索斯 Dionysus
薄酒來 Beaujolais

薄酒來特級村莊 Crus du Beaujolais
薄酒來新酒 Beaujolais Nouveau
謝拉山麓 Sierra Foothills
霜黴病 Mildiou
黏合過濾 fining

十八劃
獵人谷 Hunter Valley
舊金山灣區 San Francisco Bay
薩丁尼亞 Sardinia
薩瓦區 Savoie
薩爾 Saar
薩維尼 Savigny-lès-Beaune
雙居由式 Guyot double
騎士山谷 Knights Valley

十九劃
羅亞爾河谷地 Vallée de la Loire
羅第丘 Côte Rôtie
麗絲玲 Riesling
麗維薩特 Rivesaltes
麗維薩特蜜思嘉 Muscat de Rivesaltes
寶石紅波特 Ruby
蘇茵河 La Saône

二十一劃
鐵恩提諾 Trentino

二十三劃
攪桶 lee stirring

二十七劃
鑽石山 Diamond Mountain

葡萄酒全書 / 林裕森著. -- 初版. -- 臺北市 ： 積木文化出版 ： 家庭傳媒城邦分公司發行，民96　256面；
21.6*27.6公分 -- （飲饌風流；3）　ISBN 978-986-7039-52-1（精裝）　1.葡萄酒
463.814　　　　　　　　　　　　　　　　　　　　　　　　　　　　　　　　　96009209

飲饌風流 3

葡萄酒全書

作　　者 / 林裕森
校　　訂 / 溫唯恩
主　　編 / 劉美欽、陳嘉芬

發 行 人 / 涂玉雲
總 編 輯 / 蔣豐雯
副總編輯 / 劉美欽
版權主任 / 向艷宇
業務副理 / 陳志峰
行銷企劃 / 鄭　欣
法律顧問 / 台英國際商務法律事務所　羅明通律師
出　　版 / 積木文化
　　　　　台北市106新生南路二段2號5樓
　　　　　電話：(02)23979991　傳真：(02)23979992
　　　　　讀者服務信箱：service_cube@hmg.com.tw
發　　行 / 英屬蓋曼群島商家庭傳媒股份有限公司城邦分公司
　　　　　台北市民生東路二段141號2樓
　　　　　讀者服務專線：(02)25007718-9　24小時傳真專線：(02)25001990-1
　　　　　服務時間：週一至週五上午09:30-12:00、下午13:30-17:00
　　　　　郵撥：19863813　戶名：書蟲股份有限公司
　　　　　網站：城邦讀書花園　網址：www.cite.com.tw
香港發行所 / 城邦（香港）出版集團有限公司
　　　　　香港灣仔軒尼詩道235號3樓
　　　　　電話：852-25086231　傳真：852-25789337
　　　　　電子信箱：hkcite@biznetvigator.com
馬新發行所 / 城邦（馬新）出版集團
　　　　　Cité (M) Sdn. Bhd. (458372U)
　　　　　11, Jalan 30D/146, Desa Tasik, Sungai Besi,
　　　　　57000 Kuala Lumpur, Malaysia.
　　　　　電話：603-90563833　傳真：603-90562833
　　　　　電子信箱：citecite@streamyx.com

美術設計 / 楊啓巽工作室 ycs7611@ms21.hinet.net
地圖‧插圖繪製 / 吳雅惠‧周秉穎‧范譯文‧BLAND
製　　版 / 上晴彩色印刷製版有限公司
印　　刷 / 東海印刷事業股份有限公司

2007年（民96）7月1日初版
2007年（民96）11月1日初版5刷
Printed in Taiwan.
ISBN 978-986-7039-52-1

積木文化　讀者回函卡

積木以創建生活美學、為生活注入鮮活能量為主要出版精神。出版內容及形式著重文化和視覺交融的豐富性，出版品包括珍藏鑑賞、藝術學習、居家生活、飲食文化、食譜及手工藝等，希望為讀者提供更精緻、寬廣的閱讀視野。

為了提升服務品質及更了解您的需要，請您詳細填寫本卡各欄寄回（免付郵資），我們將不定期寄上城邦集團最新的出版資訊。

1.您從何處購買本書：＿＿＿＿＿ 縣市 ＿＿＿＿＿ 書店

　　□書展　□郵購　□網路書店　□其他＿＿＿＿＿＿＿＿＿＿

2.您的性別：□男　□女　您的生日：＿＿＿ 年 ＿＿＿ 月 ＿＿＿ 日

　　您的電子信箱：＿＿＿＿＿＿＿＿＿＿＿＿＿＿＿＿＿＿＿＿

　3.您的教育程度：

　　□碩士及以上　□大專　□高中　□國中及以下

4.您的職業：＿＿＿＿＿＿＿＿＿＿＿＿＿＿＿＿＿＿＿＿＿＿

　　□學生　□軍警/公教　□資訊業　□金融業　□大眾傳播　□服務業　□自由業

　　□銷售業　□製造業　□其他＿＿＿＿＿＿＿＿＿＿

5.您習慣以何種方式購書？

　　□書店　□劃撥　□書展　□網路書店　□量販店　□其他＿＿＿＿＿＿

6.您從何處得知本書出版？

　　□書店　□報紙/雜誌　□書訊　□廣播　□電視　□其他＿＿＿＿＿＿

7.您對本書的評價（請填代號1非常滿意2滿意3尚可4再改進）

　　書名＿＿＿　內容＿＿＿　封面設計＿＿＿　版面編排＿＿＿　實用性＿＿＿

8.您購買本書的考量因素有哪些：（請依序1～7填寫）

　　□作者　□主題　□攝影　□出版社　□價格　□實用　□其他

9.您希望我們未來出版何種主題的美食或酒類書籍：

＿＿＿＿＿＿＿＿＿＿＿＿＿＿＿＿＿＿＿＿＿＿＿＿＿＿＿＿＿

＿＿＿＿＿＿＿＿＿＿＿＿＿＿＿＿＿＿＿＿＿＿＿＿＿＿＿＿＿

10.您對我們的建議：

＿＿＿＿＿＿＿＿＿＿＿＿＿＿＿＿＿＿＿＿＿＿＿＿＿＿＿＿＿

＿＿＿＿＿＿＿＿＿＿＿＿＿＿＿＿＿＿＿＿＿＿＿＿＿＿＿＿＿

＿＿＿＿＿＿＿＿＿＿＿＿＿＿＿＿＿＿＿＿＿＿＿＿＿＿＿＿＿

＿＿＿＿＿＿＿＿＿＿＿＿＿＿＿＿＿＿＿＿＿＿＿＿＿＿＿＿＿

Discovering Wine

Discovering Wine